U0334081

Quality standard and application of planting soil in Shanghai International Tourism Resort

绿化种植土质量标准创新实践

——上海国际旅游度假区绿化建设案例

金大成　沈烈英　方海兰　张勇伟　庞学雷　等　著

中国林业出版社

图书在版编目（CIP）数据

绿化种植土质量标准创新实践 : 上海国际旅游度假区绿化建设案例 / 金大成等著 . -- 北京 : 中国林业出版社 , 2017.2

ISBN 978-7-5038-7885-5

Ⅰ . ①绿… Ⅱ . ①金… Ⅲ . ①园林—绿化种植—土质—研究—上海 Ⅳ . ① S732.51

中国版本图书馆 CIP 数据核字（2017）第 036282 号

责任编辑： 贾麦娥
出版发行： 中国林业出版社
（100009 北京西城区刘海胡同 7 号）
http://lycb.forestry.gov.cn
电　　话： 010-83143562
装帧设计： 张　丽
印　　刷： 北京卡乐富印刷有限公司
版　　次： 2017 年 3 月第 1 版
印　　次： 2017 年 3 月第 1 次
开　　本： 787mm × 1092mm 1/16
印　　张： 19.5
字　　数： 467 千字
定　　价： 108.00 元

主要著者名单

金大成　沈烈英　方海兰　张勇伟　庞学雷　柏　营
梁　晶　郝冠军　周建强　伍海兵　周　坤　吕子文

主要参与作者名单

上海申迪项目管理有限公司
冯双平　李　瑞

上海市园林科学规划研究院
方　一　赵晓艺　朱　丽　王若男　王贤超　黄懿珍　奚有为　张国民
徐炳云　栋　梁

上海申迪园林投资建设有限公司
杜　诚　周　坤　陆春晖　施少华　蔡　虎

上海园林（集团）公司
朱祥明　李婷婷

上海聚隆绿化发展有限公司
胡新平

内 容 提 要

本书是上海国际旅游度假区（以下简称“度假区”）核心区绿化种植土项目实施六年来的工作总结，也是中美双方两种文化、两种理念、两种技术求同存异、协同进步、共同完成预定任务的全过程描述。

本书分为四篇11章。第一篇（第1、2章）介绍项目概况：首先介绍了土壤资源保护的重要性和我国表土保护不力的现状；概括了国际知名跨国公司在土地开发时对表土保护的先进理念、高质量的绿化种植土及其改良材料标准、现场施工的高规范性要求以及度假区绿化种植土项目的特点。第二篇（第3、4、5、6、7章）介绍项目技术攻关，具体为：确立适宜度假区应用的绿化种植土壤及其改良材料的检测方法；对度假区核心区域开展表土调查、质量等级划分、制订表土收集保护的技术方案和具体实施过程；对上海绿化最佳实践区的土壤调查和评价；确立度假区绿化种植土的技术配方和“A”类种植土标准；确定度假区种植土原材料的质量标准和控制对策。第三篇（第8、9、10章）介绍项目实施，包括：通过中试试验建立自动化的绿化种植土生产线；绿化种植土项目的质量监管实施过程；重点介绍了在国内大陆首次应用的硬质路面绿化用结构土的技术特点和应用效果。第四篇（第11章）介绍项目技术成果提升，主要介绍通过度假区绿化种植土项目，新制订标准5项、修订标准2项、新制订检测方法5项，实现国际标准本土化和核心技术专利化，在现场取得较好的景观效果并在度假区外围进行推广应用。

本书既有较强的土壤学理论基础，也有大量的实验室数据总结，而表土保护和种植土生产线则创下国内绿化工程的首例，并借助上海国际旅游度假区平台取得典型示范效应，可供从事土壤、园林绿化、土地开发、生态环境、有机废弃物土地循环利用、环境检测等学科的科研、教学、检测、工程技术、管理人员参考。

目 录

第三篇　项目实施

第四篇　项目技术成果提升

第一篇

项目概况

01

土壤资源保护的重要性

第一节　土壤是一种不可再生的自然资源

一、土壤的形成过程漫长

土壤从岩石风化到土壤形成要经历漫长的过程，俄国著名土壤学家道库恰耶夫认为土壤是在母质、气候、生物、地形和时间五大成土因素的作用下形成的历史自然体。在这过程中，母质与成土环境之间经过一系列物理、化学和生物作用，通过物质、能量交换和转化，形成层次分明、形形色色的土壤。其中成土时间长，受气候作用持久，土壤剖面发育完整，与母质差别越大；成土时间短，受气候作用时间短暂，土壤剖面发育差，与母质差别小。据统计，土壤形成速率大约为0.056 mm/年，不同的成土环境成土速率差别很大。如在湿润气候条件下，石灰岩只需要100年就可产生侵蚀，而抗蚀性强的砂岩经200年才略有风化的痕迹，南海太平岛上由珊瑚形成的年轻土壤需要1000~1500年，而美国水土保持学者H.H.Bennent推算了在没有破坏的自然条件下，在基岩上形成1 m的土壤需要12000~48000年；因此土壤形成是以千年、万年甚至百万年计，俗称“千年龟万年土”。因此相对人和植物的寿命而言，土壤资源可以说是一种不可再生的自然资源。

土壤资源又以肥沃的表层土壤更为珍贵，据统计，形成 1 cm厚的表土需要100~400 年时间。表土是土壤经过植物根系和微生物活动尤其是人类耕作，土壤理化性状慢慢演化成适合植物生长，具备了“肥力”，这也是土壤形成的高级阶段（图1-1）。

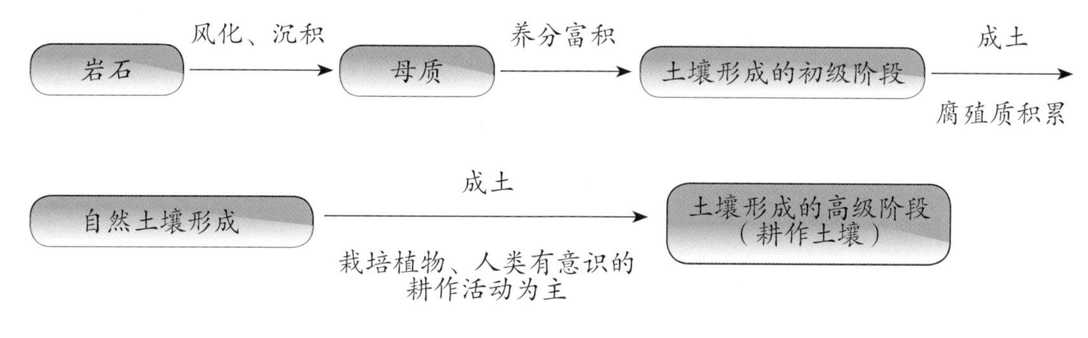

图 1-1　土壤的形成过程

二、土壤功能的多样性

（一）土壤具有肥力

肥力是土壤质的特征，土壤之所以能生长植物，是因为它具有肥力。关于土壤肥力有几种不同的认识：西方学者把土壤供应养料的能力看作是肥力；前苏联学者认为土壤肥力即是“土壤在植物生活的全过程中，同时而又不断地供给植物以最大量的有效养分及水分的能力”；我国学者把土壤能供应和协调植物所需水分、养分、空气和温度的能力称为土壤肥力，并把水分、养分、空气和温度称为土壤肥力的四大要素。水、肥、气、热四大土壤肥力要素不是孤立的，而是相互联系，相互制约的，植物的正常生长发育，不仅要求肥力四要素同时存在，而且要处于相互协调的状态。具备肥力的土壤一般只有较浅的表层，即所谓的表土，它大约0~25 cm，厚的可达30多厘米，浅的可能不足10 cm。在土层发育很好的地带，浅表层土壤也具备较好的理化性质，深度可延长到50~80 cm，但很少有超过100 cm的。

近年来我国绿化建设中大量使用的深层土，由于它没有经过植物、微生物等活动，人类也没有耕作生产过，所以这种土壤只能称作为母质，充其量也只是自然土壤形成的初级阶段。从图1-1可知，从土壤的初级阶段到自然土壤形成再到形成肥沃并适合植物生长的土壤高级阶段是一个漫长的过程，所以深层土根本不适合直接种植植物，需要进行熟化处理才能满足植物生长。近年来我国绿化发展迅猛，但绿化质量普遍不高的重要原因之一就是使用了大量的深层土壤，甚至许多建筑垃圾土、污染土也被用于绿化，严重制约园林植物景观效果和绿地生态功能的发挥。而肥沃表层土壤一旦保护不当，极易退化或被污染，在短期内很难被修复；而且表土中所蕴藏的乡土物种和土著微生物也被破坏殆尽，物种多样性很难维持；因此保护表土即是保护宝贵的自然资源。

（二）土壤资源对区域经济和文化的影响

俄国著名土壤学家道库恰耶夫认为土壤是地理景观的一部分，又是地理景观的一面镜子，清晰地反映出水分、热量、空气、动植物对于母质长时间综合作用的结果。土壤蕴藏的大量土著微生物和种子资源，就是当地自然资源的重要组成部分，其中土壤和植被为自然资源各组分中最活跃的因素，两者相互制约相互影响，在空间分布上都表现出较大的一致性。如我国从北到南，植被类型从寒温带针叶林→中温带针阔叶混交林→暖温带落叶阔叶林→北亚热带常绿阔叶、落叶阔叶混交林→中亚热带常绿阔叶林→南亚热带季雨林→热带雨林、季雨林，对应的土壤类型从漂灰土→暗棕壤→棕壤→黄棕壤→红黄壤→赤红壤→砖红壤。虽然土壤和植被都主要受气候影响，但两者的地带性特征正是构成区域生态环境特征的重要要素。

不同土壤类型也孕育不同的经济文化，正所谓一方水土养一方人，土壤对区域经济、文化的影响同样深远。虽然“土地”和“土壤”是不同概念，但是土壤来得更直接，蕴含着更多的生命力和思想文化。有学者形象地描述“中国文化是从土地中长出来的”，东北文化被形象地称为黑土地文化、黄河流域文化被形象地称为黄土文化，中国五千年的古代文明离不开肥沃土壤的培育。现代文化孕育同样与土地或土壤有千丝万缕的连接，最典型代表莫过于中国黄土地里走出来的张艺谋导演，不管是他的前期作品《黄土地》《老井》《红高粱》，还是到举世震撼的2008年夏季奥运会开幕式，再到2016年杭州G20峰会的气势磅礴的开幕式，甚至是洋派的意大利歌剧《图兰朵》，只要是张艺谋的作品，无不渗透着黄土地文化，正是一望无际、连绵不断、气势雄伟的黄土地文化乳汁的哺育滋养，才能培育出张艺谋这样具有国际影响力的大师。而江南那种小桥流水、精耕细作的稻田文化，自古就是山水诗人和书画家诞生之地。尤其在古代，只有肥沃的土壤才能使人们有多余的精力和时间从繁重的农业生产中解脱出来，才有时间和闲情去吟诗作赋，才有经济文化大繁荣。从未有文明诞生于不毛之地，也从未有文化起源于荒芜之野，只有肥沃的土壤才能孕育人类文明。当然现代经济文化已经不单纯依托土地，如以小商品市场著称的中国义乌多山缺土，正因为土壤贫瘠难以种植出更多的粮食，才促使大家去从事第三产业，反而成就另一番天地，不可否认这也是土壤对当地经济和产业的影响。

中国自古就重视土壤，“土壤是万物之源”“膏腴之壤”“沃土千里”……，均形象地描述了土壤的重要性。祖国大地，家乡故土，寄托了多少游子的相思，自古游子离乡都有掬一把黄土留作纪念的传统习惯。当然土壤也是卑贱的，所谓“土里土气、土了吧唧、土老帽”，乃至现代对暴发户所谓“土豪”的称谓，也无不透视着大家对“土”的鄙视，以至于在我国现代城市化进程中，“土壤”这颗自古就被世人视为财富的珍珠被弃之如草履。但不管承认与否，一个“土”字却是那么接地气，不管你正视与否，在古代土壤是决定一个区域甚至一个国家经济繁荣与否的先决条件， 而在现代文明社会，土壤更是区域经济和社会发展的重要生态要素。

（三）土壤对区域环境的影响

土壤是制约区域生态承载力的主要环境要素，尤其在现代文明建设中，城市化已经成为主题，土壤的功能也发生改变，其环境和生态功能更为重要。首先是生长的对象从农作物转变为园林植物，追求的是景观效果和生态效益，尤其是园林植物不追求最大产量，反而讲究根深叶茂，因此园林绿化对土壤的要求不同于一般农业或者林业土壤。城市土壤的作用也发生改变：城市土壤作为与城市居民接触最为密切的土地类型，也是城市生物栖息的主要场所，对城市物流和能流循环起重要调节作用；城市土壤对城市污染物起到净化、缓冲和转化的作用，尤其是城市中人为干扰严重，污染来源多样复杂，土壤的自净作用更显重要，也直接决定城市的生态承载力大小；城市土壤对城市水源涵养也起着重要调节作用，园林绿化土壤作为城市中唯一贯通地下水的下垫面，在雨季既能将雨水及时入渗，减少地表径流和洪涝产生，而且能蓄积雨水，在干燥少雨季节，又通过土壤毛管作用补充植物需水，同时通过蒸发增加空气湿度，降燥增湿，起到"土壤水库"的作用。由此也有专家提出，在城市生态系统中，城市土壤的生产功能是次要的，其过滤、缓冲和转化的作用更为关键，而园林绿化土壤作为城市土壤中唯一直接用于种植植物和连接地下水的土壤类型，是城市土壤中最为活跃的部分，也是城市土壤发挥生态功能最为关键的部分。

第二节　发达国家对表土资源的保护

美国等发达国家非常注重对表土资源的保护，已建立较完善的表土保护的相关法律体系、标准体系以及监管体系。对表土资源保护和再利用已从最初的提高土壤生产能力、保护耕地、改善农民生活，逐渐提升到环境资源保护和美化自然景观的高度。

一、表土资源保护已经立法

美国表土保护资源立法可追溯到20世纪70年代，由于美国煤炭资源丰富，到了19世纪初，采煤业成为联邦政府主要的支柱产业之一。由于美国大多为露天煤矿，在煤矿开采促进美国经济发展的同时，也造成了对当地土地资源和环境的破坏。矿山环境危机引起了美国政府的充分重视，到1975年，美国已有34个州制定了露天采矿土地复垦的法律。1977年8月3日，美国国会颁布实施《露天采矿管理与复垦法》（SMCRA），在全美建立了统一的采矿管理和复垦标准，在1990年、1992年经过两次较大规模的修改和完善，其宗旨是保护自然景观和环境，恢复因采矿破坏的土地。

除此之外，《联邦条例汇编》第30篇第2章第823节《基本农田采矿作业的特殊永久计划实施标准》则规定美国任何一个州都必须建立关于基本农田表土的剥离、存储、回填和重建的法律和法规，农用地表土未进行剥离前不允许进行任何开采活动。美国的肯塔基州、华盛顿州、俄亥俄州、宾西法尼亚州等州，均颁布有农田表土剥离和再利用的法律法规。

二、建立表土保护配套的管理机制

美国《露天采矿管理与复垦法》规定了美国内政部 "露天采矿复垦与执行办公室（OSM）"为实施该法的机关，矿业局、土地管理局和环境保护署等部门协助管理，各州资源部则具体负责辖区内的复垦工作。政府主导表土剥离的开展、执行和验收的整个过程。另外为推进和规范表土保护工作，充分运用了包括规划和许可在内的行政手段。美国规定采矿申请者在申请采矿许可证时，必须递交包括复垦规划的详实材料，如果涉及压占农用地的还要附上详细的土壤保护及利用规划，且须经主管部门审查通过后才发放采矿许可证，而在农用地表土剥离之前禁止任何开采活动。此外，如果由于特殊原因不能把原表层土壤恢复，必须在征得土地所有者同意的基础上，用相近的表层土壤替代。

三、表土保护有足够资金保证

表土保护和再利用耗资巨大，需要有充裕的资金才能确保其良性运行，美国设立了废弃矿山复垦基金和废弃矿山复垦基金制度。一般是在勘探或采矿许可证申请得到批准但尚未正式颁发前，生产建设企业的经营者按政府规定的数额和时间缴纳保证金；如果企业按规定履行了土地复垦义务并达到政府规定的恢复标准验收合格后，政府将退还该保证金；否则政府将动用这笔资金进行土地复垦工作。保证金的数额根据许可证所批准的复垦要求确定，可因各采矿区的地理、地质、水文、植被的不同而有差异，其数额由管理机关决定。废弃矿山复垦基金主要来源于社会各界捐款、征收的复垦费、罚款和滞纳金，主要用于获得批准的废弃矿山的复垦及紧急情况的项目，而在基金的管理上，联邦政府成立了专门机构并由内政部长负责，各州也有专门的项目组管理各州的复垦项目。

四、表土保护有系列技术标准支撑

由于表土剥离和储存等工程措施会对土壤的物理、化学和生物特性产生严重的不利影响，通常会导致土壤质量的大幅度下降；而且土壤剥离处置过程会破坏种子，表土储存期会导致种子流失。因此，表土剥离作为一项专业化的活动，对表土的界定、表土的剥离技术、剥离深度、剥离后表土的存储、运输、表土回填的时机及方法等都有很高的要求。美国露天采矿复垦与执行办公室于1977 年12 月13 日颁布初期管理计划下的3 项实施标准；1979—1983 年期间颁布了《基本农田采矿作业的特殊永久计划实施标准》、《露天采矿活动的永久计划实施标准》和《地下采矿活动的永久计划实施标准》等12 项永久计划实施标准。系列标准详细规定了表土剥离、存储、回填和恢复生产力和注意事项的全过程，包括专业的土壤调查、制图、分析、表土剥离深度、各土壤层剥离方法以及各种特殊情况的处理等详尽的规范，操作性强。而美国几十年的矿区土地复垦的经验也为表土剥离创造了成熟的技术手段和方法，保证了其顺利实施。

第三节　我国表土资源的保护现状

与美国等发达国家对表土资源保护的重视程度相比，我国不管在技术、理念和管理对策上都有不少差距，表土资源保护还没有上升到维护生态环境质量安全的高度。近年来，我国在城市扩张和开发中，祖先留下来的肥沃表土不是做了道路或房屋的下垫土就是被施工破坏成了建筑垃圾的一部分，其实城市开发用土要求远远低于耕地土壤的要求，其中最为明显的就是城市开发后需要绿化种植时，又不得不从外面购土或使用没有肥力的深层土，从而不仅造成绿化土壤质量成为限制我国绿化质量的最主要障碍因子之一，也是制约我国区域经济、社会和环境发展的主要限制因子。

一、优质表土资源紧缺

我国国土资源虽然辽阔，但耕地面积有限，仅占国土面积的12%左右，而人均耕地更低，仅1.4亩，排在世界人均耕地面积的100多位，还不到世界人均耕地面积的一半。我国不但耕地面积有限，而且现有的耕地面积中称得上肥沃的不到1/3，相当一部分面积耕地地力贫瘠或存在其他障碍因子。就此而言，保护耕地实质上是保护有限的表土资源，表土资源的破坏或流失甚至比单纯的耕地面积减少更隐蔽也更严重。而近20年来，随着我国城市化进程的快速发展，耕地面积大幅度锐减，因此国土资源部不得不发布严禁破坏耕地的禁令，否则中国如此庞大的人口难以解决粮食的基本问题。虽然国土资源部也提出占用基本农田补划基本农田的对策，但补划土地大部分为沿海地区新成土壤或地力贫瘠的丘陵，虽然补划时耕地数量未减少，但土壤肥力下降，土地的质量则大打折扣。

二、无具体实施保障措施

我国1999年1月1日颁布实施的《土地管理法》第三十二条规定："县级以上地方人民政府可以要求占用耕地的单位将所占用耕地耕作层的土壤用于新开垦耕地、劣质地或其他耕地的土壤改良"。对表土剥离的要求只是弹性的和指导性的，地方政府对表土剥离的重视程度暂且不够，只有少数地区在积极探索表土剥离和再利用，尚未形成规模，表土剥离在实践中也缺乏具有可操作性的技术规范的指导。如《开发建设项目水土保持技术规范》（GB 50433—2008）明确规定要保存和综合利用表土资源，并作为强制条款必须执行，但在监测过程中却发现建设单位只注重施工进度和成本投入，绝大部分开发建设项目并未按要求进行表土剥离及综合利用。土壤资源保护虽然在我国已经立法，但有关规定的可操作性与美国仍有较大差距。

三、缺少足够经费维持表土保护

土壤资源保护涉及大量的资金，但我国在土地开发中缺少表土剥离的资金来源、使用、管理应遵循的原则，资金的适用范围等也缺乏明确的制度规定。除了部分由当地政府主导开发的项目中会单列表土保护费用，我国大部分土地开发项目都没有表土保护的具体资金出处，尤其是一些商业行为的开发，企业更注重经济效益，更不愿因表土保护而影响项目的建设进度。而用地单位通过支付土地款价合法获得土地使用权后，如果进行表土剥离、留存，势必增加其开发建设成本，自然不愿意主动开展表土保护工作。

四、缺少专业化的标准作为技术支撑

基于表土保护的重要性和国外成熟的表土保护做法，我国有不少学者和国土资源工作者建议开展表土剥离技术研究并制定相关技术标准，提出要探索出一系列适用于我国不同工程的表土剥离技术和适用于不同土壤的改土技术。但在2010年上海国际旅游度假区项目开发前，虽然我国不少地区也有零星开展表土保护，但都没有形成规模化，也没有形成表土保护相关的技术标准。

正因为缺少适用于我国不同工程应用的表土保护标准，因此我国即使有零星的工地自觉地开展表土保护，但总体专业水准不够；有的照搬国外的标准，对实际应用也难有效地指导。特别是在实际项目运作中，一般是建筑施工先于绿化施工进行，建筑施工单位不仅对表土保护重要性观念淡薄，还对如何进行表土保护也缺少技术对策，总把表土当作和水泥、黄沙一样是一种没有活性的材料，机械的随意碾压导致土壤严重板结而失去团粒结构，雨天开挖导致土壤严重压实，堆放过程的日晒雨淋导致土壤质量退化，如此等等做法使表土保护失去原有意义。我国绿化工作者从绿化种植中认识到表土保护的重要性，虽然也一直呼吁保护表土，但由于绿化施工是在其他建筑施工之后进行，致使大量表土被破坏，绿化工作者往往心有余而力不足。

五、我国缺少规模化的表土保护的案例

当然，近年来随着人们对环境质量要求不断提高，表土的重要性也日益得到重视。国内也有不少关于表土保护的倡议，有些地区也尝试开展表土的保护。如2007年宁波市政府在新建设用地项目中尝试剥离表土保护农田取得很好成效，即将城镇建设所占耕地约30 cm厚的表土搬运到废弃地，使这片废弃地成为可耕作的良地，这样既保证了城镇建设的用地，又保证了耕作面积不减少；用剥离耕层表土开发整理废弃山塘，不仅提高了复耕土地的质量，而且大大缩短了表土熟化的时间。舟山市人民政府办公室2009年还颁布了《关于印发舟山市建设用地占用耕地表土剥离和优质耕作层保护利用实施办法》（试行）的通知，对表土保护具体实施办法包括资金来源进行相应的规定。但整体而言，在2010年上海国际旅游度假区项目开发前，我国还是缺少系统化、规模化、有影响力的表土保护案例。

六、表土保护应成为我国生态文明建设必不可少的重要组成部分

2016年5月28日国务院颁布了《土壤污染防治行动计划》（简称“土十条”），为新时期我国土壤污染防治工作作出了全面的战略部署，是我国土壤修复事业的里程碑文件，可以说土壤污染已经引起我国全民关注。而优质表土作为一种紧缺的自然资源，作为土壤资源中最为珍贵的部分，在我国至今却没有引起足够的重视。其实，保护有限的表土资源和土壤污染防治同等甚至更为重要，因为土壤污染防治的目的就是要确保土壤清洁安全，维护优质的土壤质量，而作为本身就是肥沃、清洁的表土资源，对其进行保护尤显重要。表土资源保护和土壤污染防治都是保护生态环境质量和维护生态安全的重要组成部分，是国家推进生态文明建设必不可少的组成部分。非常有必要建立适宜我国应用的表土保护对策和相关技术标准，做到“惜得方寸土，留于子孙耕。”

02
绿化种植土壤项目概述

上海国际旅游度假区定位是打造能级高、辐射强的国际化旅游度假区域，高品质的绿化景观是实现这一目标的最基本条件，因此推进高标准、国际化的绿化景观建设是国际旅游度假区首要解决的问题之一。而上海国际旅游度假区核心区——上海迪士尼，则提出为游客创造一种与其日常生活截然不同的环境，引人入胜，使人沉浸其中的梦幻乐园的主题思想。为保证世界各地的迪士尼乐园保持同样的高品质和高质量，上海国际旅游度假区开发的合作外方（后面统一简称为度假区合作方）——美国华莱士迪士尼已经形成企业发展的核心理念和系列技术标准。理念不仅有乐园文化理念，还形成与技术相关的理念，其中生态环境保护和质量维护已被度假区合作方上升为企业发展的首要控制要素之一，在理念上已经超越一般企业。而在具体实施中，从材料的选择到度假区的运营，每一个高质量的元素都由系列技术标准所驱动和引领，正因为有系列标准和每个细节质量的保障，才使迪士尼度假区有别于世界上其他的度假区。如场地形成， 作为乐园建设的基础，就有成套的技术标准，大到场地平整、排水、道路系统、交通、园区的水质、绿化、硬质景观，小到护栏、墙体、大门和栏杆都有一套切实可行的标准。与国内有关联的市政建设标准最大不同之处就是迪士尼许多标准都已经量化，确保整个园区从设计、建设再到质量监督管理和验收都有一套切实可行的操作程序。如关于绿化种植土壤质量指标就有30余项，甚至比我国一般食品标准指标还要全面；而湖泊水质标准有10项控制指标，基本与我国一类和二类水质标准相当，个别指标甚至比我国饮用水的标准还要高。因此，可以这么认为，与其说上海迪士尼乐园是度假区合作方在大陆建设的第一座乐园，不如说是其在上海输出其核心理论和标准体系。

“土壤”是上海国际旅游度假区场地开发以及园区绿化建设中最重要、最基础的环境要素之一，度假区合作方也将其对土壤资源保护和土壤质量维护的先进理念和高标准技术带到园区。而与此同时，我国在土地开发和绿化建设还是基于传统理念和传统技术，两者差异显著。相对整个上海国际旅游度假区项目开发，绿化种植土壤项目占总项目的整体投入是微不足道的，但却是国内首个将绿化种植土壤作为单独工程来实施的项目，不管是管理机制、技术标准还是现场施工规范等各方面，均开创了我国在土地开发和绿化建设中的先例。上海国际旅游度假区绿化种植土壤项目也是中外两种理念和两种技术求同存异、融合贯通、共同前行的过程，可谓是中外国际合作在绿化实践中成功的典范。

第一节　土地开发时土壤保护的先进理念

“土壤”作为土地开发和园林绿化造景的重要基础，度假区合作方对上海国际旅游度假区核心区开发前提出了场地污染调查评估和表土资源保护的先进理念。

一、建设前的场地开发

（一）场地开发前应对场地进行环境评估和治理

度假区合作方要求在上海际旅游度假区核心区一期规划地场地开发前，对规划用地进行环境调查、现场采样及分析、风险评估，以调查识别规划区内地表及地下污染状况。一旦发现有害污染物浓度超标，将对该区域进行加密监测，明确污染土壤或地下水的分布范围，开展人体健康风险评估，根据人体健康风险评估结果制定相应的修复治理措施，并对修复效果进行验证。确保上海国际旅游度假区场地及周边环境安全，为园区建设人员、工作人员、游客以及周边居民的健康安全提供保障。

（二）注重场地开发前表土资源的保护

上海国际旅游度假区核心区一期规划地位于上海浦东郊区，规划区内分布了大量的农田。度假区合作方要求土地开发前，必须对上海国际旅游度假区核心区一期规划地3.9 km^2区域内农田表土资源进行现场勘探、调查、分析，保护优质的表土资源，为后期绿化提供种植土壤来源。

二、绿化景观营建

为确保上海国际旅游度假区为游客创建流连忘返、环境优美的生态景观，度假区合作方在绿化种植方面也提出许多先进理念。

（一）注重地下部分建设

众所皆知，我国长期以来园林绿化比较重视对地上部分——园林植物的投入，讲究营造高低错落的地形，选取大规格、形态优美的乔木作为主景树木，强调春景秋色的品种配置，追求立竿见影的短期效果；而对土壤及其排水设施却不够重视，往往会发生绿化建成后不断改土、换土或者排水不畅的现象，也造成我国近年来绿化土壤质量不高并严重限制植物后期生长质量。

而度假区合作方在上海国际旅游度假区绿化建设中非常注重地下部分，不仅仅关注绿化种植土壤本身，提出了高标准的绿化种植土壤标准，而且非常注重地下的灌溉和排水设施。整个绿化种植区域均实现自动滴灌，每隔20 m就有一个排水出口，每棵乔木种植穴两侧均有专门的波纹排水管道，从点、线、面上确保整个绿地排水系统完善（图2-1）。

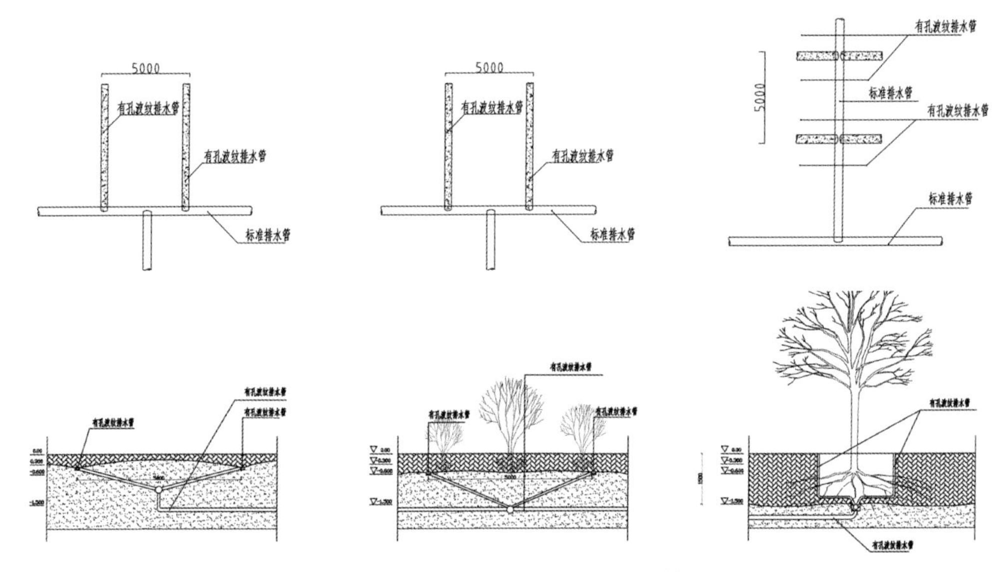

图 2-1　上海国际旅游度假区地下排水设施

正因为度假区合作方在绿化建设中非常注重对地下部分建设，确保绿化建设中有好的种植土壤和地下排水、滴灌设施，一旦项目建成后，后期养护将大大减少。不管是已经建成运行10余年的香港迪士尼还是刚建成运行的上海国际旅游度假区核心区，地下部分建成后后期改造较少，只简单施肥或者适当灌溉就能满足植物生长所需，是一种可持续的绿化种植模式。

（二）注重植被群落搭配和有机覆盖

为防止裸土见天，国内绿化强调一次成型、强调绿化密植。相反，度假区合作方在上海国际旅游度假区建设中非常注重树种乔灌草的搭配，为后期植物生长留足足够的空间，禁止一次成型的绿化种植模式。

鉴于种植植物稀疏，初植时留有较多空地，为提升绿化景观效果和维护土壤质量，度假区合作方要求不管是种植乔木、灌木，还是地被植物，均使用有机覆盖物进行覆盖，而且对覆盖物使用也有严格标准。目前，上海国际旅游度假区核心区场地所有地面除了绿化、硬质地块外，所有绿化空地区域均要求用有机覆盖铺装，这也是推行美国国内盛行的免耕、少耕的绿化养护模式，也减少降雨时的表土冲刷和流失，同时也减少风蚀作用，防止扬尘产生，对维护整个园区空气和水土质量起到很好保护作用。

图 2-2　上海国际旅游度假区绿化种植采用有机覆盖

第二节　绿化种植土壤标准

与我国传统绿化工程中大多为单一的标准不同，上海国际旅游度假区绿化种植土壤项目注重形成“土壤—改良材料—种植土壤与硬质路面的缝隙连接—灌溉水—植物”的标准体系，其中对于绿化种植土壤不仅仅关注土壤本身，对进入度假区场地的土壤改良材料等也有严格标准要求，另外对绿化种植土壤和硬质路面缝隙连接的结构土也提出了较高的标准。

一、绿化种植土壤标准

对上海国际旅游度假区核心区绿化种植土壤，度假区合作方提出了共31项化学指标的“B类”种植土壤标准，并要求中方提供符合该质量要求的种植土壤75万m^3（实际生产约120万m^3）。31项指标全面、系统，涵盖土壤化学指标、营养元素、重金属、有机污染物、生物毒性和潜在毒害元素等各个方面（表2-1）；另外考虑到大部分植物喜欢透气性好的土壤，因此度假区合作方要求上海国际旅游度假区核心区的土壤质地为砂壤土，入渗率在25~360 mm/h之间。

相比较而言，上海是国内最早开展绿化种植土壤标准制订和实施的地区，而全国性的绿化种植土壤标准则是2011年住建部颁布的《绿化种植土壤》（CJ/T 340—2011），北京、重庆、广州和深圳等发达省市也根据各地情况制订与当地适宜的绿化种植土壤标准。国内绿化种植土壤标准往往只有简单的化学或者物理指标，对营养指标最多涉及大量营养元素，和上海国际旅游度假区核心区绿化种植土壤标准的全指标体系相差甚远。

表2-1　度假区合作方关于上海国际旅游度假区核心区绿化种植土壤的“B类”标准

序号	性质	度假区合作方要求
1	酸度（pH）	6.5~7.8
2	盐度（EC）（mS/cm）	0.5~2.5
3	可溶性氯（mg/L）	<150
4	可溶性硼（mg/L）	<1
5	钠吸附比（SAR）	<3
6	可溶性铝 / 交换性铝	<0.03
7	有机质（%）	3~6
8	C/N	9~11
9	有效磷（mg/kg）	10~40
10	有效钾（mg/kg）	100~220
11	有效铁（mg/kg）	24~35
12	有效锰（mg/kg）	0.6~6
13	有效锌（mg/kg）	1~8
14	有效铜（mg/kg）	0.3~5
15	有效镁（mg/kg）	50~150
16	有效钠（mg/kg）	0~100
17	有效硫（mg/kg）	25~500
18	有效钼（mg/kg）	0.1~2
19	有效砷（mg/kg）	<1
20	有效镉（mg/kg）	<1
21	有效铬（mg/kg）	<10
22	有效钴（mg/kg）	<2
23	有效铅（mg/kg）	<30
24	有效汞（mg/kg）	<1
25	有效镍（mg/kg）	<5
26	有效硒（mg/kg）	<3
27	有效银（mg/kg）	<0.5
28	有效钒（mg/kg）	<3
29	石油碳氢化合物（mg/kg）	<50
30	有机苯环挥发烃（mg/kg）（苯、甲苯、二甲苯和乙基苯）	<0.5
31	发芽指数（%）	<80
32	土壤质地	砂壤土
33	土壤入渗（mm/h）	25~360

二、有机改良材料标准

度假区合作方提出了用于土壤改良的有机材料的标准（表2-2），该标准提出22项控制指标。

表 2-2　度假区合作方关于改良土壤的有机材料的参考目标标准

序号	性质（Property）	度假区合作方要求	序号	性质（Property）	度假区合作方要求
1	腐殖质灰分（%）	6~20	12	硒（mg/kg）	< 30
2	有机质（%）	>50	13	镉（mg/kg）	< 15
3	pH	6.0~7.5	14	铅（mg/kg）	< 100
4	电导率（mS/cm）	<10	15	银（mg/kg）	< 10
5	硼（mg/L）	<1	16	铬（mg/kg）	< 100
6	硅（%）	<50	17	汞（mg/kg）	< 10
7	碳酸钙	痕迹	18	钒（mg/kg）	< 200
8	C/N	<25 ∶ 1	19	钴（mg/kg）	< 50
9	粒径（mm）	最大 <13	20	钼（mg/kg）	< 20
		80%>7	21	锌（mg/kg）	< 200
10	砷 （mg/kg）	< 20	22	镍（mg/kg）	< 100
11	铜（mg/kg）	< 150			

三、硬质路面缝隙结构土标准

上海国际旅游度假区游客众多，为给游客提供足够的休闲游憩的场所，同时也为游客创造更多优美的绿化景观，就存在硬质路面和绿化用地占用空间的矛盾，为此，度假区合作方在上海国际旅游度假区核心区建设中还引进了硬质路面应用的绿化新技术——“绿化用结构土”，主要用于广场、停车场、人行道等硬质路面缝隙连接用土。结构土技术其原理就是利用石块来满足承载要求，利用填充到石块中间的土壤为植物提供矿物、水分和营养，并为植物根系提供足够的生长空间。这样就能确保在有限的占地面积既能满足大量游客践踏压实的需求，同时也能改善植物生长地下生境，确保植物长势良好。“结构土”技术在维护高密度游客乐园内绿化景观中发挥了重要作用，度假区合作方也提出了比较严格的绿化结构土原料标准、生产标准、产品质量标准以及现场施工的技术标准。其中仅原材料标准就要求黏壤土且养分含量丰富；而对石块要求是价格较高的花岗岩（详见表 2-3）；而法国等国家则可以用鹅卵石来生产“结构土”，可见上海国际旅游度假区即使是使用同样的绿化新技术，其技术要求要高于欧美等发达国家相应的技术。

表 2-3　绿化结构用土原材料的技术要求

原材料	序号	技术指标（Property）		度假区合作方技术要求
土壤	1	颗粒组成（%）	石砾（>2 mm）	<5
			砂粒（0.05~2 mm）	20~45
			粉砂粒（0.002~0.05 mm）	20~50
			黏粒（>0.002 mm）	20~40
	2	pH		5.5~6.5
	3	盐度（EC 值）（mS/cm）		<1.0
	4	有机质（%）		2~5
	5	阳离子交换量（CEC）（cmol（+）/kg）		<10
	6	C/N		< 33

（续）

原材料	序号	技术指标（Property）		度假区合作方技术要求
土壤	7	丰富的养分（mg/kg）	有效磷	10~40
			有效钾	100~220
			有效铁	24~35
			有效锰	0.6~6
			有效锌	1~8
			有效铜	0.3~5
			有效镁	50~150
			有效钠	0~100
			有效硫	25~500
			有效钼	0.1~2
石块	1	材质		花岗岩
	2	粒径（%）	4~7.5 cm	>90
	3	石砾孔隙空间（%）		45~55

四、其他相关标准

为确保高质量的绿化种植土壤标准，上海国际旅游度假区不仅仅关注土壤本身，而且拓展到其他影响土壤质量的外围因子，对可能进入土壤所有材料均有严格标准，如绿化灌溉用水的水质标准、覆盖用的有机覆盖物标准、施肥所用的肥料标准等，这里不一一详述。总之，正因为标准系列化并成体系，每个步骤都做到按照标准有效实施，因而为确保高质量的绿化种植土壤提供了技术保障。

第三节　现场施工技术规范

度假区合作方关于上海国际旅游度假区核心区绿化种植土壤项目的先进之处不仅仅是技术方面，管理和执行力度也体现出许多先进之处。众所皆知，国外标准不管是否是强制性标准，作为从业者大家都自觉去执行。上海国际旅游度假区项目开发前中美双方签署了中美双方开发总协定（MDA），将表土保护和绿化种植标准写进协议，就确保整个上海国际旅游度假区项目按照该标准执行，而且就具体实施也有一系列技术要求。而我国园林绿化标准大多为推荐性，制订和实施严重脱节，在园林绿化种植土壤上表现得更明显，因为植物死亡或者绿化土壤污染，毕竟不直接进入食物链或者威胁人的生命健康，因此许多绿化工程招投标文案中也提出土壤标准，但实际操作时却很难实施，也没有相应的保证手段。

度假区合作方关于上海国际旅游度假区和绿化种植土壤有关的技术规范有：

一、规范表土收集现场施工

规定了表土测试、剥离、堆放过程实施细则，要求在开始施工之前，需制订一个表层土剥离和堆放的方案，并得到度假区合作双方的共同认可。表土收集保护方案包括以下内容：现场取土范围和深度将通过有资质和经验的 “专业机构”或“专业人员”来确定；现场取土范围将根据检查而划分若干取土区域，每一块区域将有独立的编号；对每一块可用土壤的区域将根据独立编号分别剥离和分类堆放；对于堆放的土壤进行保护的措施；表层土剥离、堆放工作的时间安排与场地形成的工期相协调；特别强调在整个过程中禁止使用大型机械对表土进行碾压；规定现场表土堆放的技术规范，提出了表土堆放的最大堆高、坡度、压实程度、质量维护和防止退化对策，要求制订表土堆放的安保和进出控制计划。

二、土壤测试贯穿整个绿化种植土壤项目实施全过程

除了对上海国际旅游度假区一期规划地内所有可用的农田表土进行土壤测试，并作为质控的首要手段，确保只有符合上海国际旅游度假区标准要求的表土才被收集、堆放和再利用；同时对外进的其他土壤源和原材料的产地都要进行环评，确保只有环评合格并且原料质量符合标准要求的才能确定为合格供应商。如果样本中所包含的受关注污染物超出了规定的标准限值，该土源和原材料将被拒绝进入现场。所有批准的场外土源及其改良材料将采用票务系统，以核实来源和追溯运送到工地的过程。该系统将记录原材料放置的地点。

三、规定了种植土壤的铺放规程

通过对生产好的绿化种植土壤进行预压实验，确定合适的压实程度；铺设时按照预实验的结果每铺设一层就进行适当平整压实；每一个地块的业主应负责种植土壤的铺填与摊放；种植土壤铺放在树木、灌木和草地等区域，规定了种植土壤的最小铺放厚度：主要种植树木区里，最小铺放厚度为1.5 m；灌木林区里，最小铺放厚度为0.6 m；种植草甸区里，最小铺放厚度为0.2 m 。

四、种植时的附加参考标准

根据生产的绿化种植土壤测试结果，制定种植时需要添加的养分或者土壤结构改良剂，并获得度假区开发合作双方的确认。

五、生产和施工过程非常注重对水土的临时防护

整个项目施工过程中开展的土地开挖、堆土和铺放，做到随挖、随运、随铺、随压，确保全面包裹与全面覆盖。具体措施有：施工临时土堆全部用防尘布苫盖；为减少对土壤碾压，机械走道用钢板铺设；另外要求整个国际旅游度假区的绿化种植土壤的堆放都是低于挡土墙的，防止水土溢出；及时清扫绿化种植土壤生产、运输、堆放和铺放过程中可能

产生的土，同时洒水车定期洒水，防止扬尘产生。

六、建立工厂化的绿化种植土壤生产基地

为确保绿化种植土壤质量，要求建立绿化种植土壤生产的专业厂房，并符合相关生产用地的环境要求；要求所有进入现场的工作人员必须做好安全防护、戴好眼镜、穿好专门的防护服，确保安全运行。

第四节　绿化种植土壤项目的管理制度

上海国际旅游度假区是国内迄今为止唯一一个将绿化种植土壤作为单独工程项目来实施的，不但开创了国内在该领域的先例，也建立不同以往的管理制度。专门成立项目组、单独的经济核算、高投资比例和全过程土壤检测，为该项目保质保量完成任务提供了组织、制度、经济和技术四方面保障。

一、成立专门项目组

为确保上海国际旅游度假区绿化种植土壤项目能按照度假区合作方相关技术要求有领导、有组织、有序地推进和实施，项目团队专门联合成立了上海国际旅游度假区绿化种植土壤项目组，开展技术协调和现场工程管理，明确分工，各负其责，确保项目扎实有序地推进实施，为上海国际旅游度假区绿化种植土壤项目最终能顺利完成任务提供了组织保障。

（一）成立技术协调组

为确保绿化种植土壤项目能达到项目组相关标准要求，专门成立了协调组，协调小组分别由中美双方的管理和技术团队组成。其中中方组长为上海申迪建设有限公司（以下简称申迪建设）总经理金大成，度假区合作方组长为华特迪士尼幻想工程景观建筑总监Joe Parinella，副组长为上海申迪项目管理有限公司总工程师庞学雷。度假区合作方的技术专家主要为美国Wallace实验室的Garn Wallace博士以及度假区合作方所聘用的相关技术人员，而中方的技术专家主要由原上海市园林科学研究所（现更名为上海市园林科学规划研究院，以下简称园科院）所长沈烈英所带领的土壤技术团队构成。

上海国际旅游度假区整个绿化种植土壤项目不管是技术上每个数据、检测方法和技术标准的敲定，还是生产过程中从每个小配比实验的调整到中试再到大批量生产，每个过程、每个步骤、每个数据均是项目组技术人员不断试验、不断验证才确立相应技术对策，再由技术协调小组确定实施的技术方案，然后再由现场工程部具体实施的。其中度假区合作方依据实验室是Wallace实验室和中国科学院南京土壤研究所的测试中心，中方主要依托上海市园林绿化质量检测中心。

协调组是中美之间沟通的桥梁，也是确保绿化种植土壤项目有效实施的保障。该项目

也可以说是国内迄今为止所有绿化工程项目中对技术最重视的项目，不仅仅是每个步骤都严格按照技术方案来实施，而且每个技术指标的小数点直接影响项目实施的难度和投资成本，这将在随后章节中详述。

（二）成立现场工程部

为确保项目能顺利实施，现场工程部按照不同时间节点，分别成立表土保护组和绿化种植土壤生产组，按照项目实施进度，具体成员和分工为：

1. 表土保护组

为确保表土保护能按照度假区合作方标准要求实施，表土保护组又分成现场调查组、质量分析和评价组、剥离堆放组，具体分工和组成为：

（1）表土现场调查组

主要由园科院检测中心技术人员牵头，组织度假区合作方、申迪建设以及其他相关单位的技术和工作人员，负责整个现场表土的土样采集、表土地块的定界、地下水位确立等。

（2）表土检测分析及质量评价组

主要以园科院检测中心为主要技术力量，同时联合国内其他第三方实验室进行表土分析检测，并和度假区合作方聘请的中国科学院南京土壤研究所测试中心进行数据比对，协助技术协调组对表土质量进行分级。

（3）表土收集、堆放组

主要由申迪建设和项管公司组织，成员包括9家参建单位。由技术协调组根据表土检测结果将表土分类，然后制订表土搜集的基本要求和施工的技术规范，再对现场参建的各参建单位工作人员进行表土收集规范的培训，确保上海国际旅游度假区表土保护的标准化水准。

2. 绿化种植土壤生产组

为确保能生产出符合度假区合作双方标准的绿化种植土壤，并确保整个过程的质量监控，绿化种植土壤生产组又分检测组、原材料组、生产组和监管组，具体分工和组成为：

（1）检测小组

主要依托园科院检测中心的技术力量，对绿化种植土壤生产过程中原材料、产品质量进行检测、评价，为技术协调组出具各种技术方案提供依据。

（2）原材料小组

以园科院技术人员和上海申迪园林投资建设有限公司（以下简称申迪园林）工作人员为主，从全国范围内寻找适宜上海国际旅游度假区适用的各种原材料，先确立合格供应商目录，然后定期从合格供应商中购买原材料，确保进入迪士尼各种土壤原材料的质量。

（3）生产小组

主要由申迪园林为主，负责整个绿化种植土壤中试、生产厂房和机械化生产线的建立，种植土壤的正式生产。

（4）监管小组

主要由园科院技术人员组成，对进入场地的原材料以及生产的种植土壤产品进行质量监管，对整个种植土壤生产过程进行监管，确保按照既定技术方案实施。

二、单独的项目预算

由于上海国际旅游度假区绿化种植土壤是作为一个单独过程项目来实施，因此整个项目也是单独立项，有单独的经费预算。项目预算费用涵盖了表土保护和绿化种植土壤生产的全过程，包括从绿化种植土壤项目设计、表土勘探和分析、表土剥离和堆放、绿化种植土壤标准确立、原材料检测和采购、种植土壤生产和监管、产品检测等。所有过程、所有材料均有专门的费用预算，正因为有经费的保障，为上海国际旅游度假区绿化种植土壤项目最终能顺利完成任务提供了强有力的保障。

三、种植土壤投入占绿化项目总投入的比例高达50%

由于上海国际旅游度假区绿化种植土壤项目是作为单独项目来设计立项、单独预算、单独实施、单独监管的；并且将与种植土壤项目实施所涉及的设计、检测、生产、原料、监管等所有费用都纳入工程造价中，因此整个项目占上海国际旅游度假区绿化项目总投入的比例高达50%，这也与香港迪士尼种植土壤投入比例基本相当。正因为有足够的经费投入，为上海国际旅游度假区绿化种植土壤项目最终能顺利完成任务提供了经济保障。

相比较，国内绿化工程通常都是将绿化种植土壤涵盖在整个绿化工程中，很少有绿化工程专门将绿化种植土壤项目作为单独的项目来实施，而且关于绿化种植土壤的造价也是比较含糊，绿化种植土壤经费一般不会超过整个绿化工程的10%，有些甚至没有专门预算，正因为没有足够经费作为保障，给后期绿化种植土壤实施和监管带来难度，也是因为没有足够土壤改良费用，土壤质量成为限制我国绿地质量最普遍和最主要的障碍因子之一。

四、土壤检测贯穿项目全过程

整个上海国际旅游度假区项目都是根据技术协调组最终确立的技术方案来实施，而技术方案的出台则是以大量的试验数据作为支撑，可以说土壤检测贯穿了度假区绿化种植土壤项目实施全过程，也是该项目质控的主要技术依据。从表土分级分类堆放、上海最佳实践区本底土壤的调查、绿化种植土壤和原材料标准制订、绿化种植土壤配方和原材料合格供应商确立、产品生产和监管等，所有关键的过程都是靠土壤检测数据来最终敲定的，土壤检测为上海国际旅游度假区绿化种植土壤项目最终能顺利完成任务提供了技术保障，也正是该项目技术含量之所在。

第五节　两种理念和两种技术求同存异、协同发展

上海国际旅游度假区建设，将国际知名跨国公司土地开发的先进理念和土壤保护的技术标准带到了中国上海，上海虽然是国内最早制订实施绿化种植土壤标准并承担了上海

世博会等与国际接轨的绿化种植项目，但之前所有项目都是中国所主导；而上海国际旅游度假区由于主要技术均是从美国直接引用的，因此度假区绿化种植土壤项目也经历了两种理念和两种技术在初遇时冲突不断，中途不懈的沟通融合，最终协同前行、共同完成预定目标的过程。

一、对土地开发理念的根本差异

项目实施可追溯到2010年的秋季，肩负着开发中国大陆第一座国际知名乐园的重任，各大参建公司早已迫不及待地将各种大型机械设备开赴度假区核心区一期规划地现场，热火朝天的场地平整即将全面铺开。这时，却被度假区合作方紧急叫停，提出应按照当初中美双方总体开发协议（ MDA ）的相关要求，先对表土进行保护。这一要求立马引起了许多参建单位的强烈反对，许多施工单位说：“不就是“烂污泥”（上海话，即“土壤”）吗？到处都是，有必要保护吗？土不够花点钱买就是了，场地一停工，每天仅设备租赁费就至少几十万，能买多少土呀？”。的确，这种现象在国内早已司空见惯，因为建筑施工单位缺少专业背景，他们往往将表层熟土等同于一般深层土，却不知两者的天壤之别。相对我国城市居民日益富足的物质生活，我国城市园林植物的生存环境可谓是“悲惨世界”。由于城市开发过程中不注重保护表土，绿化缺土就不得不使用不适合植物生长的深层土、建筑垃圾土、污染土或淤泥，造成植物长势和绿地生态景观严重受限。而上海国际旅游度假区建设由于将表土保护写进了MDA中，这无疑为表土保护提供了政策保障。

二、开创国内土壤保护的先例，实现国际合作和技术标准本土化的双赢

土壤资源保护理念和绿化种植土壤标准的巨大差异，是横在度假区合作双方之间一座难以逾越的高山，度假区合作方一再强调美国迪士尼绿化种植土壤标准一个数据也不能变，强调即使50年后迪士尼土壤数据还是可以查询，要让上海国际旅游度假区绿化种植土壤项目无愧于后人。度假区合作方对于绿化种植土壤的重视程度和工程建设的负责态度值得我们学习，但关于土壤保护和绿化种植土壤质量标准双方差异实在太多，是上海国际旅游度假区项目一开工就面临的巨大难题。既有理念差异，也有技术差异。技术上首先是检测方法和指标不一样，绿化种植土壤及其改良材料的标准差距也很大，而且度假区合作方关于现场施工时也提出了非常精细的施工规范。如果书本上介绍最理想的土壤类型，度假区合作方就按照这个标准去操作，不考虑具体操作时难度如何？成本如何？当地的立地条件是否满足要求？如表土收集时度假区合作方严禁压实，国内工地上常用推土机等大型机械就无法使用，而迪士尼一期规划地3.9 km^2大部分为农田，不用机械如何完成如此巨量表土收集？再如为确保绿化种植土壤生产质量，度假区合作方提出各种原料的粒径要小于2 mm，却不考虑生产100万方土的所有原材料光粉碎就是一项巨大工程，更不用谈费用了。

本着开放、团结、协作的合作精神，度假区合作双方管理人员和技术专家求真务实、求同存异、齐心协力，将横在度假区合作双方的高山简化成一座座小山丘，逐一攀越，最

终顺利到达顶峰。上海国际旅游度假区对表土的保护和再利用树立了国内土地开发中进行大规模表土保护的先例；将绿化种植土壤作为一个独立工程来实施，对绿化土壤改良的高投入、高标准和准工业化生产，也是国内所有绿化工程中前所未有的；而且中方项目组成员根据实际情况，将国际标准本土化，建立适宜上海国际旅游度假区应用的绿化种植土壤标准；通过上海国际旅游度假区项目，项目组技术人员也在参考国际关于土壤标准的先进经验和高标准基础上，进一步完善我国园林绿化土壤相关的标准群。对中方而言，也是一个学习、消化吸收和提升的过程，随后的章节将度假区合作双方共同攻克的技术难题和实施过程向大家一一列举。

第二篇

项目技术攻关

03 绿化种植土及改良材料检测方法

第一节　绿化种植土壤检测方法的差异

检测方法是开展科学研究和生产实践应用的技术基础，我国园林绿化土壤及其改良材料的检测方法基本沿用农业和林业上的方法。早在20世纪，我国农业和林业土壤学工作者就已经分别建立了涵盖大部分土壤性质的农业和林业的土壤学检测方法，进入21世纪后，由于各种标准的整合和废止，有关土壤学各项指标的检测方法基本以林业标准作为通用的检测方法。近20年来，随着土壤学相关的新检测设备和新技术的快速发展，国际土壤学呈现不同土壤学检测方法和新仪器设备的探索和应用；但在我国包括土壤学科等科研投入虽然有大幅度增加，但土壤检测方法作为学科的基础却不被大家所重视，反而有所弱化。

上海国际旅游度假区合作方提出的绿化种植土壤标准完全是根据美国的检测方法，若合作双方土壤检测方法一致，那么上海或者国内有关土壤学的检测标准以及以前积累的土壤改良修复的实践经验就可直接引用；但若检测方法不一致并且对检测结果影响较大，那就意味着评价指标不一致，没有办法直接比较，也意味着以前在上海或国内积累的所有土壤数据和土壤改良的经验，对上海国际旅游度假区就不具备直接参考价值，因此找出合作双方检测方法的异同、确立适宜上海国际旅游度假区应用的绿化种植土壤检测方法是上海国际旅游度假区绿化种植土项目必须攻克的首要技术难题。为此，中方技术组首先要分析合作双方关于土壤检测方法的不同之处，分析各自技术特点和优劣，为确定上海国际旅游度假区绿化种植土项目适宜的检测方法奠定技术依据。

一、检测方法相同

度假区合作方提出的上海国际旅游度假区绿化种植土壤指标中要求测定石油烃和有机

苯环挥发烃两种有机污染，和国内方法一致，均是采用气相色谱–质谱法测定，而且有机污染物测定方法我国国内也是最近几年才发展起来，测定原理和方法基本是采用美国环境保护署（EPA）的方法。另外关于土壤物理性质中容重、入渗、通气性的检测方法基本相同。其他土壤指标合作双方不仅是样品前处理、方法原理和所用仪器设备均存在差异。

二、检测方法不同

（一）土壤pH的检测

1. 所采用检测方法的简介

我国土壤pH检测一般采用林业标准《森林土壤pH值的测定》（LY/T 1239—1999），该方法非常经典，对于农业土壤或林业等自然土壤可能比较适用；但存在浸提液、液土比不统一等缺陷。

度假区合作方使用饱和浸提法，即称取一定量通过2 mm筛孔的风干土样，加适量的水，用刮勺搅动混成水分饱和的土壤糊状物，至没有游离水出现并在光下有光亮现象，室温静置1 h，待测pH。在放置过程中糊状物有显著变硬或失去光泽现象，应添加水重新混合；若在放置过程中样品表面有游离水出现，或糊状物太潮湿则应添加风干样品重新混合。（具体方法参见附录一［上海市地标《绿化用表土保护和再利用技术规范》（DB31/T 661—2012）］的附录D和附录二［林业行业标准《绿化用表土保护技术规范》（LY/T 2445—2015）的附录F］）。

2. 所用方法的比较

从表3-1可以看出，合作双方土壤pH检测所采用的方法基本原理是相同的，都是电位法，所用土样均是风干的2 mm土样。

不同点表现在以下几点：

一是浸提剂不同：LY/T 1239—1999方法规定常用去离子水，针对酸性土壤的浸提剂用1 mol/L氯化钾，碱性土壤的浸提液用0.01 mol/L氯化钙；而度假区合作方的饱和浸提法只用常规去离子水，不用去除CO_2，不用专门配制试剂，只用实验室常规用水就能满足要求。

表 3-1　度假区合作双方 pH 检测方法的差异比较

<table>
<tr><th colspan="3">两种方法比较</th><th>中方林业标准
LY/T 1239—1999</th><th>度假区合作方
饱和浸提</th></tr>
<tr><td rowspan="2">相同点</td><td colspan="2">样品制备</td><td>2 mm 风干土</td><td>2 mm 风干土</td></tr>
<tr><td colspan="2">方法原理</td><td>电位法</td><td>电位法</td></tr>
<tr><td rowspan="5">不同点</td><td colspan="2">浸提剂</td><td>常规：去离子水
酸性土壤：氯化钾
碱性土壤：氯化钙</td><td>去离子水</td></tr>
<tr><td colspan="2">水体比</td><td>2.5 ∶ 1、5 ∶ 1 或 10 ∶ 1</td><td>0.2~0.8 之间（不同土壤不同）</td></tr>
<tr><td rowspan="2">浸提</td><td>时间（min）</td><td>30</td><td>（时间不确定，一般 2~3 min）</td></tr>
<tr><td>方法</td><td>振荡机</td><td>用刮勺搅拌成糊状</td></tr>
<tr><td colspan="2">静置时间（h）</td><td>0.5</td><td>土壤 1h、改良材料过夜</td></tr>
</table>

二是水土比不同：LY/T 1239—1999方法对于不同土样水土比也不同，一般土壤用2.5：1，盐土用5：1，枯枝落叶层或泥炭层用10：1；而度假区合作方饱和浸提法一般只要饱和状态，虽然不同土壤水土比不一样，我们试验用样品在0.2~0.8之间，但都是土壤饱和状态，能代表土壤的实际情况。

三是浸提方法和时间不同。LY/T 1239—1999方法用振荡机振荡30 min，而饱和浸提方法使用刮勺搅拌成糊状，一般2~3 min能完成。

四是静置的时间不同。LY/T 1239—1999方法静置0.5 h，而饱和浸提法一般静置1 h。

3. 不同检测方法对pH测定结果比较

为了解度假区合作双方两种检测方法对土壤检测结果影响，选择我国不同地带的砖红壤、红壤、黄壤、棕壤、灰潮土等17种典型土壤，分别用2种方法测定土壤pH，结果见表3-2。从表3-2可以看出，中方方法（LY 1239—1999）测定的土壤pH值普遍高于饱和浸提法测定结果，主要由于稀释效应所致，因为前者的水土比普遍高于后者，尤其是对于上海这类冲积型土壤，水土比增加了土壤中碳酸钙析出和溶解，导致土壤pH偏高。但两种方法的相关系数r为0.9809，达到了极显著相关的水平（$r_{0.01}$=0.625），说明两种方法的测定结果都具有可靠性。

表 3-2 两种检测方法对不同类型土壤 pH 测定结果的比较

检测方法	范围	平均值	相关系数
中方（LY/T 1239—1999）	7.62~8.64	8.26 ± 0.42	0.9809^{**}
度假区合作方（饱和浸提方法）	6.72~7.90	7.62 ± 0.35	

注：$^{**}P<0.01$。

4. 园林绿化土壤的适用性分析

根据以上分析可以看出，度假区合作方所采用的饱和浸提方法减少了浸提液不同对结果的影响，而且每个样品的pH均在水饱和状态下进行测定，最接近样品的实际情况或自然状况，理论上是减少了不同水土比对测定结果的影响。由于园林绿化土壤大多为人为土壤，一般含有大量有机物料如泥炭、草炭、有机基质等，若采用LY/T 1239—1999方法测定，则给浸提液、水土比等的选择带来困难；而用饱和浸提的方法能减少不同浸提剂和水土比带来的误差，增加数据之间可比性，也为具体应用减少障碍。

另外，农作物和林产品在种植时可能对pH要求不像园林植物那么严格，而且一个地区农作物或者林业种植树种比较稳定。即使植物种类调整，相对比较单一，不像园林绿化植物，在很小地块植物品种千差万别，而且园林植物本身对土壤pH要求比较高，因此最好能用统一标准，这样数据才有参考价值。

虽然中方方法（LY 1239—1999）测定的pH值普遍高于度假区合作方的饱和浸提法测定结果，但两种方法均达到了显著相关，鉴于园林绿化种植土壤的性质特点，饱和浸提的pH的检测方法更适用，因此上海国际旅游度假区绿化种植土壤采用度假区合作方饱和浸提方法。

（二）土壤EC值的检测

1. 土壤EC检测所采用方法

我国土壤EC值检测一般采用林业标准《森林土壤水溶性盐分分析》（LY/T 1251—1999），规定了5∶1的水土比和3 min的振荡时间；度假区合作方所使用的饱和浸提的方法，方法同pH饱和浸提前步骤一样，但最后要用真空抽滤泵或电动吸引器抽取滤液待测EC值［具体方法参见林业行业标准《绿化用表土保护技术规范》（LY/T 2445—2015）附录D］。

EC值双方使用单位不同，我国林业标准EC值的单位是mS/cm；度假区合作方用的是dS/m，对数据大小没有任何影响。

2. 所用方法的比较

从表3-3可以看出，双方土壤EC值检测所采用的方法基本原理相同，都是用电导率法，所用土样均是风干的2 mm土样，所用浸提剂为去离子水。

两种方法最大差别有4点：

一是水土比不同，LY/T 1251—1999方法用的是5∶1，而饱和浸提一般小于1，从我们摸索实验来看，大约在0.2~0.8 之间。

二是浸提方法和时间不同。LY/T 1251—1999方法用振荡机振荡30 min，而饱和浸提方法使用刮勺搅拌成糊状，一般2~3 min能完成。

三是静置的时间不同。LY/T 1251—1999方法静置0.5 h，而饱和浸提法一般静置4 h。

四是待测液不同。LY/T 1251—1999方法直接在浸提液中测定，而饱和浸提法一般要将待测液过滤后才测定。

表 3-3　度假区合作双方 EC 值检测方法的差异比较

<table>
<tr><th colspan="3">项目</th><th>中方林业标准
LY/T 1251—1999</th><th>度假区合作方
饱和浸提</th></tr>
<tr><td rowspan="3">相同点</td><td colspan="2">样品制备</td><td>2 mm 风干土</td><td>2 mm 风干土</td></tr>
<tr><td colspan="2">方法原理</td><td>电导率法</td><td>电导率法</td></tr>
<tr><td colspan="2">浸提剂</td><td>去离子水</td><td>去离子水</td></tr>
<tr><td rowspan="5">不同点</td><td rowspan="2">浸提</td><td>时间（min）</td><td>30</td><td>（时间不确定，一般 2~3 min）</td></tr>
<tr><td>方法</td><td>振荡机</td><td>用刮勺搅拌成糊状</td></tr>
<tr><td colspan="2">静置时间（h）</td><td>0.5</td><td>土壤 4 h、改良材料过夜</td></tr>
<tr><td colspan="2">水土比</td><td>5 ∶ 1 或 10 ∶ 1</td><td>0.2~0.8 之间（不同土壤不同）</td></tr>
<tr><td colspan="2">待测液</td><td>不用专门过滤</td><td>专门过滤后再测定</td></tr>
</table>

3. 检测方法对EC测定结果比较

选择我国不同地带的砖红壤、红壤、黄壤、棕壤、灰潮土等17种典型土壤，分别用2种方法测定土壤EC值，结果见表3-4。从表3-4可以看出，饱和浸提法测定结果普遍高于中方方法（LY 1239—1999）测定的土壤EC值，主要由于水土比不同所致。从表3-4可知，饱和浸提的水土比在0.2~0.8之间，而中方所用的水土比为5，所以导致饱和浸提测定的EC值普遍大于中方检测方法。但两种方法的相关系数r为0.9817，达到了极显著相关的水平（$r_{0.01}$=0.625），说明两种方法的测定结果都极具可靠性。

表 3-4 检测方法对不同类型土壤 EC 测定结果的比较

检测方法	范围	平均值	相关系数
中方（LY/T 1239—1999）	0.016~0.929	0.128 ± 0.21	0.9809**
饱和浸提方法	0.102~7.00	0.90 ± 1.63	

4. 园林绿化土壤的适用性分析

相比较LY/T 1251—1999方法测定EC值，饱和浸提方法步骤更为繁琐，但却更适宜园林绿化土壤及其改良材料应用。主要原因是园林绿化土壤大多为人工配制土壤，一般含有大量有机物料如泥炭、草炭、有机基质等，若采用LY/T 1239—1999方法测定，由于有机改良材料大多具有高吸水性，因此用LY/T 1251—1999中5:1的水土比往往不能浸出有机改良材料溶液而影响测定结果；而且不同改良材料与水的结合能力不同，即使采用同样的水土比例，测定的数据之间也没有可比性。所以，虽然饱和浸提法更为繁琐，但更适宜园林绿化土壤及其改良材料的测定。

（三）有机质和有机碳的检测

度假区合作方采用有机碳来表示土壤有机质含量的高低，采用元素分析仪进行分析，其原理是待测样品在高温条件下，经氧气的氧化与复合催化剂的共同作用，将待测样品中的碳氧化为CO_2，CO_2被色谱柱吸附再解吸后，通过热导检测器分析测量，并通过与标准样品比对分析达到定量分析的目的。

中方有机质测定采用的是利用油浴加热消煮的方法来加速有机质中的碳氧化成CO_2，用Cr^{6+}被还原成Cr^{3+}，剩余的Cr^{6+}用Fe^{2+}来反标定，根据有机碳被氧化前后Cr^{6+}数量的变化，计算出有机碳的含量，然后用1.724的换算系数计算出有机质含量。

考虑重铬酸钾氧化—外加热法测定土壤有机质是我国非常经典的检测方法，而有机碳测定方法在我国不常用，因此上海国际旅游度假区绿化种植土壤有机质测定还是引用我国林业行业标准LY/T 1237中的重铬酸钾氧化—外加热法。

（四）元素有效态分析

1. 有效态元素分析的意义

植物生长所需要的16种营养元素中，绝大部分是要从土壤中获得。土壤中养分丰缺不仅与土壤营养元素总量有关，而且与元素形态有关，有效态营养元素的含量能更科学、客观地代表土壤所提供植物养分能力的大小。同样重金属对生态环境的污染不仅与其总量有关，在土壤中的有效态含量及其比例才是关键的影响因素。而国内养分尤其是重金属含量一般是用总量表示，不能真实反映土壤养分丰缺或者污染超标程度。最显著的例子是作为世界上著名矿区——英国西南部的Shipham矿区土壤镉含量高达998 mg/kg，堪称世界之最，但直至今天也未有对当地居民人体健康带来显著的影响；而我国湖南韶关土壤镉平均含量仅为0.5 mg/kg ，最高含量不超过1 mg/kg，但当地居民镉的摄入量超过国际卫生组织的3.6倍，其主要原因就是Shipham矿区镉的有效性为0.004%，而韶关地区在80%~90%之间。大家比较关注的镉大米之所以发生在南方，其实其总量未必就比北方有些地区含量高，主要原因就是南方pH低，pH是决定土壤中重金属有效性的关键因素。大量试验表明，当土壤pH在5.0以下，若采用比较严格的镉含量控制标准，所生产的稻米镉含量都超过了稻米的卫生标准水平。因此很多专家都提出用有效态含量评价重金属污染程度更符合实际。国内之所以没有用重金属有效态含量来评价重金属含量，原因之一就是没有简单、有效的重金属有效态含量检测方法。

2. 度假区合作双方检测所采用方法和比较

从表3-5可以看出，我国土壤元素有效态含量的检测方法，基本是每一种元素就用一种专用方法，如有效磷用$NaHCO_3$浸提-钼锑抗比色法、速效钾用CH_3COONH_4浸提—火焰光度法、有效硫用比浊法、重金属元素有效态含量则用$CaCl_2$-DTPA法，重金属也有沿用国外的Tessier连续提取法。这种每种元素用专用浸提剂的优势是检测结果比较精准，缺点是大大降低检测速度，不适宜大批量和实际应用。

度假区合作方采用的AB-DTPA浸提—电感耦合等离子体发射光谱法，该方法就用一种浸提剂和一种仪器就能将土壤除氮之外的所有营养元素和重金属浸提出来，大大提高了检测速度。AB-DTPA是Soltanpour 和Swab 1977年提出的一种适用多元素分析的浸提方法，是Ammonium Bicarbonate—diethylenetriaminepenta acetic acid的简称，中文名称为碳酸氢铵—二乙三胺五乙酸（化学式为NH_4HCO_3—$C_{14}H_{23}N_3O_{10}$）。其原理是将我国测定营养元素常用的$NaHCO_3^-$、CH_3COONH_4和DTPA 3种浸提剂配制成一种新的浸提剂，其中DTPA主要用来螯合微量元素，HCO_3^-用来浸提磷，NH_4^+用来提取钾。它包容了多种浸提剂的优势，较大限度地提高了混合浸提时的提取效率和多组分测定的准确性，各组分的分离测定率较好，相互影响的几率较低，是一种相对可行有效的多组分联合分析方法。尤其是随着电感耦合等离子体发射光谱（ICP-OES）等现代化大型分析仪器的诞生和普及，AB-DTPA浸提剂和ICP联用大大提高了检测的效率和测试的精度，其技术优势使其成为欧美国家非常普及的一种土壤有效态元素新的检测方法，因此在上海国际旅游度假区建设中，度假区合作方根据美国经验，提出用AB-DTPA浸提剂联合ICP来检测土壤中有效态元素。但由于ICP在我国是近10年来才普及，因此该方法在我国应用较少，也缺少相应的检测标准和评价指标。

表 3-5　度假区合作双方土壤元素的有效态含量检测方法的比较

项目		中方检测方法	度假区合作方检测方法
营养元素	磷	酸熔或碱熔－钼锑抗比色法（LY/T 1232—1999）	AB-DTPA 浸提—电感耦合等离子体发射光谱法
	钾	火焰光度法（LY/T 1234—1999）	
	硫	比浊法（LY/T 1265—1999）	
	镁	乙酸铵 -EDTA 络合滴定、乙酸铵－原子吸收分光光度计（LY/T 1245—1999）	
	钙	乙酸铵 -EDTA 络合滴定、乙酸铵－原子吸收分光光度计（LY/T 1245—1999）	
	铁	邻菲罗啉比色法和原子吸收分光光度计法（LY/T 1262—1999）	

（续）

项目		中方检测方法	度假区合作方检测方法
营养元素	锰	$CaCl_2$-DTPA- 原子吸收分光光度法或电感耦合等离子发射光谱法（NT/T 890—2004）	AB-DTPA 浸提—电感耦合等离子体发射光谱法
	铜	酸性 / 中性土：0.1mol/L 盐酸浸提剂；石灰性土：EDTA 或 DTPA 浸提剂；浸提液中铜用比色法、极普法或原子吸收分光光度法进行测定（LY/T 1260—1999）	
	锌	酸性土：0.1mol/L 盐酸浸提剂；石灰性或中性土：EDTA 或 DTPA 浸提剂；浸提液中锌用比色法、或原子吸收分光光度法进行测定（LY/T 1261—1999）	
	钼	草酸 - 草酸铵浸提 - 硫氰化钾比色法和极普法（LY/T 1259—1999）	
重金属		一般用全量，有效态用 Tessier 连续提取法或者 $CaCl_2$-DTPA 浸提法，然后用原子吸收分光光度法或者电感耦合等离子发射光谱法测定	

3. 度假区合作双方检测方法对营养元素检测结果比较

为了解度假区合作双方不同检测方法对营养元素有效态含量的影响，选择我国黑龙江、吉林、辽宁、河北、北京、天津、山东、江苏、上海、安徽、江西、浙江、福建、广东、云南、海南、湖北、湖南、重庆、贵州和陕西21个省（自治区、直辖市）采集当地典型的地带性土壤，共计暗棕壤、棕壤、褐土、黄棕壤、紫色土、红壤、砖红壤和潮土8种土壤类型39个样本。分别用度假区合作方的AB-DTPA—ICP-OES的方法对土壤11种元素进行测定；而考虑到中方所采用的检测方法比较繁琐，只选择大量营养元素磷和钾进行专用方法测定，其他均用$CaCl_2$-DTPA方法测定，具体分析结果如下：

（1）磷

由表3-6可以看出：不管何种类型土壤，以经典的$NaHCO_3$浸提法测定的土壤有效磷含量最高；AB-DTPA方法略低，但能提取出$NaHCO_3$方法80%以上磷，且两种方法测定结果达到了极显著相关（r>0.698，P<0.01）。

表 3-6　两种方法测定土壤有效磷含量的比较

土壤类型	样品数（n）	含量范围（mg/kg）		平均值（mg/kg）		相关系数（r）
		AB-DTPA	$NaHCO_3$	AB-DTPA	$NaHCO_3$	
暗棕壤	5	11.6~20.1	13.3~22.9	15.8 ± 0.48	16.9 ± 0.51	0.7392**
棕壤	5	9.21~17.9	10.0~20.2	12.9 ± 0.45	14.0 ± 0.46	0.7432**
褐土	5	11.2~18.4	12.7~19.1	13.2 ± 0.46	14.5 ± 0.40	0.7124**
黄棕壤	5	3.41~14.6	4.31~15.8	7.16 ± 0.31	7.23 ± 0.29	0.7284**
紫色土	3	12.3~20.7	13.0~21.5	15.6 ± 0.38	16.7 ± 0.36	0.7412**
潮土	5	5.01~9.32	5.12~9.85	5.01 ± 0.25	5.43 ± 0.23	0.7323**
红壤	6	3.02~8.11	3.82~9.34	5.18 ± 0.24	5.35 ± 0.21	0.7031**
砖红壤	5	2.63~7.98	3.34~8.61	5.13 ± 0.26	5.29 ± 0.19	0.6984**

注：**P<0.01。

进一步分析表3-6中AB-DTPA法测定的土壤有效磷含量，可以看出暗棕壤、棕壤、褐土、紫色土4种土壤有效磷含量相对较高；黄棕壤次之；而红壤、砖红壤和潮土含量相对较低；与我国不同地区地带性土壤有效磷含量分布趋势基本一致；进一步说明AB-DTPA法测定的土壤有效磷含量能较真实地反映我国土壤中有效磷的含量。

（2）钾

由表3-7可以看出：无论何种类型土壤，经典的CH_3COONH_4浸提—火焰光度法测定的速效钾含量最高；AB-DTPA略低，但所有土壤均能提取出CH_3COONH_4测定结果90%以上的速效钾，而且两种方法达到极显著相关（$r>0.932$，$P<0.01$）。而且从表3-7还可以看出，AB-DTPA法测定的土壤速效钾含量中以暗棕壤、棕壤、紫色土、潮土的速效钾含量高；褐土和黄棕壤低；红壤和砖红壤最低；这也与我国典型土壤中速效钾含量分布趋势一致；进一步说明AB-DTPA法测定的土壤速效钾含量能比较真实地反映我国土壤中有效钾的含量。

表 3-7　两种方法测定土壤速效钾含量的比较

土壤类型	样品数（n）	含量范围（mg/kg）		平均值（mg/kg）		相关系数（r）
		AB-DTPA	CH_3COONH_4	AB-DTPA	CH_3COONH_4	
暗棕壤	5	51.7~343	54.1~357	162 ± 12.1	163 ± 12.3	0.9651**
棕壤	5	68.9~333	73.1~340	163 ± 12.0	165 ± 11.8	0.9584**
褐土	5	28.5~169	30.5~172	77.8 ± 5.64	80.2 ± 5.14	0.9433**
黄棕壤	5	53.4~126	54.1~140	65.3 ± 3.71	68.3 ± 4.32	0.9514**
紫色土	3	39.3~336	48.5~343	153 ± 9.72	161 ± 11.6	0.9432**
潮土	5	30.5~344	36.5~346	170 ± 13.4	171 ± 13.0	0.9711**
红壤	6	19.4~95.3	24.7~102	45.6 ± 2.91	46.8 ± 3.52	0.9323**
砖红壤	5	31.2~95.6	34.0~104	48.9 ± 3.12	50.7 ± 3.21	0.9382**

注：**$P<0.01$。

（3）Fe

从表3-8可以看出：无论何种类型土壤，AB-DTPA浸提的Fe均大于$CaCl_2$-DTPA浸提法，说明AB-DTPA对Fe的浸提效率显著优于$CaCl_2$-DTPA；前者约为后者的3.8~6.7倍，不同土壤之间没有明显规律。两种方法的测定结果均达到极显著相关（$r>0.829$，$P<0.01$），且同样pH值低的砖红壤、红壤两种方法的相关系数要比其他pH略高的土壤要略低。

表 3-8 AB-DTPA 与 $CaCl_2$-DTPA 测定土壤有效铁含量的比较

土壤类型	样品数（n）	含量范围（mg/kg）		平均值（mg/kg）		相关系数（r）
		AB-DTPA	$CaCl_2$-DTPA	AB-DTPA	$CaCl_2$-DTPA	
暗棕壤	5	52.6~142	17.3~34.3	98.6 ± 0.22	26.2 ± 0.11	0.8732**
棕壤	5	40.2~110	7.72~20.4	72.1 ± 0.20	14.7 ± 0.12	0.8651**
褐土	5	29.3~69.4	6.84~20.7	44.8 ± 0.11	15.1 ± 0.13	0.8623**
黄棕壤	5	14.1~117	3.10~17.3	65.3 ± 0.22	10.2 ± 0.10	0.8714**
紫色土	3	9.31~127	2.02~29.5	70.7 ± 0.24	15.8 ± 0.12	0.8672**
潮土	5	7.62~55.2	1.40~11.6	31.2 ± 0.14	6.73 ± 0.10	0.8293**
红壤	6	8.64~47.6	2.31~7.72	29.6 ± 0.13	6.05 ± 0.13	0.8393**
砖红壤	5	7.93~45.1	1.52~8.91	27.3 ± 0.12	5.33 ± 0.12	0.8434**

注：**$P<0.01$。

进一步分析表3-8中AB-DTPA法测定的土壤有效Fe含量，可以看出暗棕壤、棕壤、黄棕壤、紫色土和褐土的有效铁含量较高；红壤和砖红壤最低，这也与我国典型地带性土壤中有效铁含量分布趋势基本一致，进一步说明AB-DTPA法测定的土壤铁含量能较真实地反映土壤中有效铁的含量。

（4）Mg

从表3-9可以看出：无论何种类型土壤，AB-DTPA浸提的有效Mg均大于$CaCl_2$-DTPA浸提法，说明AB-DTPA对Mg的浸提效率略优于$CaCl_2$-DTPA；其中在暗棕壤、棕壤、褐土、黄棕壤、紫色土等有效Mg含量较高的样品中，AB-DTPA法一般在$CaCl_2$-DTPA法的1.5~2.1倍之间。而AB-DTPA浸提红壤、砖红壤、潮土等土样的测定值一般是$CaCl_2$-DTPA法的3.0~3.4倍之间。两种方法的测定结果均达到极显著相关（r>0.785，P<0.01），同样pH值低的砖红壤、红壤两种方法的相关系数要比其他pH略高的土壤要要低。

进一步分析表3-9中AB-DTPA法测定的土壤有效Mg含量，可以看出暗棕壤、棕壤、褐土、黄棕壤、紫色土和潮土6种土壤中含量较高，红壤和砖红壤含量低；这也与我国典型地带性土壤中有效Mg含量分布趋势基本一致。进一步说明AB-DTPA法测定的土壤镁含量能较真实地反映土壤中有效态镁的含量。

表3-9 AB-DTPA与$CaCl_2$-DTPA测定土壤有效镁含量的比较

土壤类型	样品数（n）	含量范围（mg/kg）		平均值（mg/kg）		相关系数（r）
		AB-DTPA	$CaCl_2$-DTPA	AB-DTPA	$CaCl_2$-DTPA	
暗棕壤	5	93.3~169	56.3~110	131 ± 3.12	82.0 ± 2.04	0.8694**
棕壤	5	90.2~156	50.4~116	128 ± 3.21	80.1 ± 2.12	0.8612**
褐土	5	54.4~231	30.4~159	146 ± 5.43	78.4 ± 3.21	0.8293**
黄棕壤	5	59.3~300	28.0~160	153 ± 5.41	77.4 ± 3.32	0.8151**
紫色土	3	86.0~165	52.3~104	130 ± 3.35	76.2 ± 2.13	0.8562**
潮土	5	131~218	40.3~78.1	178 ± 4.41	62.4 ± 2.04	0.8231**
红壤	6	20.3~114	6.02~47.2	49.4 ± 3.24	15.2 ± 1.02	0.7982**
砖红壤	5	16.1~113	5.05~44.2	51.0 ± 3.32	16.3 ± 1.01	0.7850**

注：**P<0.01。

（5）Mn

从表3-10可以看出：暗棕壤、棕壤、褐土、黄棕壤、紫色土、红壤和砖红壤等7种土壤样中AB-DTPA浸提法提取土壤有效Mn略高于$CaCl_2$-DTPA浸提量，只有潮土中AB-DTPA法测定值大约是$CaCl_2$-DTPA法的3倍左右。两种方法的测定结果均达到极显著相关（r>0.743，P<0.01），其中暗棕壤、棕壤、褐土和紫色土4种土壤两种方法的相关系数相对较高，其他土壤略低。从几种土壤有效Mn的含量可以看出，暗棕壤、棕壤、褐土、紫色土含量相对较高，黄棕壤、潮土含量次之，红壤和砖红壤含量相对较低，与我国典型地带性土壤中有效Mn含量分布趋势基本一致，也进一步说明AB-DTPA测定土壤中锰能较真实地反映土壤中有效锰的含量。

表 3-10　AB-DTPA 与 $CaCl_2$-DTPA 测定土壤有效锰含量的比较

土壤类型	样品数（n）	含量范围（mg/kg）		平均值（mg/kg）		相关系数（r）
		AB-DTPA	$CaCl_2$-DTPA	AB-DTPA	$CaCl_2$-DTPA	
暗棕壤	5	8.31~33.9	6.61~28.3	17.1 ± 1.20	16.5 ± 1.02	0.8732**
棕壤	5	8.62~32.1	5.10~27.6	16.8 ± 1.21	16.2 ± 1.11	0.8794**
褐土	5	8.02~29.6	4.23~25.8	16.5 ± 1.10	15.7 ± 0.92	0.8624**
黄棕壤	5	2.30~25.8	1.70~23.2	12.9 ± 1.23	10.8 ± 1.10	0.7960**
紫色土	3	7.64~33.4	6.84~30.5	16.6 ± 1.10	16.1 ± 0.91	0.8314**
潮土	5	1.51~24.1	1.01~8.72	13.6 ± 1.04	4.10 ± 0.22	0.7433**
红壤	6	1.10~16.8	1.04~15.6	7.92 ± 0.92	7.51 ± 0.64	0.7682**
砖红壤	5	1.20~18.5	0.92~17.6	7.74 ± 0.84	7.32 ± 0.63	0.7611**

注：** P<0.01。

（6）Cu

从表3-11可以看出，无论何种类型土壤，AB-DTPA浸提的Cu均大于$CaCl_2$-DTPA浸提法，前者约为后者1.9倍以上，说明AB-DTPA对Cu的浸提效率优于$CaCl_2$-DTPA。两种方法的测定结果均达到极显著相关（r>0.885，P<0.01），但相关系数以pH值高的暗棕壤、棕壤、紫色土、褐土和潮土相对较高，黄棕壤、红壤和砖红壤相对较低。

表 3-11　AB-DTPA 与 $CaCl_2$-DTPA 测定土壤有效铜含量的比较

土壤类型	样品数（n）	含量范围（mg/kg）		平均值（mg/kg）		相关系数（r）
		AB-DTPA	$CaCl_2$-DTPA	AB-DTPA	$CaCl_2$-DTPA	
暗棕壤	5	1.24~8.59	0.35~2.66	4.03 ± 0.23	1.32 ± 0.0543	0.9654**
棕壤	5	1.51~7.83	0.64~2.64	3.89 ± 0.20	1.29 ± 0.0421	0.9591**
褐土	5	2.74~4.13	1.11~2.18	3.06 ± 0.0542	1.43 ± 0.0314	0.9443**
黄棕壤	5	1.01~2.31	0.42~0.62	1.65 ± 0.0211	0.53 ± 0.0121	0.8962**
紫色土	3	1.39~8.37	0.49~2.51	3.99 ± 0.25	1.35 ± 0.0342	0.9502**
潮土	5	0.77~5.52	0.19~0.99	2.13 ± 0.0901	0.53 ± 0.0101	0.9024**
红壤	6	1.46~3.55	0.05~0.35	2.33 ± 0.0612	0.19 ± 0.0112	0.8873**
砖红壤	5	1.27~3.89	0.07~0.32	2.28 ± 0.0521	0.16 ± 0.0121	0.8851**

注：** P<0.01。

（7）Zn

从表3–12可以看出：无论何种类型土壤，AB–DTPA浸提的Zn均大于$CaCl_2$–DTPA，说明AB–DTPA对Zn的浸提效率优于$CaCl_2$–DTPA。不同土壤两种方法测定有效Zn比例也不同，一般土壤AB–DTPA约为$CaCl_2$–DTPA法的1.9~2.2倍之间，有少数3倍以上，而红壤、砖红壤则达到5~6倍。两种方法的测定结果均达到极显著相关（r>0.767，P<0.01），但相关系数以暗棕壤、棕壤、紫色土、褐土和黄棕壤相对较高，潮土、红壤和砖红壤相对较低。

表 3-12　AB-DTPA 与 $CaCl_2$-DTPA 测定土壤有效锌含量的比较

土壤类型	样品数（n）	含量范围（mg/kg）		平均值（mg/kg）		相关系数（r）
		AB-DTPA	$CaCl_2$-DTPA	AB-DTPA	$CaCl_2$-DTPA	
暗棕壤	5	5.21~17.2	2.16~11.2	10.9 ± 0.36	5.67 ± 0.27	0.8664**
棕壤	5	5.36~17.1	2.03~11.0	10.8 ± 0.35	5.42 ± 0.28	0.8683**
褐土	5	2.73~8.31	0.81~4.57	4.29 ± 0.14	2.01 ± 0.06	0.8592**
黄棕壤	5	4.29~16.1	1.64~7.82	9.39 ± 0.32	4.78 ± 0.26	0.8364**
紫色土	3	4.56~16.7	1.75~8.93	10.2 ± 0.34	5.33 ± 0.21	0.8604**
潮土	5	0.21~1.71	0.17~0.82	0.83 ± 0.0212	0.56 ± 0.0102	0.7733**
红壤	6	0.86~4.88	0.17~0.89	2.29 ± 0.0603	0.43 ± 0.0131	0.7784**
砖红壤	5	0.79~5.16	0.13~0.71	2.43 ± 0.0702	0.40 ± 0.0122	0.7670**

注：** P<0.01。

（8）Cd

从表3-13可以看出：无论何种类型土壤，AB-DTPA浸提的Cd均大于$CaCl_2$-DTPA，前者约为后者的2.3~4.8倍，说明AB-DTPA对Zn的浸提效率优于$CaCl_2$-DTPA。两种方法的测定结果均达到极显著相关（r>0.720，P<0.01），不同土壤之间相关系数差别不大。

表 3-13　AB-DTPA 与 $CaCl_2$-DTPA 法测定土壤有效镉的比较

土壤类型	样品数（n）	含量范围（mg/kg）		平均值（mg/kg）		相关系数（r）
		AB-DTPA	$CaCl_2$-DTPA	AB-DTPA	$CaCl_2$-DTPA	
暗棕壤	5	0.0171~0.0453	0.0062~0.0116	0.0327 ± 0.0010	0.0093 ± 0.0001	0.7232**
棕壤	5	0.0176~0.0479	0.0068~0.0127	0.0336 ± 0.0011	0.0098 ± 0.0002	0.7364**
褐土	5	0.0183~0.0485	0.0069~0.0111	0.0355 ± 0.0012	0.0092 ± 0.0001	0.7493**
黄棕壤	5	0.0169~0.0501	0.0061~0.0123	0.0349 ± 0.0010	0.0095 ± 0.0002	0.7404**
紫色土	3	0.0175~0.0462	0.0072~0.0109	0.0340 ± 0.0009	0.0091 ± 0.0001	0.7272**
潮土	5	0.0045~0.0236	0.0023~0.0158	0.0141 ± 0.0005	0.0069 ± 0.0001	0.7354**
红壤	6	0.0068~0.0232	0.0025~0.0078	0.0167 ± 0.0005	0.0058 ± 0.0001	0.7204**
砖红壤	5	0.0079~0.0243	0.0026~0.0082	0.0171 ± 0.0004	0.0059 ± 0.0001	0.7223**

注：** P<0.01。

（9）Pb

从表3-14可以看出：无论何种类型土壤，AB-DTPA浸提的Pb均大于$CaCl_2$-DTPA，前者约为后者的5.0~6.1倍，说明AB-DTPA对Pb的浸提效率优于$CaCl_2$-DTPA。两种方法的测定结果均达到极显著相关（r>0.639，P<0.01），不同土壤之间相关系数差别不大。

表 3-14 AB-DTPA 与 $CaCl_2$-DTPA 测定土壤有效铅的比较

土壤类型	样品数（n）	含量范围（mg/kg）		平均值（mg/kg）		相关系数（r）
		AB-DTPA	$CaCl_2$-DTPA	AB-DTPA	$CaCl_2$-DTPA	
暗棕壤	5	2.39~6.79	0.39~1.32	4.67 ± 0.11	0.78 ± 0.0212	0.6594**
棕壤	5	2.48~7.18	0.45~1.14	4.79 ± 0.14	0.79 ± 0.0201	0.6572**
褐土	5	2.12~8.43	0.34~1.78	5.28 ± 0.13	0.85 ± 0.0302	0.6492**

（续）

土壤类型	样品数（n）	含量范围（mg/kg）		平均值（mg/kg）		相关系数（r）
		AB-DTPA	$CaCl_2$-DTPA	AB-DTPA	$CaCl_2$-DTPA	
黄棕壤	5	2.30~7.56	0.36~1.34	5.01 ± 0.13	0.82 ± 0.0212	0.6522**
紫色土	3	2.87~6.96	0.48~1.23	4.93 ± 0.12	0.81 ± 0.0231	0.6433**
潮土	5	1.22~6.74	0.3~1.39	3.92 ± 0.08	0.69 ± 0.0242	0.6391**
红壤	6	0.98~7.68	0.19~1.67	4.25 ± 0.15	0.72 ± 0.0301	0.6414**
砖红壤	5	1.83~9.26	0.37~1.72	4.43 ± 0.13	0.76 ± 0.0321	0.6502**

注：**P<0.01。

（10）Ni

从表3-15可以看出：无论何种类型土壤，AB-DTPA浸提的Ni均大于$CaCl_2$-DTPA，其中暗棕壤、棕壤、褐土、黄棕壤和紫色土中前者为后者的1.6~2.2倍，红壤和砖红壤为2.7~3.1倍，潮土则高达8.6~9.0倍。两种方法的测定结果均达到极显著相关（r>0.816，P<0.01），不同土壤之间相关系数也不同，其中暗棕壤、棕壤、褐土、黄棕壤和紫色土相对比较高，潮土、红壤和砖红壤相对比较低。

表 3-15　AB-DTPA 与 $CaCl_2$-DTPA 测定土壤有效镍的比较

土壤类型	样品数（n）	含量范围（mg/kg）		平均值（mg/kg）		相关系数（r）
		AB-DTPA	$CaCl_2$-DTPA	AB-DTPA	$CaCl_2$-DTPA	
暗棕壤	5	0.924~1.50	0.448~0.832	1.26 ± 0.0081	0.705 ± 0.0042	0.9331**
棕壤	5	0.216~0.663	0.094~0.303	0.446 ± 0.0042	0.208 ± 0.0024	0.9202**
褐土	5	0.290~0.446	0.121~0.205	0.361 ± 0.0012	0.156 ± 0.0013	0.9254**
黄棕壤	5	0.058~0.462	0.012~0.245	0.268 ± 0.0044	0.129 ± 0.0021	0.9173**
紫色土	3	0.059~0.619	0.025~0.295	0.289 ± 0.0052	0.172 ± 0.0032	0.9024**
潮土	5	0.020~0.168	0.002~0.019	0.093 ± 0.0011	0.011 ± 0.0010	0.8161**
红壤	6	0.021~0.147	0.011~0.055	0.086 ± 0.0013	0.031 ± 0.0014	0.8410**
砖红壤	5	0.028~0.217	0.010~0.078	0.132 ± 0.0012	0.047 ± 0.0012	0.8290**

注：**P<0.01。

（11）Cr

从表3-16可以看出：无论何种类型土壤，AB-DTPA浸提的Cr均大于$CaCl_2$-DTPA，其中暗棕壤、棕壤、褐土、黄棕壤、紫色土、红壤和砖红壤7种土壤中前者为后者的4.8~5.2倍，潮土则约高达10倍左右。两种方法的测定结果均达到极显著相关（r>0.651，P<0.01），不同土壤之间相关系数也不同，以红壤和砖红壤相对较低。

表 3-16　AB-DTPA 与 $CaCl_2$-DTPA 测定土壤有效铬的比较

土壤类型	样品数（n）	含量范围（mg/kg）		平均值（mg/kg）		相关系数（r）
		AB-DTPA	$CaCl_2$-DTPA	AB-DTPA	$CaCl_2$-DTPA	
暗棕壤	5	0.0305~0.0690	0.0062~0.0143	0.0508 ± 0.0012	0.0105 ± 0.0003	0.6892**
棕壤	5	0.0362~0.0705	0.071~0.0145	0.0529 ± 0.0010	0.0112 ± 0.0002	0.7154**
褐土	5	0.0341~0.0763	0.0066~0.0151	0.0535 ± 0.0011	0.0113 ± 0.0002	0.7063**

（续）

土壤类型	样品数（n）	含量范围（mg/kg）		平均值（mg/kg）		相关系数（r）
		AB-DTPA	$CaCl_2$-DTPA	AB-DTPA	$CaCl_2$-DTPA	
黄棕壤	5	0.0265~0.0835	0.0057~0.0167	0.0556 ± 0.0013	0.0110 ± 0.0002	0.6974^{**}
紫色土	3	0.0229~0.0739	0.0041~0.0149	0.0521 ± 0.0011	0.0107 ± 0.0003	0.7122^{**}
潮土	5	0.0336~0.0802	0.0031~0.0078	0.0543 ± 0.0009	0.0053 ± 0.0001	0.6874^{**}
红壤	6	0.0237~0.0685	0.0037~0.0140	0.0459 ± 0.0010	0.0088 ± 0.0002	0.6534^{**}
砖红壤	5	0.0249~0.0706	0.0042~0.0121	0.0465 ± 0.0010	0.0082 ± 0.0002	0.6513^{**}

注：$^{**}P<0.01$。

4. 园林绿化土壤的适用性分析

从AB-DTPA对我国典型地带性土壤营养元素和重金属有效态分析结果可以看出，AB-DTPA法和经典的磷、钾检测方法分析结果差别不大，可以直接引用；AB-DTPA法测定的Fe、Mg、Mn、Cu、Zn、Cd、Pb、Ni、Cr 9种金属元素有效态含量均高于$CaCl_2$-DTPA浸提法，除暗棕壤、棕壤、褐土、黄棕壤、紫色土、红壤和砖红壤7种土壤样中两种方法提取的有效Mn相当外，大部分土壤AB-DTPA浸提的大部分元素约为$CaCl_2$-DTPA的1.5~3倍左右，所有土壤AB-DTPA浸提的有效Fe、Pb和Cr均是$CaCl_2$-DTPA的3.8~6.7倍左右，部分土壤如潮土、红壤和砖红壤AB-DTPA浸提的Zn、Ni、Cr和Zn则为$CaCl_2$-DTPA的5~10倍左右。AB-DTPA浸提的所有样品的所有元素均与$CaCl_2$-DTPA之间存在极显著相关，相关系数均大于0.639。而且从AB-DTPA浸提的大量营养元素P、K和Mg、Fe、Mn、Cu、Zn等中微量营养元素的含量可以看出，其数值基本与我国典型土壤样品中含量分布趋势一致。

以上分析均说明AB-DTPA适宜我国典型土壤的多元素有效态含量分析，其分析结果可作为评价土壤元素有效态含量的重要依据。AB-DTPA方法具有的快速、精准的优势，考虑上海国际旅游度假区绿化种植土壤生产量大，因此该方法更适宜度假区绿化种植土检测用，但由于检测结果大于我国传统的$CaCl_2$-DTPA测定结果，因此评价标准也应相应增加。

（五）Al 毒

可溶性铝分析方法包括原子吸收光谱法、原子发射光谱法、色谱法、中子活化法、紫外—可见分光光度法，中国有专家提出用8-羟基喹啉（pH8.3）分光光度法。度假区合作方提出的用可溶性铝和AB-DTPA浸提测定的铝的比值作为评价铝毒的指标。考虑到其他元素测定也是直接引用度假区合作方的饱和浸提或者AB-DTPA浸提联合ICP测定，为方便也便于比较，上海国际旅游度假区也是直接引用度假区合作方方法来测定铝。

（六）氯（Cl）

度假区合作方提出的可溶性氯使用饱和浸提液—ICP测定，单位是mg/L，能测定氯的ICP性能要求较高，一般ICP是不能满足要求的；而国内林业标准用的是水土比为5：1的浸提液，然后用硝酸银滴定的方法（LY/T 1251—1999）。为增加数据可比性，同时也考虑国内的实验条件，综合了两种方法的优点，最终上海国际旅游度假区采用的水饱和浸提-硝酸银滴定法。

（七）有效硼（B）

度假区合作方提出有效硼使用AB-DTPA浸提—ICP测定；而国内林业标准用的沸水浸提—甲亚胺比色法（LY/T 1258—1999）。考虑到其他元素测定也是直接引用度假区合作方提出的AB-DTPA浸提联合ICP测定，为方便也为便于比较，上海国际旅游度假区直接引用度假区合作方方法来测定硼。

（八）C/N

度假区合作方土壤全碳和全氮均用元素分析仪进行测定，其原理都是高温燃烧法原理测定土壤全碳和全氮，C/N就是两者比值。而中方全碳是用油浴-重铬酸钾的方法，全氮传统用半微量凯氏法（LY/T 1228—1999）,近年来，随着仪器设备的更新，全自动凯氏定氮仪在我国应用较多，该仪器可实现蒸馏时间、蒸汽流量、加碘量与加硼酸量及滴定过程的自动控制，可以避免人为操作带来的误差，省时省力。根据之前的研究报道，利用元素分析仪和全自动凯氏定氮仪两种仪器测定土壤全氮含量无显著差异，两种仪器测定土壤全氮结果精准度较高，稳定性较好。考虑到国内常用全自动凯氏定氮仪较多，因此上海国际旅游度假区绿化种植土壤 C/N的检测方法采用的是重铬酸钾氧化—外加热法/全自动凯氏定氮仪法。

（九）发芽指数

度假区合作方提出的方法和中方唯一不同的是浸提溶液不同，度假区合作方是饱和浸提液吸取3 ml，然后再加7 ml 去离子水，然后培养萝卜或者青菜种子。而中方是用直接配制土壤样品滤液，按土（风干样）：水质量比=1：2浸提，然后汲取5 ml滤液用于培养十字花科植物。考虑度假区合作方用饱和浸提液然后再稀释，本身比较繁琐，所以上海国际旅游度假区在测定发芽指数时就直接引用中方的方法。

（十）质地

中方测定土壤质地的林业标准（LY/T 1225—1999）和度假区合作方的测定原理均是Stokes定律和密度计原理，但度假区合作方采用的是1962年Bouyoucos等提出的质地快速检测方法（以下简称Bouyoucos法），该方法简化了样品前处理和密度计读数两大关键步骤（表3-17），大大提高了土壤质地检测的效率。

为比较两种方法对检测结果影响，特地选择了63种分布于上海各个绿地中典型土样，从表3-18可以看出，两种方法检测的土壤粒径组成大致相当，没有显著差异，两种方法之间相关系数相当高，均达到极显著相关。鉴于Bouyoucos法实验步骤简单，结构可靠，因此适宜在绿化工程中批量检测用。

表 3-17 土壤元素有效态含量检测方法的比较

试验步骤		度假区合作方方法（Bouyoucos 法）	中方方法（LY/T 1225—1999）
样品前处理	分散剂	5% 的（$NaPO_3$）$_6$	石灰性土壤：0.5 mol/L（$NaPO_3$）$_6$；中性土壤：0.25 mol/L $Na_2C_2O_4$；酸性土壤：0.5 mol/L NaOH
	液土比	2 ∶ 1	石灰性土壤：5 ∶ 6；中性、酸性土壤：1 ∶ 1
	处理过程	加入分散剂后再用搅拌机搅拌 5 min 后静置过夜	加入分散剂 2 h，在电热板上加热 1 h
密度计读数		黏粒：2h 读数 粉砂粒 + 黏粒 : 40 s 读数	黏粒：8 h 读数 粉砂粒：5 min 读数 砂粒：1 min 读数

表 3-18 两种方法测定土壤质地的比较（n=63）

	砂粒 /%	粘粒 /%	粉砂粒 /%
中方方法（LY/T 1225—1999）	5.17 ± 6.92	31.5 ± 6.59	63.3 ± 6.11
度假区合作方方法	6.93 ± 8.13	33.7 ± 7.20	59.4 ± 6.53
两种方法的相关系数	0.8712**	0.9364**	0.9393**

注：** 表示 $P<0.01$。

第二节 土壤改良材料检测方法的差异

度假区合作方关于上海国际旅游度假区土壤改良材料主要是针对有机改良材料，和绿化种植土壤一致的指标就可直接引用绿化种植土壤检测方法，关于有机改良材料的元素含量检测均用全量表示，度假区合作双方一致。因此就有机改良材料而言，度假区合作双方的检测方法基本一致。

一、pH的检测

度假区合作双方差别主要是度假区合作方用的是饱和浸提。选择草炭、牛粪、鸡粪、猪粪和有机基质等不同原料来源的土壤有机改良材料19种，分别用2种方法测定有机改良材料的pH，结果见表3-19。从表3-19可以看出，中方方法（LY 1239—1999）测定的有机改良材料pH值普遍高于度假区合作方的饱和浸提法测定结果。但两种方法测得不同改良材料pH值的相关系数r为0.9841，达到了极显著相关的水平（$r_{0.01}$=0.561），说明两种方法测定有机改良材料的结果都具有可靠性。

表 3-19 pH 检测方法对不同有机改良材料测定结果的比较

检测方法	范围	平均值	相关系数（r）
中方（LY/T 1239—1999）	5.22~10.3	7.61 ± 1.37	0.9841**
度假区合作方（饱和浸提方法）	4.93~9.11	7.13 ± 1.17	

由于有机改良材料来源复杂，性质差别很大，若采用LY/T 1239—1999方法测定，则给浸提液、水土比等的选择带来了一定的困难。而用饱和浸提的方法能减少不同浸提剂和水土比带来的误差，增加数据之间可比性，也为具体应用减少障碍。

二、EC值

同样，度假区合作双方测定 EC值的差别主要是度假区合作方用的饱和浸提。选择草炭、牛粪、鸡粪、猪粪和有机基质等不同原料来源的土壤有机改良材料19种，分别用2种方法测定有机改良材料的EC值，结果见表3-20。从表3-20可以看出，度假区合作方饱和浸提法测定结果普遍高于中方方法（LY 1239—1999）测定的土壤EC值。但两种方法测得不同改良材料EC值的相关系数*r*为0.8858，达到了极显著相关的水平（$r_{0.01}$=0.561），说明两种方法测定土壤有机改良材料的结果都具有可靠性。

表 3-20　EC 检测方法对不同有机改良材料测定结果的比较

检测方法	范围（mS/cm）	平均值（mS/cm）	相关系数（*r*）
中方（LY/T 1239—1999）	0.093~3.26	1.53 ± 1.14	0.88581**
度假区合作方（饱和浸提方法）	0.227~12.8	5.49 ± 4.56	

同样，有机改良材料来源复杂，性质差别很大，且有机改良材料大多具有高吸水性，因此用LY/T 1251—1999中5：1的水土比往往不能浸出有机改良材料溶液而影响测定结果；而且不同改良材料与水的结合能力不同，即使采用同样的水土比例，测定的数据之间也没有可比性。虽然饱和浸提法更为繁琐，但更适宜园林绿化土壤及其改良材料的测定。当然由于饱和浸提的水土比小，因此其控制指标也相应增加。

三、腐殖质灰分和粗灰分差别

度假区合作方提出的腐殖质灰分是指在550℃高温下有机改良材料灰分中能被酸淋溶的灰分占总灰分的含量，而中方所指灰分一般是指有机改良材料在550℃高温下燃烧的残留物，两者是有差别。考虑到有机改良材料已经用有机质的评价指标，这里建议不考虑用腐殖质灰分的指标，因此其检测方法也可以忽略。

第三节　上海国际旅游度假区绿化种植土壤及其改良材料的检测方法

综合之前分析，结合国内现有检测条件，确立适宜上海国际旅游度假区绿化种植土壤及其改良材料应用的检测方法，确立了统一的检测标准，为后续绿化种植土壤技术攻关解决了首要难题。

一、上海国际旅游度假区绿化种植土壤检测方法

度假区合作双方最终确立的绿化种植土壤检测方法见表3-21。

表 3-21 度假区合作双方确认的上海国际旅游度假区绿化种植土壤的检测方法

序号	土壤指标	测试样状态	前处理	检测方法
1	酸度（pH）	2 mm 风干样	饱和浸提	电位法
2	盐度（mS/cm）	2 mm 风干样	饱和浸提	电导率法
3	可溶性氯（mg/L）	2 mm 风干样	饱和浸提	硝酸银滴定
4	有效硼 （mg/L）	2 mm 风干样	饱和浸提	ICP 检测
5	钠吸附比（SAR）	2 mm 风干样	饱和浸提	ICP 检测
6	可溶性铝 / 交换性铝	2 mm 风干样	饱和浸提 /AB-DTPA 浸提	ICP 检测
7	有机质（%）	0.149 mm 风干样	180℃油浴	重铬酸钾氧化法
8	C/N	2 mm 风干样		重铬酸钾氧化法 / 全自动凯氏定氮仪法
9	有效磷 （mg/kg）	2 mm 风干样	AB-DTPA 浸提	ICP-MAS 检测
10	有效钾 （mg/kg）			
11	有效铁（mg/kg）			
12	有效锰（mg/kg）			
13	有效锌（mg/kg）			
14	有效铜（mg/kg）			
15	有效镁（mg/kg）			
16	有效钠（mg/kg）			
17	有效硫（mg/kg）			
18	有效钼（mg/kg）			
19	有效砷（mg/kg）			
20	有效镉（mg/kg）			
21	有效铬（mg/kg）			
22	有效钴（mg/kg）			
23	有效铅（mg/kg）			
24	有效汞（mg/kg）			
25	有效镍（mg/kg）			
26	有效硒（mg/kg）			
27	有效银（mg/kg）			
28	有效钒（mg/kg）			
29	石油碳氢化合物	鲜样	气提及捕集方法	气相色谱—质谱法
30	有机苯环挥发烃（苯、甲苯、二甲苯和乙基苯）（mg/kg）	鲜样	吹扫捕集	气相色谱—质谱法
31	发芽指数（%）	2 mm 风干样	—	生物毒性法
32	质地	2 mm 风干样	分散剂（$NaPO_3$）$_6$ 处理	Bouyoucos 法 – 密度计法
33	容重（Mg/m^3）	现场采样	—	环刀法
34	孔隙度（%）			
35	入渗（mm/h）			

二、上海国际旅游度假区土壤改良材料的检测方法

考虑中国实际情况以及常用的检测方法，灰分、有机质、C/N比、粒径基本是采用原有的我国常用方法；有些方法则将度假区合作双方两种方法进行融合，一般前处理还是采用中方方法，检测用电感耦合等离子体发射光谱仪，如重金属采用三酸消解后用电感耦合等离子体发射光谱法；对有些指标，如硼和硒，我们采用的方法是先用AB-DTPA浸提—电感耦合等离子体发射光谱法进行测定，测定结果显示其含量均在绿化种植土壤控制指标范围，不可能存在超标可能，因此该项指标就不做检测。最后确定的土壤有机改良材料的检测方法基本还是沿用度假区合作方提供相关的检测方法，具体见表3-22。

表 3-22　确认的上海国际旅游度假区土壤改良有机材料的检测方法

<table>
<tr><th>序</th><th colspan="2">指标</th><th>上海国际旅游度假区检测方法</th></tr>
<tr><td>1</td><td colspan="2">腐殖质灰分（%）</td><td>550℃灰化方法</td></tr>
<tr><td>2</td><td colspan="2">有机质（%）</td><td>重铬酸钾氧化—外加热法（180℃油浴）</td></tr>
<tr><td>3</td><td colspan="2">pH</td><td>饱和浸提—电位法</td></tr>
<tr><td>4</td><td colspan="2">电导率（mS/cm）</td><td>饱和浸提—电导率法</td></tr>
<tr><td>5</td><td colspan="2">硅</td><td>–</td></tr>
<tr><td>6</td><td colspan="2">碳酸钙</td><td>中和滴定法（LY/T 1250—1999）</td></tr>
<tr><td rowspan="2">7</td><td rowspan="2">C/N</td><td>全氮</td><td>凯氏定氮</td></tr>
<tr><td>全碳</td><td>重铬酸钾氧化—外加热法（180℃油浴）</td></tr>
<tr><td>8</td><td colspan="2">粒径</td><td>筛分法</td></tr>
<tr><td>9~20</td><td>重金属
总量（mg/kg）</td><td>砷、铜、镉、铅、银、铬、汞、钒、钴、钼、锌、镍</td><td>三酸消解—电感耦合等离子体发射光谱法</td></tr>
<tr><td>21</td><td rowspan="2">潜在毒害元素</td><td>硒</td><td rowspan="2">AB-DTPA 浸提—电感耦合等离子体发射光谱法</td></tr>
<tr><td>22</td><td>硼</td></tr>
</table>

三、建立样品检测的质控程序

所有检测数据均是第三方检测机构在严格的质量控制流程下进行，并同时和度假区合作方委托的第三方检测机构进行平行数据比对。

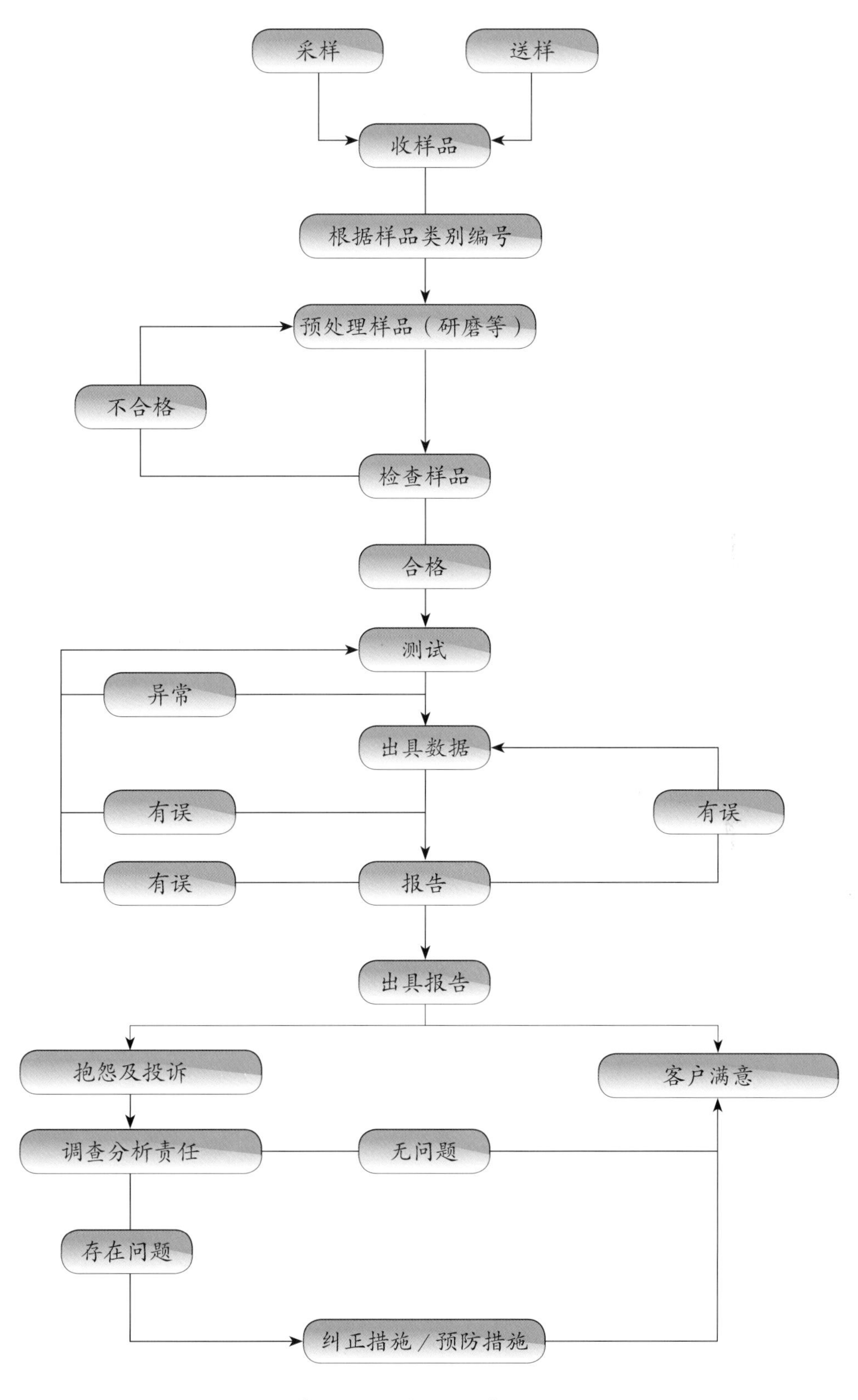

图 3-1　第三方检测机构的质量控制流程图

04

核心区表土保护

为更好地保护上海国际旅游度假区核心区一期开发地3.9 km^2内表土，提高表土保护的标准化水平，度假区合作双方管理人员和技术人员共同参加，围绕表土保护和再利用全过程制订了相应的标准化实施对策。首先制订了详细的采样计划；然后采用高精度的GPS对现场定位，绘制整个规划区内表土分布的CAD图，提高表土现场施工的数字化水准；并根据土样分析结果，以主要障碍因子为参考依据，划分了表土质量等级；最后制订表土现场收集和堆积方案，并由技术协调组统一对现场各个参建单位进行集中培训，确保表土保护有序、规范操作。

第一节　采样计划

整个采样过程要保证所采样品不受污染，并有代表性。

一、初步确立可利用表土的农田地块分布

首先是根据上海国际旅游度假区核心区一期规划地地形图和测绘图，将上海国际旅游度假区核心区一期规划地所属区域农田表土进行划分。考虑到大棚菜地由于设施栽培原因，相关指标容易超标，因此在地块划分时，将这类地块单独划出。根据测绘图显示和现场初步踏勘，初步确立了上海国际旅游度假区核心区一期规划地可利用的农田表土161块地块的分布图（图4-1）。另外根据现场实地采样的实际情况，在原先161块农田表土的基础上，增加了2个地块，总共163块地块。

二、采样布点原则

根据农田编号和面积大小确定土壤样品检测单元：

（1）一般一块有四址田埂的农田作业区至少取一个土壤混合样；

（2）根据面积大小确定取混合样个数，一般每 5000 m^2取1个混合样；

（3）根据现场踏查，对地势、土壤均匀或差异度、不同植被类型等情况，可适当增加或减少取样个数。

图 4-1　上海国际旅游度假区核心区一期规划地可利用表土的 161 块地块分布图

三、采样方法

（1）每个取样点为土壤混合样，按照蛇形法布点，每个混合样至少由5~10个取样点组成。

（2）在确定土壤取样点上，用土铲垂直向下挖深30 cm或50 cm、长宽20 cm左右剖面，然后用竹片消除表面土壤，用竹片切取一片上下厚度（至少2~3 cm）相同的土块；直接用玻璃瓶取样品用于有机污染物测定。

（3）每个土壤取样点等量取集后的土块放在塑料盘中均匀混合，用四分法去掉多余的土壤，依此方法直至最后保留2 kg左右的土壤混合样，放在干净的塑料袋中，用于理化性质和重金属测定。

四、采样深度

土壤样品采样深度和表土预计剥离深度一致。考虑到上海国际旅游度假区绿化用土方资源紧缺，因此尽量剥取厚的土壤深度，大部分地块取0~50 cm；同时也考虑场地工程的土方平衡，有些地势低或者需要抬高地形的地方，只剥离0~30 cm土样。

五、现场记录

（1）对取好的混合样标明样品编号、取样位置、取样深度和时间等标识。

（2）对取样点种植植物等情况进行描述，有图纸的将取样点标识到图纸中，用GPS定位并做好记录。

六、分批采样

集中采样分3次进行。

第一批主要对堆场、中心湖、围场河、建工施工地块四个区域38块农田进行采样，一共采集了91个样品，采样深度分0~30 cm、0~50 cm两种。并增加162和163地块。

第二批共对28块农田进行采样，共采集了79个样品，采样深度为0~30 cm。

第三批共对24块农田进行采样，共采集了40个样品，采样深度为0~50 cm。

3次集中采样一共采集210个土样。

第二节　表土现场踏勘和定位

上海国际旅游度假区核心区一期规划地原始测绘图一共有161块种植土取土地块，由于原始测绘图的测绘数据误差较大，且无种植土地块划分经验，导致实际可取土地块和测绘图上地块不符，因此原有测绘图只能作为参考。如果采用传统的取土方法，工作效率低，有可能出现地块遗漏，并且无法确定地块位置及可取土地块边界，采样缺乏科学性。而如果表土的分布边界不清晰，也无法对表土进行定量估算，给后续表土收集工程的土方体积核算和核价带来困难。因此，获取上海国际旅游度假区核心区一期规划地可取土地块的精确边界非常有必要，为此，本项目在国内首次采用美国天宝先进的RTK技术和应用软件，使用上海VRS网络，实现了精确、高效、科学的取土工作以及地块位置和边界的确定，并提交详细的地块和土质数据，为后续的种植土剥离和利用提供科学、精确的数据。

一、技术特点

（一）RTK技术

实时动态测量技术（Real Time Kinematic，简称RTK）是在基准站上安置一台GPS接收机（图4-2），对所有可见GPS卫星进行连续地观测，并将其观测数据，通过无线传输设备，实时地发送给用户观测站。在移动站上，GPS接收机在接收GPS卫星信号的同时，通过无线接收设备，接收基准站传输的观测数据，然后根据相对定位的原理，实时地计算并显示用户站的三维坐标及其精度。

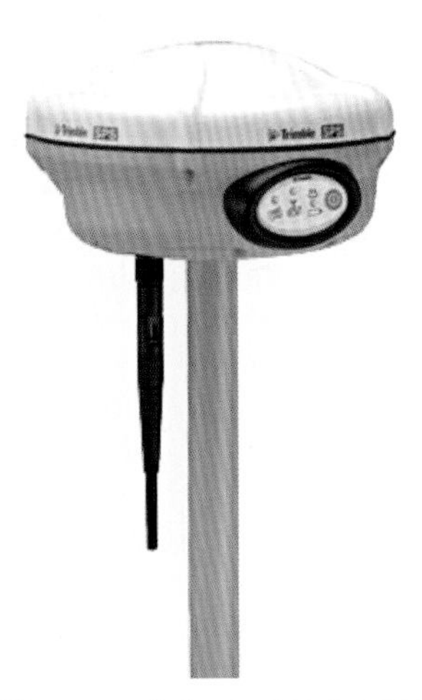
图 4-2　天宝 SPS882 GNSS

（二）天宝VRS技术

天宝VRS（Trimble Virtual Reference Stations，天宝虚拟参考站）技术就是利用布设在地面上的多个参考站组成GPS连续运行参考站网络（CORS），综合利用各参考站的卫星观测数据，通过软件处理建立精确的误差模型来修正相关误差，收到流动站请求后在其附近产生一个物理上并不存在的虚拟参考站（VRS），由于虚拟参考站通过流动站用户接收机的单点定位解来确定，所以与流动站组成的基线一般只有十几米，流动站接收VRS平台发布的RTCM差分改正数后，就能得到厘米级精度的坐标解。

（三）上海VRS网络

上海VRS网络采用的是天宝VRS技术，目前共建设有9个基准站：嘉定（三维坐标监测基准）、宝山、测绘院（新建实验室）、崇明西、临港新城、金山、青浦、三甲港、莘庄，为上海用户测量用户提供观测数据服务。

二、现场定位

（一）数据准备

上海国际旅游度假区区块图导入到天宝TBC软件（图4-3），取放样点，然后导入到天宝GPS接收机的手簿中。

通过区块图，可以合理安排区块取土工作，大大提高了工作效率，并且能够保证所有区块取土工作不会遗漏。

（二）现场放样

现场放样采用天宝高精度GPS定位设备（图4-4），通过无线网络连接到上海VRS辅助定位网络，获取RTK差分数据，其水平定位精度可达8 mm，高程精度可达15 mm。

（三）区块重建

由于原有地块不够准确，需要在现场进行区块重建，采用天宝高精度GPS和天宝外业软件，可轻松实现取土区块重建和现场打桩工作（图4-5）。

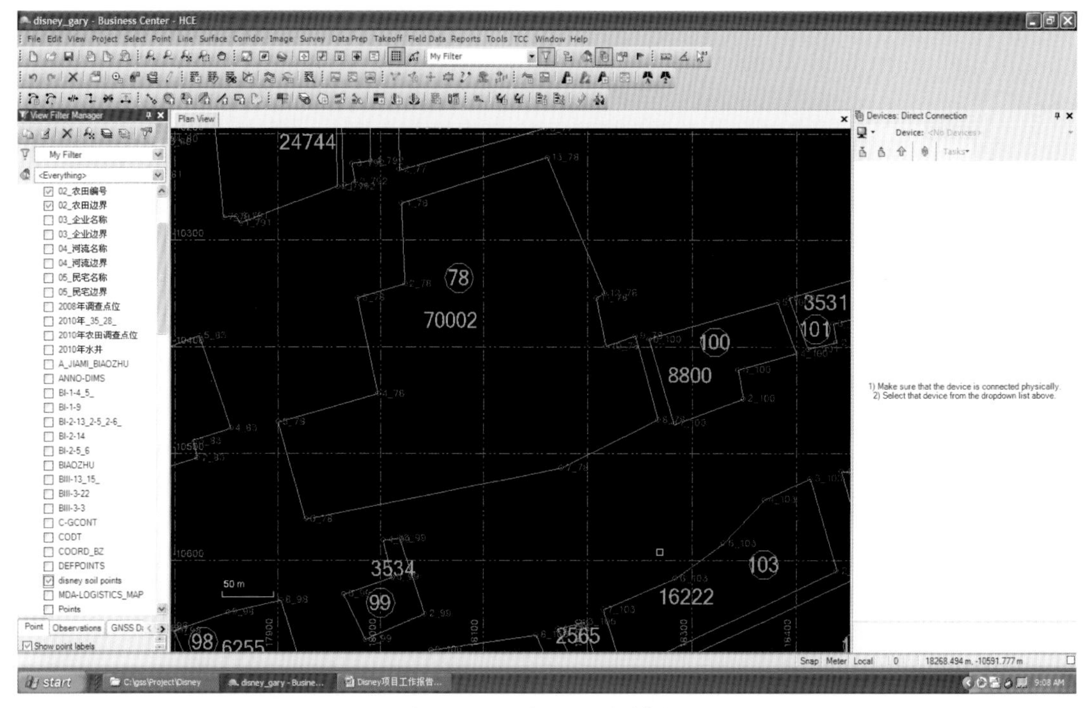

图 4-3　区块图及放样点

图 4-4　现场放样

图 4-5　现场打桩

（四）取土

根据天宝外业软件提供的重建区块面积和地形，合理安排采样次数以及采样点，并通过GPS放样，精确引导到采样点，进行取土采样（图4-6）。

（五）数据综合

在完成所有区块取土采样后，通过天宝TBC软件进行数据处理，可精确知道每个区块的面积，并明确标识每一个取土区块的边界，形成上海国际旅游度假区核心区一期规划地的表土分布CAD图（图4-7）。根据表土保护CAD分布图，可精准计算出上海国际旅游

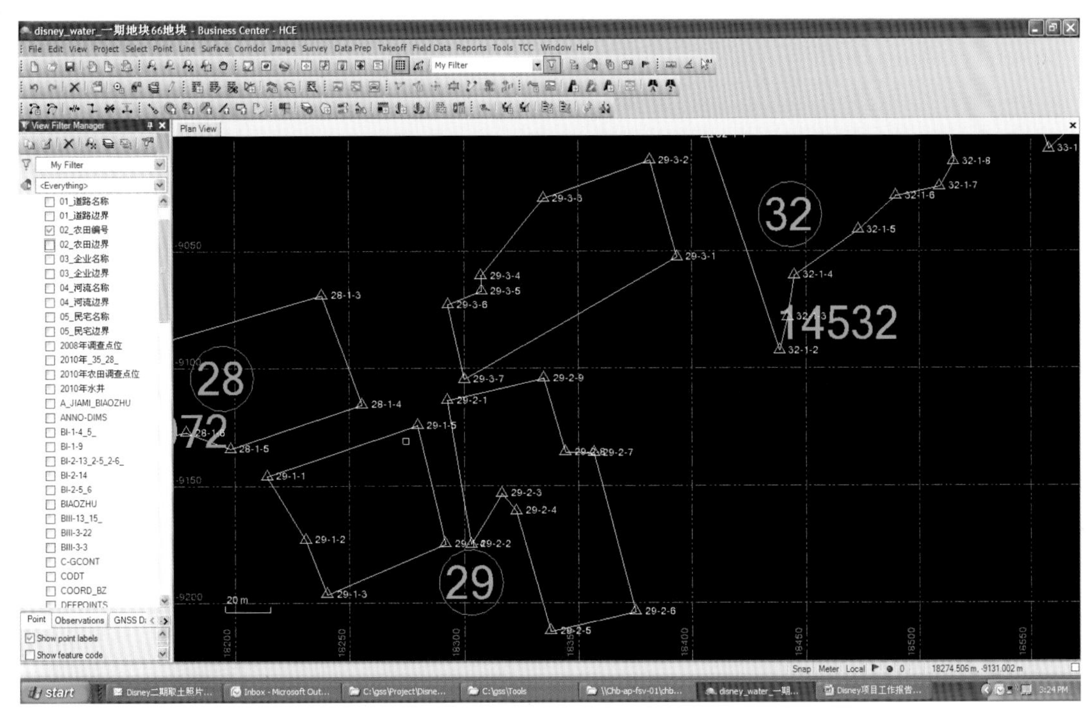

图 4-6　放样取土

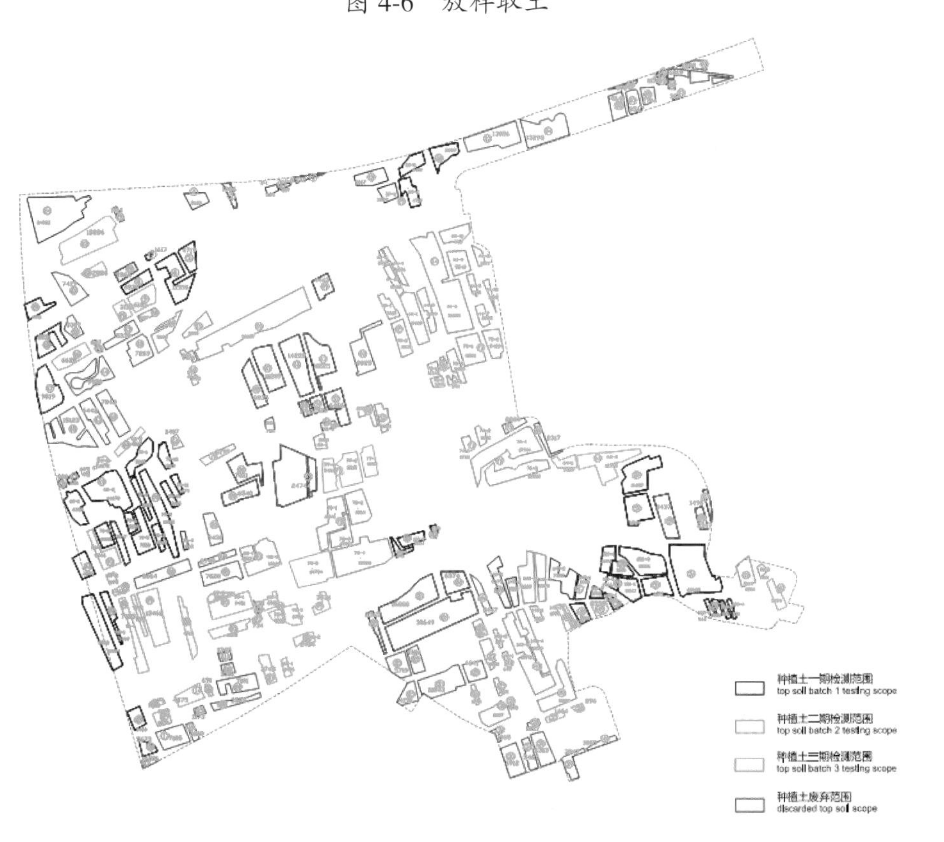

图 4-7　上海国际旅游度假区一期规划地可利用表土分布 CAD 图

度假区核心区一期规划地可取表土的面积、体积以及种植土剥离的工作量，为后期工程核算、监管提供了技术依据，提高了表土现场保护的数字化水准。其中图4-7不同颜色划分的地块分别表示不同的表土质量等级，具体划分的依据将在后续的第四节中详细介绍。

三、技术优势

（1）采用天宝高精度GPS定位设备，保证了数据的可靠性和精度。

（2）合理规划现场取土工作，提高了工作效率。

（3）保障了种植土采样的科学性及合理性。

（4）地块数据可转换成通用数据格式，可直接导入GIS软件和CAD软件中，为后续工作提供参考。

（5）为业主提供精确的种植土地块剥离边界及面积。

（6）业主可依据种植土地块数据，准确合理地安排种植土剥离工作。

采用高精度GNSS定位设备及应用软件和现场取土工作相结合，大大提高了取土的工作效率及科学性，并为后续种植土剥离及使用提供了数据保证。

第三节　土壤检测数据分析

上海国际旅游度假区核心区一期规划地总共采集210个土样，根据度假区B类绿化种植土标准的技术指标，分别进行31项化学和生物指标的测定分析；同时根据现场调查情况，选择有代表性土样进行物理性质的测定。所采用的检测方法统一用度假区合作双方确认的适宜上海国际旅游度假区的检测方法（见第3章表3–21），先了解上海国际旅游度假区核心区一期规划地表土是否符合度假区合作方提出的标准。

一、土壤化学性质

1. 酸度（pH）

210个土壤样品的pH平均为7.52 ± 0.402，分布在5.94~7.98之间。其中小于6.5的土样占3.81%；7.14%土样超过7.8，但最高只有7.98，超标的幅度不大；89.05%样品的pH在6.5~7.8之间，符合度假区B类标准要求（图4-8）。

2. 盐度（EC）

210个样品的EC平均为0.54 ± 0.167 mS/cm，分布在0.19~1.13 mS/cm之间。其中有46.19%的土壤样品含量低于0.5 mS/cm，只有53.81%的土壤样品盐分含量符合度假区B类标准要求的0.5~2.5 mS/cm的技术标准（图4-9）。总体而言，第一期采集的土壤盐分含量总体偏低，说明土壤不存在盐分毒害，但由于土壤的速效养分含量和土壤盐度成正比，同时说明土壤的速效养分含量总体偏低。

3. 可溶性氯（Cl）

210个样品的可溶性氯平均为39.5 ± 21.9 mg/L，分布在3.97~149 mg/L之间，均符合小

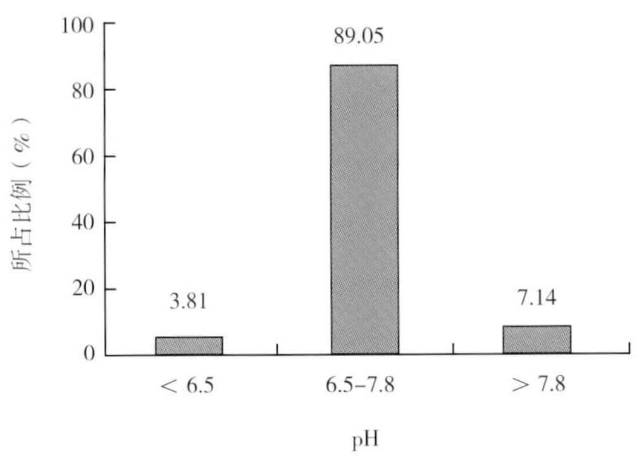

图 4-8　土壤不同 pH 值所占比例

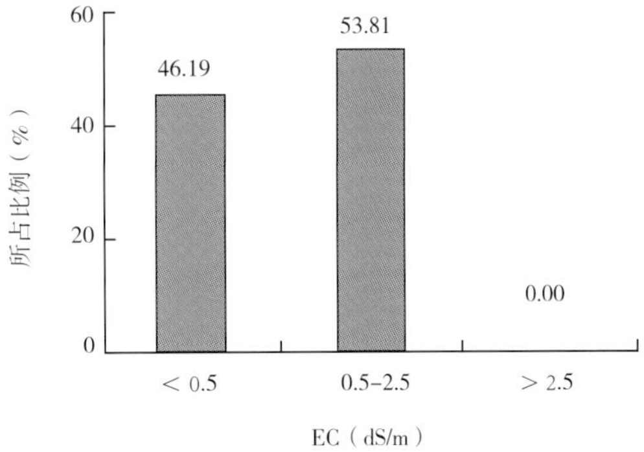

图 4-9　土壤不同盐分含量所占比例

于150 mg/L的度假区B类种植土技术要求。

4. 可溶性硼（B）

210个样品的可溶性硼含量平均为0.0938 ± 0.0528 mg/L，分布在0.0044~0.311 mg/L之间，均符合小于1 mg/L的度假区B类种植土技术要求。

5. 钠吸附比（SAR）

210个样品钠吸附比平均为1.49 ± 0.59，分布在0.39~4.05之间。仅有一个样品为4.05，不符合度假区B类种植土要求，其他样品均符合度假区B类种植土小于3的技术要求，因此Na毒害的可能性不大。

6. 铝（Al）

不同批次测定的结果有差异，其中第一批91个土壤样品可溶性铝和重碳酸氨/二乙烯三胺五乙酸分解法铝的比值平均为0.13 ± 0.20，分布在0.0012~1.68之间，超过度假区B类种植土小于百万分之三的技术要求；而第二批、第三批119个样品的可溶性铝含量基本测定不出来；三批样品的AB-DTPA提取的铝含量平均含量0.145 ± 0.082 mg/L。铝的检测结果不一致的原因可能有两种：一是铝本身的分析方法不是很成熟，尤其是在浓度非常低的时候如果用ICP测定，由于干扰成分太多，会直接导致结果偏高；二是铝在pH高的时候可能发生形态转换。

铝是地壳中含量最多的元素，达到了7%，而铝是否有毒关键要看土壤的酸碱性，铝的毒害一般只发生在酸性土壤上，鉴于上海国际旅游度假区第一期采集的土壤pH基本为中性偏碱性，因此对铝的毒害可以忽略不计。

7. 有机质（OM）

210个土壤样品有机质的平均含量为1.82% ± 0.52%，分布在0.78%~3.17%之间。89.05%土壤样品有机质含量低于2.5%，10.47%的土壤样品介于2.5~3%之间，仅有0.48%的土壤样品大于3%，但总体而言，均低于度假区B类种植土提出的3%~6%的技术要求（图4-10）。说明210块土壤样品有机质含量总体偏低，需要增施有机肥。

8. 碳氮比（C/N）

210个土壤样品碳氮比的平均值为8.91 ± 1.29，分布在4.49~21.0之间。只有18.10%的土壤样品满足度假区B类种植土提出的9~11的技术要求，总体偏低；有79.52%的土壤碳氮

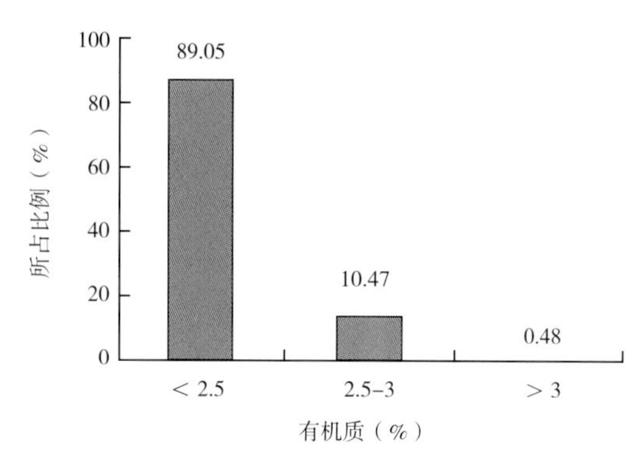

图 4-10　土壤不同有机质含量所占比例

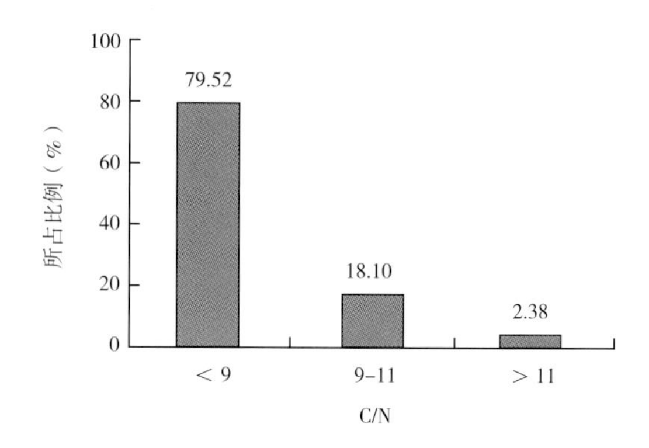

图 4-11　土壤不同碳氮比所占比例

比< 9；只有2.38%的土壤碳氮比>11（图4-11）。

这210个土壤样品的C/N比含量低是和土壤有机质含量偏低而全氮含量较丰富直接相关的。210个土壤样品全氮的平均值为1.28 ± 0.28 g/kg，分布在0.45~2.12 g/kg之间。参考中国土壤养分指标分级标准（表4-1），从图4-12可以看出，有65.24%的土壤全氮较肥沃，分布在1.0~1.5 g/kg之间；17.62%和1.90%的土壤处于肥沃（1.5~2.0 g/kg）和很肥沃（>2.0 g/kg）的水平；11.90%的土壤全氮处于一般水平（0.75~1.0 g/kg），仅有0.48%（<0.5 g/kg）和2.86%（0.5~0.75 g/kg）的土壤氮贫瘠。

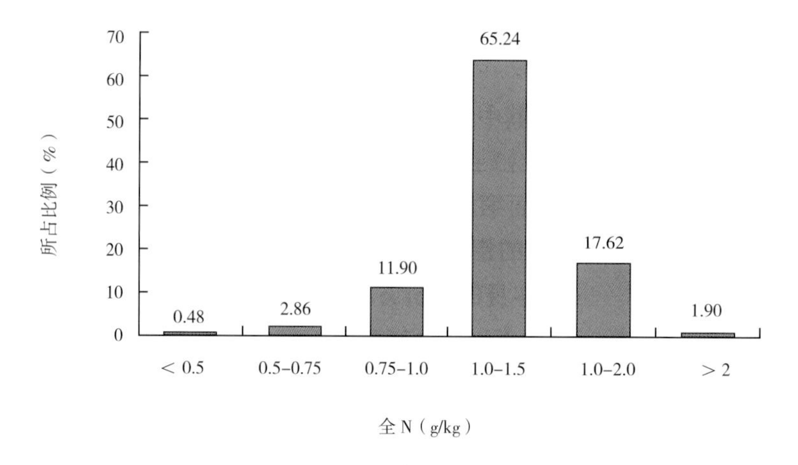

图 4-12　土壤不同全氮所占比例

表 4-1　中国土壤养分指标分级标准

分级	1	2	3	4	5	6
全氮（g/kg）	> 2	1.5~2.0	1.0~1.5	0.75~1.0	0.5~0.75	< 0.5
有机质（g/kg）	> 40	30~40	20~30	10~20	6~10	< 6

注：我国土壤养分指标的含量从高到低可分为6级，分别代表很肥沃、肥沃、较肥沃、一般、贫瘠和很贫瘠。

9. 磷（P）

210个土壤样品磷的平均含量为4.90 ± 4.68 mg/kg，分布在0.44~28.2 mg/kg之间。有10.00%的土壤样品符合度假区B类种植土标准要求的10~40 mg/kg的技术要求；有90.00%的土壤样品的磷含量低于度假区B类种植土标准要求的10 mg/kg的最低限值要求（图4-13）。

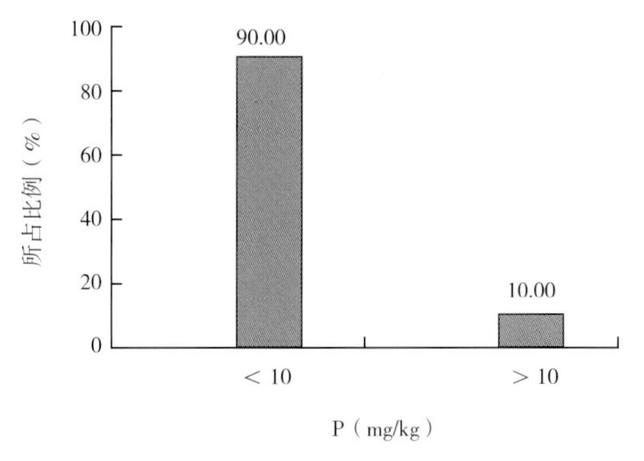

图 4-13　土壤不同磷含量所占比例

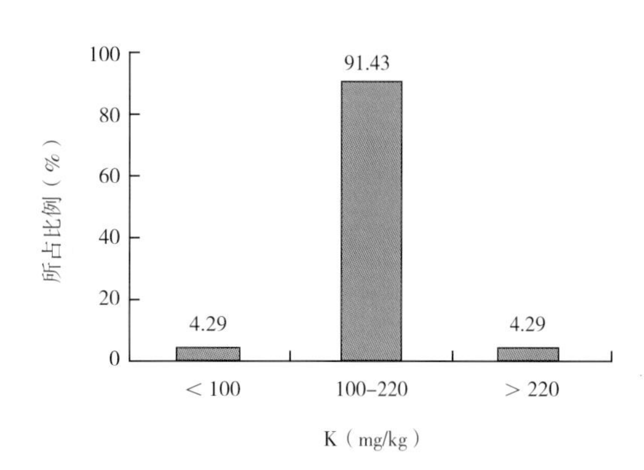

图 4-14　土壤不同钾含量所占比例

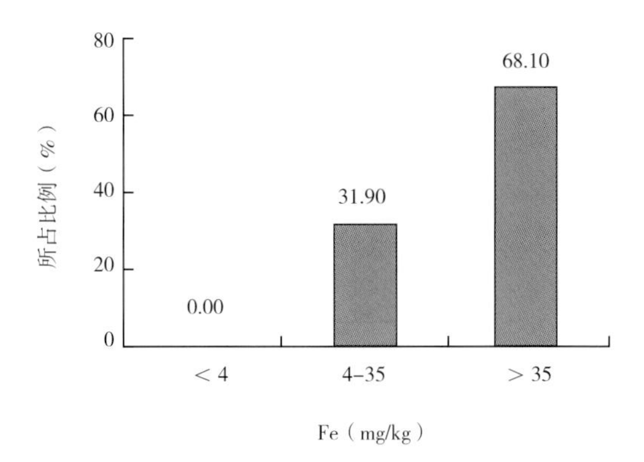

图 4-15　土壤不同铁含量所占比例

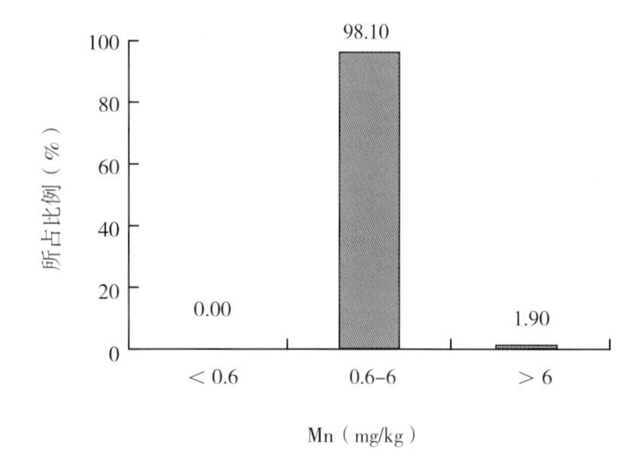

图 4-16　土壤不同锰含量所占比例

但土壤磷含量均没有超标，不存在磷富营养化的可能，需要增施磷肥。

10. 钾（K）

210个土壤样品的钾平均含量为148 ± 45.7 mg/kg，分布在81.8~595 mg/kg之间。91.43%土壤样品的钾含量位于度假区合作方要求的100~220 mg/kg之间，仅有4.29%的土壤样品钾含量偏低，应施钾肥；另外有4.29%的土壤样品超过度假区B类种植土标准要求的220 mg/kg最大限值（图4-14）。

11. 铁（Fe）

210个土壤样品铁的平均含量为67.2 ± 50.7 mg/kg，分布在6.44~290 mg/kg之间。有31.90%的土壤样品铁符合度假区B类种植土标准4~35 mg/kg的技术要求，有68.10%大于35 mg/kg（图4-15）。由于第一期采集的土壤pH基本为中性或碱性，不排除这些土壤铁有效性较差，对植物造成较小危害的可能性。

12. 锰（Mn）

210个土壤样品锰的平均含量为2.57 ± 1.45 mg/kg，分布在0.73~11.5 mg/kg之间。98.10%的土壤样品符合度假区B类种植土标准0.6~6 mg/kg的技术要求，仅有1.90%的样品大于6 mg/kg（图4-16）。

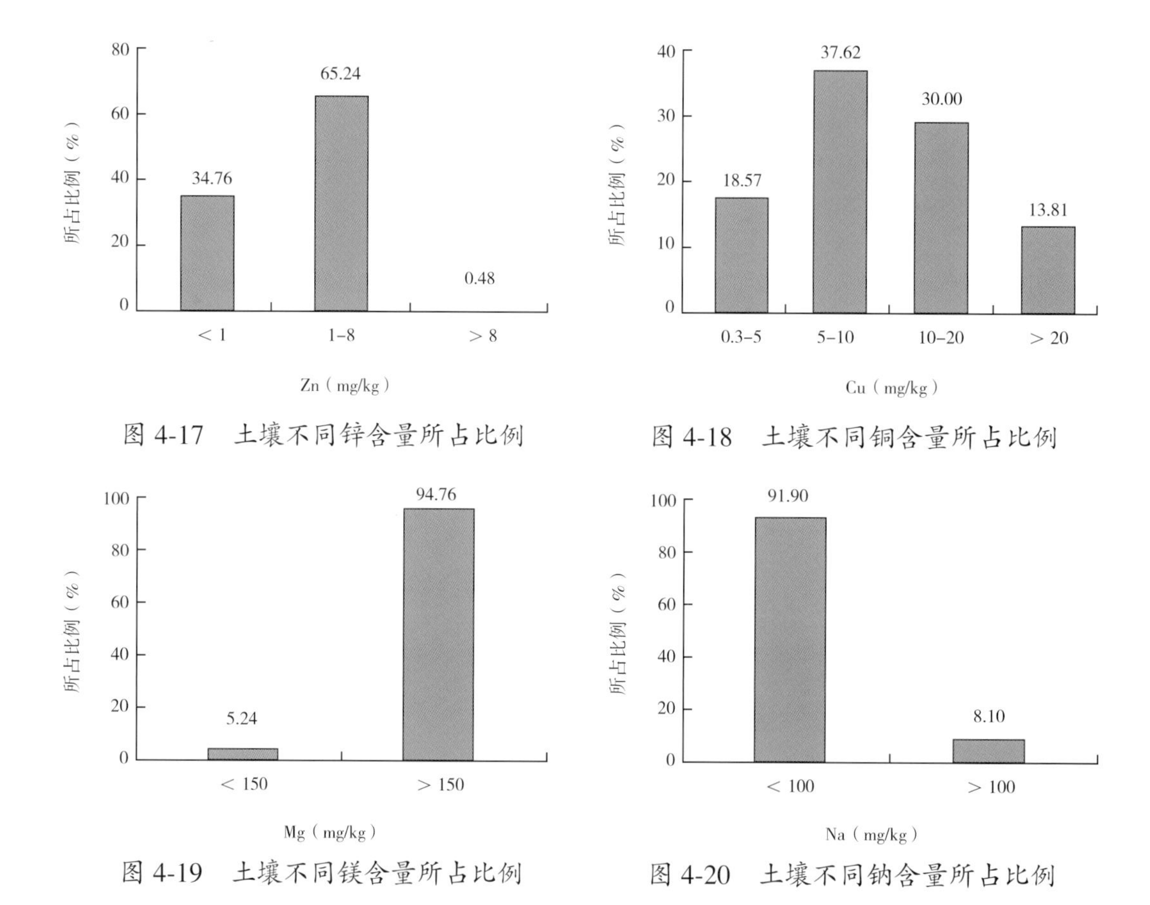

图 4-17　土壤不同锌含量所占比例

图 4-18　土壤不同铜含量所占比例

图 4-19　土壤不同镁含量所占比例

图 4-20　土壤不同钠含量所占比例

13. 锌（Zn）

210个土壤样品锌的平均含量为1.70 ± 1.39 mg/kg，分布在0.11~9.75 mg/kg之间。有65.24%的土壤样品符合度假区B类种植土标准1~8 mg/kg的技术要求，仅有1个土壤样品（占0.48%）超过了8 mg/kg的最大限值要求，不过由于最大值为9.75，超出限值幅度小，而且Zn也是植物需要的营养元素，因此其对植物造成毒害的可能性较小；有34.76%的土壤样品锌含量小于1 mg/kg的度假区B类种植土标准最低限值的要求（图4-17），需要增施锌肥。

14. 铜（Cu）

210个土壤样品铜的平均含量为11.3 ± 7.44 mg/kg，分布在1.41~39.6 mg/kg之间。有18.57%的土壤样品符合度假区B类种植土标准0.3~5 mg/kg的技术要求；有81.43%的土壤样品超过5 mg/kg最高限值，说明土壤样品出现了铜的超标。其中有37.62%的土壤样品在5~10 mg/kg之间；有30.00%的土壤样品在10~20 mg/kg之间；有13.81%的土壤样品含量大于20 mg/kg（图4-18），铜含量严重超标。

15. 镁（Mg）

210个土壤样品镁的平均含量为271 ± 72.3 mg/kg，分布在120~455 mg/kg之间。5.24%的土壤样品符合度假区B类种植土标准50~150 mg/kg的技术要求，94.76%的土壤样品均超出了度假区合作方150 mg/kg的最高限值要求（图4-19）。但由于镁是第四大植物必需元

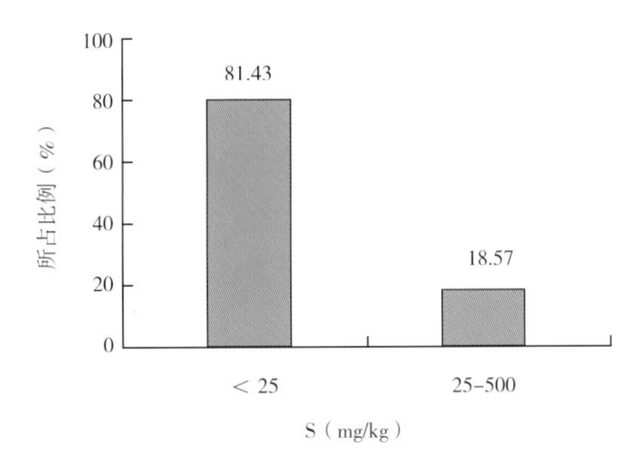

图 4-21　土壤不同硫含量所占比例

素，一般很少会发生镁的毒害。但过量的镁也会影响植物生长，一般认为土壤交换性镁的含量达到600 mg/kg时，可能对植物产生毒害。因此样品存在镁毒害的可能性较小。

16. 钠（Na）

210个土壤样品钠的平均含量为61.9 ± 27.4 mg/kg，分布在10.1~136 mg/kg之间。有91.90%的土壤样品符合度假区B类种植土标准小于100 mg/kg的技术要求，有8.10%的样品钠含量超过100 mg/kg（图4-20）。

17. 硫（S）

210个土壤样品硫的平均含量为18.7 ± 11.8 mg/kg，分布在3.58~80.7 mg/kg之间。有18.57%的土壤样品符合度假区B类种植土标准25~500 mg/kg的技术要求，有81.43%的土壤样品硫的含量低于25 mg/kg（图4-21）。说明大部分土壤缺硫，需增施硫肥；没有土壤硫含量大于500 mg/kg，说明没有土壤硫含量超标。

18. 钼（Mo）

210个土壤样品钼的平均含量为0.0202 ± 0.0123 mg/kg，分布在0.0007~0.0702 mg/kg之间，低于度假区B类种植土标准0.1~2 mg/kg的技术要求，说明土壤样品全部缺钼，需要增施钼肥。

19. 砷（As）

210个土壤样品砷的平均含量为0.113 ± 0.046 mg/kg，分布在0.020~0.278 mg/kg之间，全部符合度假区B类种植土标准小于1 mg/kg的技术要求，没有出现砷的超标。

20. 镉（Cd）

210土壤样品镉的平均含量为0.058 ± 0.041 mg/kg，分布在0.011~0.295 mg/kg之间，全部符合度假区B类种植土标准小于1 mg/kg的技术要求，没有出现镉的超标。

21. 铬（Cr）

210个土壤样品铬的平均含量为0.038 ± 0.047 mg/kg，分布在0.000~0.532 mg/kg之间，全部符合度假区B类种植土标准小于10 mg/kg的技术要求，没有出现铬的超标。

22. 钴（Co）

210个土壤样品钴的平均含量为0.0075 ± 0.0082 mg/kg，分布在0.0001~0.057 mg/kg之间，全部符合度假区B类种植土标准小于2 mg/kg的技术要求，没有出现钴的超标。

23. 铅（Pb）

210个土壤样品铅的平均含量为3.84 ± 1.68 mg/kg，分布在0.99~9.24 mg/kg之间，全部符合度假区B类种植土小于30 mg/kg的技术要求，没有出现铅的超标。

24. 汞（Hg）

210个土壤样品汞的含量均小于0.002 mg/kg，全部符合度假区B类种植土小于1 mg/kg的技术要求，没有出现汞的超标。

25. 镍（Ni）

210个土壤样品镍的平均含量为0.442 ± 0.517 mg/kg，分布在0.028~4.62 mg/kg之间，全部符合度假区B类种植土小于5 mg/kg的技术要求，没有出现镍的超标。

26. 硒（Se）

210个土壤样品硒的平均含量为0.121 ± 0.0569 mg/kg的技术要求，全部符合度假区B类种植土小于3 mg/kg的技术要求，没有出现硒的超标。

27. 银（Ag）

210个土壤样品银的含量均小于0.01 mg/kg，全部符合度假区B类种植土小于0.5 mg/kg的技术要求，没有出现银的超标。

28. 钒（V）

210个土壤样品矾的平均含量为0.338 ± 0.134 mg/kg，在0.090~0.780 mg/kg之间，符合度假区B类种植土小于3 mg/kg的技术要求，没有出现钒的超标。

29. 石油碳氢化合物（Total petroleum hydrocarbons）

有205个土壤样品的石油碳氢化合物含量小于50 mg/kg，符合度假区B类种植土小于50 mg/kg的技术要求；仅有5个土壤样品的含量高于度假区B类种植土的最高限值要求，但高出不多，含量在57.3~68.5 mg/kg之间。而根据我国环境保护行业标准《展览会用地土壤环境质量评价标准（暂行）》（HJ 350—2007）规定，当土壤石油碳氢化合物小于1000 mg/kg时，土壤可以作为绿化用地等用途。考虑到采集样品的最高含量也只有68.5 mg/kg，本身和度假区B类种植土50 mg/kg限值要求超标幅度不大，而且在堆放或改良过程中石油碳氢化合物有一定降解，因此可以结合其他修复或改良同时进行石油碳氢化合物降解，使之达到相关标准要求。

30. 有机苯环挥发烃（Total aromatic volatile organic hydrocarbons）

210个土壤样品的苯、甲苯、乙苯、对&间-二甲苯和邻-二甲苯含量均小于检出限0.05 mg/kg，因此有机苯环挥发烃总量也全部小于度假区B类种植土要求的0.5 mg/kg的最高限值，也说明全部土壤有机苯环挥发烃没有超标。

二、土壤物理性质

（一）土壤容重

一般容重达到1.40 Mg/m^{3}已经成为根系生长的限制值，土壤容重超过1.60 Mg/m^{3}时会严重影响植物根系的生长，而一般适于植物生长的表层土壤容重小于1.30 Mg/m^3，考虑到城市绿地土壤压实严重，建设部行业标准《绿化种植土壤》规定的容重小于1.35 Mg/m^3。上海国际旅游度假区核心区一期规划区内土壤容重变化范围为1.17~1.63 Mg/m^3（表4-2），均值为1.43 Mg/m^3，土壤容重显著高于1.35 Mg/m^3；其中72.22%的采样点高于1.35 Mg/m^3，最高高达1.63 Mg/m^3，已经严重影响植物根系的生长，土壤变异系数较小，仅为0.10；由此可见规划区内土壤容重普遍偏高。

（二）土壤质量含水率、最大持水量、田间持水量

土壤水是土壤重要组成部分，是植物生长和生存的物质基础，土壤水分含量影响土壤中进行的各种物理、化学以及生化过程。从表4-2可以看出，规划区土壤质量含水率均值为29.6%，变化范围21.3%~43.2%，变异系数较大，为0.23，说明不同采样点土壤质量含水率变化较大。土壤最大持水量均值为331 g/kg，最小值仅为242 g/kg，土壤最大持水量较低，对水分的蓄积能力较差。田间持水量均值为311 g/kg，含量较小，其变化范围为233~439 g/kg，其变异系数为0.21。

表 4-2 上海国际旅游度假区核心区一期规划地土壤基本性质

参数	变化范围	均值	标准差	CV
容重（Mg/m^3）	1.17~1.63	1.43	0.15	0.10
质量含水率（%）	21.3~43.2	29.6	6.70	0.23
最大持水量（g/kg）	242~456	331	68.2	0.21
田间持水量（g/kg）	233~439	311	65.5	0.21
非毛管孔隙度（%）	1.10~4.76	2.33	0.89	0.38
毛管孔隙度（%）	38.3~52.2	44.0	4.57	0.10
总孔隙度（%）	39.4~54.1	46.4	4.57	0.10
砂粒（%）	0.23~1.89	0.71	0.47	0.66
黏粒（%）	24.1~46.8	38.9	4.74	0.12
粉砂粒（%）	52.8~75.6	60.4	4.70	0.08
K_{fs}（mm/h）	0~2.88	1.03	0.74	0.72
有效水（%）	2.69~5.96	3.98	1.39	1.08

（三）土壤非毛管孔隙度、毛管孔隙度、总孔隙度

土壤孔隙是土壤基本物理性质之一，是土壤中气相和液相物质转移的通道，是评价土壤肥力特征和土壤贮水性能的重要指标之一。从表4-2可以看出，上海国际旅游度假区核心区一期规划地土壤非毛管孔隙度较小，其变化范围为1.10%~4.76%，均值仅为2.33%，这与建设部行业标准《绿化种植土壤》要求土壤非毛管孔隙不小于8%差距较大。土壤毛管孔隙度均值为44.0%，其变异系数较小，仅为0.10；土壤总孔隙度均值为46.4%，其变化范围39.40%~54.11%。研究表明，一般适于植物生长的表层土壤总孔隙度为50%~56%，而规划区仅有22.22%土壤总孔隙度大于50%。

（四）土壤质地

土壤机械组成不仅是土壤质地命名、分类的基础，而且直接影响着土壤紧实度和孔隙数量，进而影响着土壤透气、通气以及土壤环境背景值和能量转化等性能，反映土壤保肥蓄水和通透性能，是构成土壤结构体的基本单元。从表4-2可以看出，规划区土壤砂粒含量较低，均值仅为0.71%，并且变异系数较大，为0.66；而粉砂粒含量较高，均值高达60.4%，变异系数较小，仅为0.08；黏粒含量也较高，均值为38.9%。这与上海国际旅游度假区核心区一期规划区内土壤主要为冲积土壤的成土因素直接相关，土壤黏粒含量普遍较高。

（五）土壤饱和导水率

土壤饱和导水率（K_{fs}）是指土壤被饱和时，单位水势梯度下单位时间内通过单位面积的水量，主要反映土壤入渗和透水性能，直接影响地表产流量，一般饱和导水率与土壤质地、结构等因素有关，是衡量土壤质量优劣的重要指标之一。从表4-2可以看出，上海国际旅游度假区核心区一期规划地土壤饱和导水率仅为1.03 mm/h，与度假区合作方要求的土壤饱和导水率为25~360 mm/h的技术要求相差甚远，甚至比上海一些排水性能不好的绿地还要差，这除了与上海国际旅游度假区核心区一期规划地地处上海东部，是典型冲积土，所以质地更黏重有关外，还可能因为该区域地势低洼，加上大部分土壤为农田土，因此土壤排水性能差。

（六）土壤有效水

土壤有效水是植物可直接利用的水，其大小直接反映土壤中能够被植物利用的水分含量，是衡量土壤质量的重要指标之一。田间持水量是土壤有效水上限，凋萎含水量是有效水下限，两者之差即土壤有效水含量。从表4-2可以看出，上海国际旅游度假区核心区一期规划地不同土地利用方式土壤有效水偏低，最大也仅为5.96%，要比其他研究报道的有效水含量低得多，说明整个上海国际旅游度假区核心区一期规划区域土壤蓄水能力低，土壤水分调节能力差，这也是和本身土壤物理性质差直接相关的。

（七）上海国际旅游度假区规划区土壤各物理指标间相关性分析

土壤各物理指标间的相关分析表明（表4-3），土壤容重与质量含水率、最大持水量、田间持水量、非毛管孔隙度、毛管孔隙度、总孔隙度以及K_{fs}均呈负相关，其中与质量含水率、最大持水量、田间持水量、毛管孔隙度和总孔隙度呈极显著相关，相关系数分别为-0.955、-0.981、-0.982、-0.955和-0.924。同样质量含水率、最大持水量、田间持水量、毛管孔隙度以及总孔隙度彼此间均呈极显著正相关。非毛管孔隙度与容重、质量含水率呈负相关，与其他各物理指标呈正相关，但正、负相关性均不明显。K_{fs}与容重呈负相关，相关系数为-0.059，与其他各物理指标呈正相关，但正、负相关性均不明显，K_{fs}与非毛管孔隙度相关系数最大，为0.111，说明K_{fs}与非毛管孔隙度相关性要高于其他物理指标，另外，有研究表明K_{fs}与土壤砂粒相关性显著，而规划区土壤砂粒含量较低（表4-2），这是

表 4-3　上海国际旅游度假区核心区一期规划区土壤各物理指标间相关关系

物理指标	容重	质量含水率	最大持水量	田间持水量	非毛管孔隙度	毛管孔隙度	总孔隙度	K_{fs}
容重	1	−0.955**	−0.981**	−0.982**	−0.072	−0.955**	−0.924**	−0.059
质量含水率	−0.955**	1	0.948**	0.975**	−0.149	0.940**	0.867**	0.031
最大持水量	−0.981**	0.948**	1	0.993**	0.149	0.990**	0.972**	0.005
田间持水量	−0.982**	0.975**	0.993**	1	0.037	0.983**	0.944**	0.013
非毛管孔隙度	−0.072	−0.149	0.149	0.037	1	0.147	0.334	0.111
毛管孔隙度	−0.955**	0.940**	0.990**	0.983**	0.147	1	0.981**	0.041
总孔隙度	−0.924**	0.867**	0.972**	0.944**	0.334	0.981**	1	0.018
K_{fs}	−0.059	0.031	0.005	0.013	0.111	0.041	0.018	1

注：** 表示相关性达极显著水平。

导致K_{fs}低的原因。

三、土壤生物指标：种子发芽指数

210个土壤样品的发芽率均为100%，无明显抑制发芽。发芽指数（GI）平均为98.4% ± 17.9%，分布在77.7%~163%之间，几乎均在80%以上，符合度假区B类种植土相关要求。

四、上海国际旅游度假区规划地农田表土存在主要问题

主要参照上海国际旅游度假区核心区B类绿化种植土标准，分析上海国际旅游度假区核心区一期规划地210个表层土壤样品化学指标以及现场物理指标的检测结果，上海国际旅游度假区核心区一期规划地表层土壤主要有以下特性。

（一）比较理想的特性

1. 毒害重金属、有机污染物含量基本不超标，对植物生长抑制不明显

从分析结果可以看出，上海国际旅游度假区核心区一期规划地所有调查分析的表土均不存在砷、汞、镉、铅、铬和银等毒害重金属以及有机苯环挥发烃超标，只有极少部分土样石油碳氢化合物略微超标，绝大部分土样发芽指数在80%以上，极少部分没有达标土样的发芽指数也在77.7%以上；充分说明上海国际旅游度假区核心区一期规划地表土基本不存在严重毒害。

2. 部分营养元素含量丰富且符合标准要求

上海国际旅游度假区核心区一期规划地绝大部分表土含钾、锰丰富，并符合度假区B类种植土提出的相关的标准要求。

绝大部分土壤pH也符合标准要求，这与之前上海所研究报道的东部地区普遍呈碱性的结论不尽一致，这可能是检测方法差异所引起的。

大部分土样含锌丰富且符合标准要求，但有一个样品的锌含量略显超标，约1/3的土样缺锌。

大部分土样含氮丰富，只有极少部分土样含氮水平低。

3. 基本不存在氯、硼和铝的超标

仅有一个样品钠吸附比超标，有近10%土样钠超标。

（二）大部分土样缺乏营养元素

上海国际旅游度假区核心区一期规划地所有土样均缺钼；绝大部分土样缺磷、硫和有机质；有近1/3土样缺锌。

（三）部分中、微量元素含量超标

1. 大部分土样镁含量超标

经检测，上海国际旅游度假区核心区一期规划地中有94.76%的土壤样品的镁均超出了度假区B类种植土标准150 mg/kg的最高限值要求，平均含量为271 ± 72.3 mg/kg，分布在120~455 mg/kg之间。但由于镁是植物生长所需要的中量营养元素，有学者认为镁是仅次于N、P、K的第四大植物必需元素，一般很少会发生镁的毒害，当然过量的镁也会影响植物生长。我国对土壤有效镁的划分标准是：小于60 mg/kg 的为严重缺乏；60~120 mg/kg为缺乏；120~300 mg/kg为中等；300~600 mg/kg为丰富；大于600 mg/kg 的为极丰富。因为上海国际旅游度假区核心区一期规划地所有土样土壤镁的检测方法用的是AB-DTPA-ICP测定，国内一般是$CaCl_2$-DTPA浸提，由于两种方法检测结果存在差异，为此，专门从210个土样中选择了30个土样进行两种测试方法的比较。从表4-4可以看出，同第二章中表2-9的测试结果基本一致，即AB-DTPA浸提的有效Mg均大于$CaCl_2$-DTPA浸提法，两者相差约1.34倍左右。因为国内一般认为土壤交换性镁的含量达到600 mg/kg时，可能对植物产生毒害，而上海国际旅游度假区一期规划地所有表土的检测结果低于该数值，因此可以认为不会发生镁含量超标。

表 4-4　两种方法测定土壤中有效态镁含量的结果比较（n=30）

含量范围（mg/kg）		平均值（mg/kg）		相关系数（r）
AB-DTPA	$CaCl_2$-DTPA	AB-DTPA	$CaCl_2$-DTPA	
119.9~454.5	111~382	267 ± 70.8	185 ± 49.0	0.894^{**}

2. 大部分土样铁含量超标

与度假区B类种植土标准有效铁的控制标准比较，结果显示用AB-DTPA浸提测定的上海国际旅游度假区核心区一期规划地大部分土样铁含量超标。而根据上海长期以来的植物长势研究证实，上海绿地土壤铁有效性低是导致植物缺铁的主因。为进一步了解两者之间存在的差异，选用国内常用的$CaCl_2$-DTPA浸提的方法来测定上海典型绿地的10个土样的有效铁，结果显示铁含量在15.1~324 mg/kg之间，而按照国内对于有效铁的评价标准（表4-5），可以看出上海绿地土壤应该不缺铁，这也与上海绿地植物普遍缺铁的现状不一致。可见不管是用AB-DTPA还是中方的$CaCl_2$-DTPA浸提有效铁含量都有偏高的现象，可能与上海绿地土壤pH较高有关，导致虽然有效铁的测定结果较高，但实际上能被植物所能吸收的铁含量并不高；也有可能是DTPA对土壤中铁浸提率较高，将不是活性的有效铁也提取出来导致结果偏高。由于迄今为止，很少有研究报道在偏碱性土壤中发生铁含量超标中毒现象，因此对于上海国际旅游度假区核心区一期规划地中表土可以认为几乎不存在铁的毒害。

表 4-5 中方关于土壤有效铁的评价标准

缺铁	< 5 mg/kg
边缘值	5~9 mg/kg
不缺铁	> 9 mg/kg

3. 大部分土样铜含量超标

与度假区B类种植土标准有效铜的控制标准比较，结果显示有81.43%的上海国际旅游度假区核心区一期规划地表土有效铜含量超标；由于铜本身也是重金属，其过量均会对植物和人体均存在不同程度毒害，因此需要进一步分析其风险性。

（1）度假区合作双方不同测定方法对有效铜含量的影响

从第三章的表3-11可以看出，对于国内常见的典型地带性土壤，AB-DTPA浸提的Cu均大于$CaCl_2$-DTPA浸提法，前者约为后者1.9倍以上。为进一步确认不同测定方法对有效铜测定结果影响，从上海国际旅游度假区核心区一期规划地表土中选择AB-DTPA测定铜不同含量范围的土样，增加$CaCl_2$-DTPA测定有效铜和总铜的测定（表4-6）。从表4-6可以看出，AB-DTPA浸提的Cu大约为$CaCl_2$-DTPA浸提法的2倍左右，这和之前研究结果基本一致。另外从不同浸提方法占总铜比例可以看出，AB-DTPA提取有效Cu平均占总Cu的19.19%，而DTPA- $CaCl_2$方法提取有效Cu平均占总Cu的9.55%。而且这几个样品总铜含量均较低（37.0~83.0 mg/kg），即使AB-DTPA测定的有效铜含量达到了22.4 mg/kg，远超出度假区B类种植土标准标准要求的0.3~5 mg/kg的技术要求，但总铜含量仅有57.1 mg/kg，若按照中国土壤环境质量标准，该数值应该在二级标准之内，属于相对安全的范围。由此可见，上海国际旅游度假区核心区标准对重金属控制指标是非常严格的。

表 4-6 不同测定方法对土壤有效 Cu 含量的差别

样品编号	我国 $CaCl_2$-DTPA 方法		度假区合作方 AB -DTPA 方法		总量（mg/kg）
	含量（mg/kg）	占总 Cu 比例（%）	含量（mg/kg）	占总 Cu 比例（%）	
1	1.28	5.12	4.21	16.30	45.9
2	1.54	5.41	5.60	16.52	40.0
3	2.16	8.16	6.60	21.90	49.0
4	2.35	14.44	7.48	20.88	56.1
5	3.25	14.38	10.1	21.89	60.6
6	3.99	3.45	10.7	11.37	37.0
7	8.10	19.74	11.7	26.96	83.1
8	16.4	5.69	22.4	17.73	57.1
平均	—	9.55	—	19.19	—

（2）和上海其他典型绿地土壤的有效铜含量比较

为进一步了解上海典型绿地土壤有效铜含量，利用国际通用的Tessier连续提取法对上海市典型绿地中80个土壤样品Cu的不同形态分析显示（表4-7），其中能被植物吸收利用的可交换态Cu含量非常低，只有0.003%，大部分（约57.3%）以惰性的有机态或残渣态存在，碳酸盐结合态和铁锰氧化态分别占14.73%和28.96%。而表4-6中用AB-DTPA提取的有效Cu平均占总Cu的19.19%，因此极有可能AB-DTPA方法将碳酸盐结合态或铁锰氧化态等形态的Cu也提取出来，但这部分Cu并不能直接被植物吸收利用的，因此导致有效Cu结果偏高。

表 4-7　上海典型绿地土壤中不同形态 Cu 含量大小及比例（n=80）

形 态	平均含量（mg/kg ）	平均占总 Cu 比例（%）
可交换态	0.002	0.003
碳酸盐结合态	11.6	14.7
铁锰氧化态	22.8	29.0
有机态	40.7	51.7
残渣态	3.64	4.62

分析，考虑到度假区B类种植土标准对铜限值很严格，而AB-DTPA方法又容易使结果偏高，因此建议将B类种植土标准提出的0.3~5 mg/kg的控制指标适当放宽。

（3）不同采样深度对土壤中有效铜含量的影响

考虑到上海国际旅游度假区核心区一期规划地中表土有效铜含量超标可能与农业生产有一定关系，如施用富含铜的有机肥、喷洒含铜的农药（如波尔多液）；而第一批采集的91个土样中深度分别为50 cm和30 cm的各有59个和32个，因此比较不同取样深度铜含量的变化。从图4-22可以看出，采集50 cm的土壤有效Cu的平均含量为12.0 mg/kg，大于20 mg/kg的重度污染占11.86%；采集30 cm土壤的有效Cu平均含量为14.5 mg/kg，大于20 mg/kg的重度污染占34.37%。可见，土壤深度直接影响土壤中有效铜含量，由于Cu在土壤中的迁移

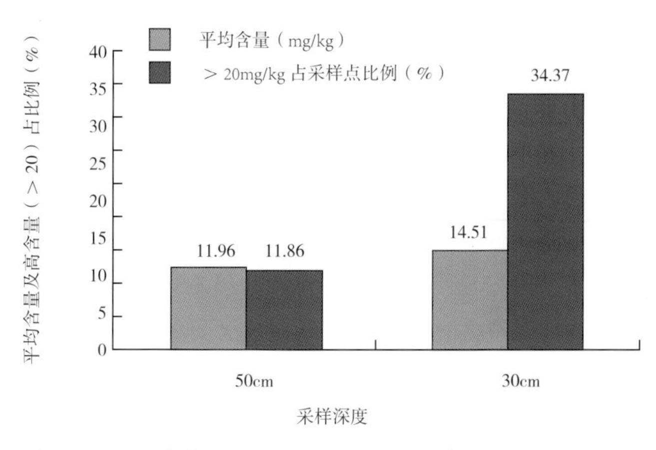

图 4-22　取样深度对土壤有效 Cu 平均含量以及高含量所占比例（%）的影响

性不大，施肥或喷洒农药时所含的铜主要聚积在0~30 cm的种植层，因此加深取样深度等于稀释了Cu的浓度。从现场调查也发现50~60 cm以上的表土完全可以再利用，这不但可以缓解工地土壤资源紧缺的难题，也相对降低土壤中铜含量，一举两得。

（四）土壤质地黏重，物理性质需要改善

上海国际旅游度假区核心区一期规划地的检测结果显示土壤物理性质普遍较差，由于土壤颗粒组成中砂粒含量极低，而黏粒含量较高，导致土壤质地非常黏重，与度假区合作方要求的砂壤土相差甚远，也是土壤改良的重点。

第四节　上海国际旅游度假区核心区表土处置对策

从上海国际旅游度假区规划地表土的检测结果显示，虽然表土存在部分养分含量低、质地黏重、有效铜含量偏高等缺陷，但基本不存在毒害重金属和有机污染物超标，考虑到上海土壤资源严重紧缺，农田表土是不可多得、不可再生的自然资源，建议一期规划地的表土尽量剥离后再利用。为此根据调查结果，制订相应的表土收集对策。

一、以铜含量为依据对表土质量进行分级

对上海国际旅游度假区核心区一期规划地表土调查分析诊断显示，铜含量超标和土壤质地黏重是其最主要的障碍因子。一般土壤某种物质的缺失可以通过添加解决，但某种物质超标则比较难解决。鉴于上海国际旅游度假区核心区一期规划地中大部分土壤铜含量超标，而且和B类种植土标准差距较大，因此以土壤有效铜含量为标准进行表土的质量分级。

一共划分为3种土壤类型：分别为I类、II类和III类（表4-8）。

（一）I类土壤

分为I-1、I-2 两类，这类土壤基本可以剥离收集。

（1）I-1类土壤：即土壤样品Cu含量在0.5~5 mg/kg之间，对整个规划区表土进行统计，其中属于I-1类的占了18.57%。

（2）I-2类土壤：即土样样品Cu 含量在5~10 mg/kg之间，占了整个规划区表土的37.62%。

（二）II类土壤

即土样样品Cu含量在10~20 mg/kg之间，占了整个规划区表土的30.00%，这类土壤基本都可以剥离收集。

（三）III类土壤

即土样样品Cu含量大于20 mg/kg，占了整个规划区的13.81%。属于III类的表土一共有11块，对其中采集的样点加测土壤总铜含量，若Cu总量超过100 mg/kg的，建议放弃；若总铜含量低于100 mg/kg的，这部分表土可以收集，建议分开堆放，在具体应用的时候可以和I-1类土壤同时使用，起到稀释铜的作用。

表 4-8　上海国际旅游度假区核心区一期农田表土分类分级

土壤类型		划分依据（土壤有效 Cu 含量）	占比例（%）
I 类土壤	I–1 类土壤	0.5~5 mg/kg	18.57
	I–2 类土壤	5~10 mg/kg	37.62
II 类土壤		10~20 mg/kg	30.00
III 类土壤		>20 mg/kg	13.81

二、精准计算表土分布面积和体积

根据图4-7中上海国际旅游度假区核心区一期规划地可利用表土分布CAD图，将各个农田地块中属于I、II类的可利用农田表土分布面积和可剥离的体积进行精准计算（表4-9），属于III类土壤的11个块中的有部分土壤中铜含量低于100 mg/kg剥离的，计算出面积为1.58万m^2，收集土方折算为0.58万m^3；总体合计，整个上海国际旅游度假区核心区一期规划地可剥离的农田的面积为77.28万m^2，可剥离表土体积约为29.22万m^3。比较精准计算出上海国际旅游度假区核心区一期规划地农田表土分布面积和可剥离的体积，为现场表土的数字化施工以及工程费用核算提供技术依据。

表 4-9　上海国际旅游度假区核心区一期规划地可剥离的农田表土面积和体积

	可剥离面积（m^2）	可剥离土方（m^3）
I 类土壤	50.07 万	18.74 万
II 类土壤	26.73 万	9.88 万
III 类土壤	1.58 万	0.58 万
总计	77.28 万	29.22 万

三、制订表土收集方案

制订度假区合作双方共同确认的表土收集方案，主要包括以下内容。

（一）规定了禁止破坏表土的行为

上海国际旅游度假区核心区一期规划地内所有建筑设施拆除过程中应尽量减少对周边表土破坏，禁止建筑垃圾等杂物进入农田；对房屋周边的农田表土一般将靠近房屋1 m的不收集。禁止机械在农田表土中恣意碾压等破坏土壤的行为发生（图4-23）；也禁止在场地清淤的淤泥或者建筑垃圾堆放在表土上（图4-24）。所有用于现场表土收集的机械、车辆、钢板在进入场地前均要清扫干净，防止污染表土。

图 4-23　机械碾压破坏表土

图 4-24　淤泥和建筑垃圾破坏表土

（二）制定表土收集作业通道

以最大限度减少对表土碾压破坏为原则，设计表土收集的线路。就整个园区而言，则充分利用已建成道路，做到一个地块只有一条碾压表土的通道，有条件的在道路上铺设钢板；整个施工期间机械装置则按预设的路线行驶。

（三）表土清表

为防止杂草等混入表土，在表土收集前，先利用人工或者割草机等对表土压实程度低的机械将表土上的杂草、农作物等杂物清除干净（图4-25），禁止用推土机作业、焚烧等破坏表土和环境的清表行为（图4-26）。

（四）表土剥离

1. 表土剥离深度

根据现场调查情况同时兼顾土方平衡，分为30 cm和50 cm两种剥离深度（图4-27）。

2. 剥离机械

使用挖掘机等对土壤破坏程度小的机械（图4-28），禁止使用推土机等对土壤压实严

图 4-25　人工或用割草机进行表土剥离前的清表

图 4-26　禁止焚烧或对土壤碾压严重的大型机械进行表土清表

图 4-27　表土剥离的深度（左：30 cm；右：50 cm）

图 4-28　用挖机进行表土收集

图 4-29　禁止使用对土壤碾压严重的推机进行表土收集

重的机械（图4-29）。

3. 剥离路线

剥离路线根据表土地块地形和道路的距离来确定，一般一个地块只允许一条剥离路线，剥离机械只按照一条路线行走，尽量减少对表土碾压（图4-28）。禁止剥离机械在表土上无序碾压土壤（图4-30）。

4. 剥离时间

在土壤适耕性较好时进行，即抓一把土壤可捏成团，土团落地能自然散碎，或者土壤含水量<25%左右的时候可以进行剥离。当土壤处于可塑性时，即用手按压能将土壤中水分挤出或黏结成团时，禁止剥离；禁止在雨雪天或雨雪后立即进行剥离。

5. 表土运输

表土运输所用车辆或者机械工具先清洗干净，防止油污、建筑垃圾等杂物污染表土；尽量缩短运输距离，防止表土被过度振动而压实板结；有条件的在运输通道上铺设钢板（图4-31）。运输时对表土质量类型做好记录，防止堆放混乱。

图 4-30　禁止表土剥离时碾压表土

图 4-31　表土运输时铺设钢板

图 4-32　堆场的排水沟

四、表土堆场建设

（一）设置堆场布局

设置好堆场的进出通道、堆放区、排水沟，便于现场操作。场地内每50 m设置6 m宽道路，道路两侧设置0.7 m×0.5 m的排水沟，排水沟的纵向坡度为0.3%（图4-32），所有道路两侧的排水沟与现有的河道沟通，雨水经三级沉淀池排入现有河道。如没有河道的，直接进入给水井，利用强排方式排入现有河道或进入现有排水设施。采用圬工材料进行场地加固处理，防止堆场在使用过程中发生严重沉降甚至破坏。

（二）确定堆场

根据上海国际旅游度假区核心区一期规划地场地条件，在其外围的西北角设置了A、B、C三个堆放场地，在其外围的东南角设置了堆放场地D，总共4个场地，每个堆置场地的表土堆积的位置具体见图4-33和图4-34。

（三）布置运输道路

（1）尽量利用现有道路作为表土运输的主要道路，如A、B、C三个地块就利用原有

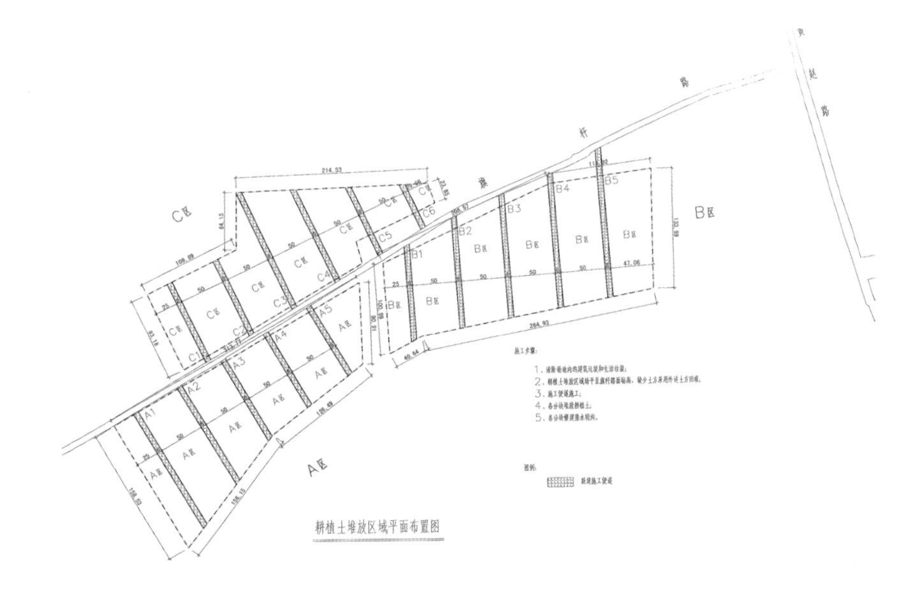

图 4-33　堆放场地 A、B、C

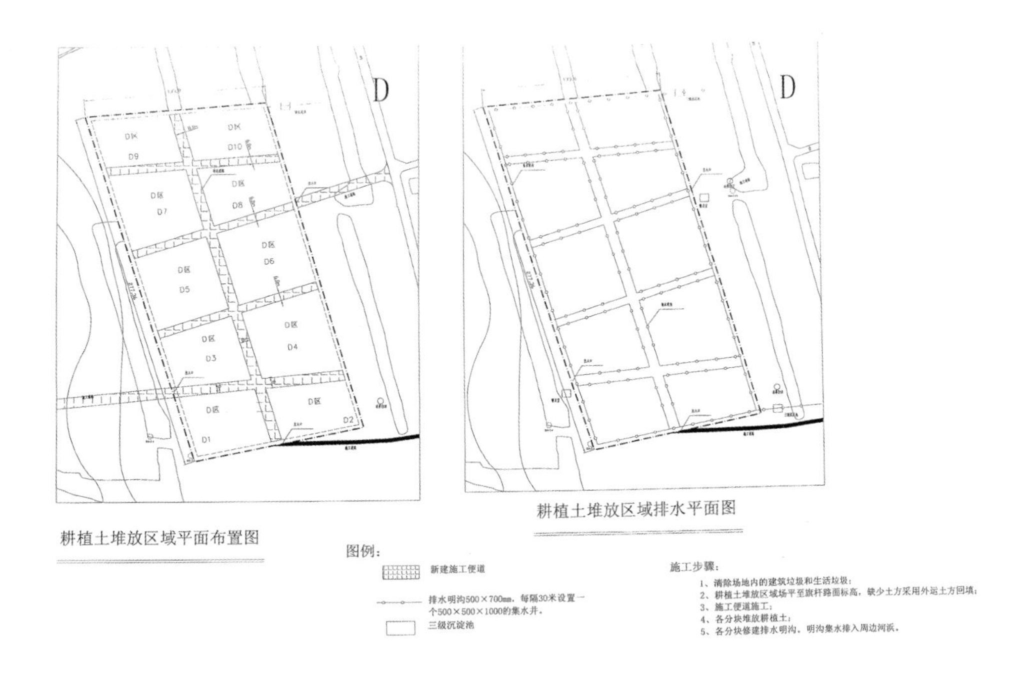

图 4-34　堆放场地 D

的黄赵路和旗杆路，D主要利用原有的栏学路和学赵路。

（2）四块表土的堆放采用6 m宽的临时道路与周围的现有道路相连接，具体平面布置见图4-33和图4-34。

（3）表土堆场内同样设置6 m宽的临时道路作为堆场内的土方运输之用，临时道路的具体做法详见图4-35。

（4）运输车在指定区域完成卸土工作后，空车应立即驶离作业区。

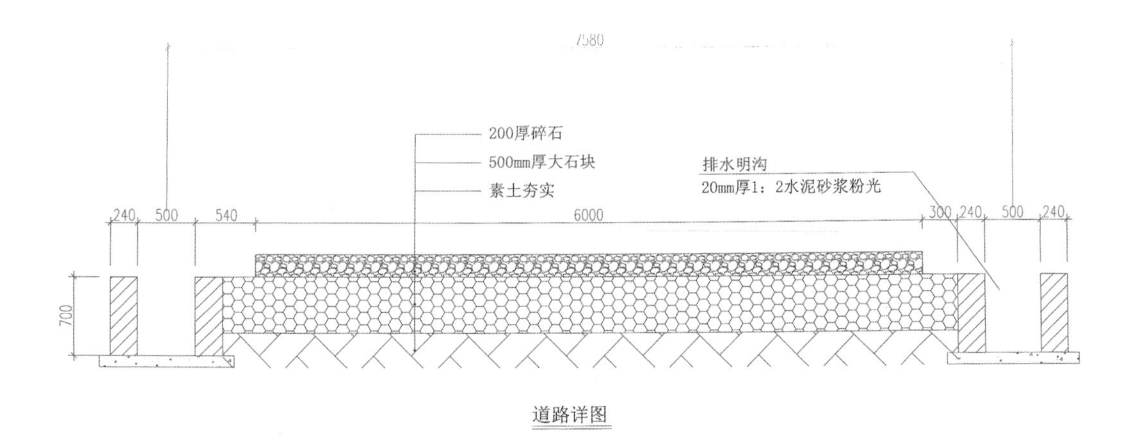

说明：

道路路面标高与旗杆路路面标高同。

图 4-35　临时道路

五、制订表土分类堆放存储方案

制订度假区合作双方认可的分类堆放存储方案，具体内容包括：

（一）按表土质量分类堆放

将表土进行分类堆放，为后续分类改良和再利用提供方便。遵循同一类土壤堆放在同一地块的原则。其中地块B暂时不堆放土，3个地块堆土的土壤类型分别为：第I类土壤：地块A；第II类土壤：地块D；第III类土壤：地块C。

（二）堆高方法

表土经车辆运输到达堆放区，卸载时采用挖掘机或装载机卸车进行堆高，或采用缓慢自卸防止冲击压实表土（图4-36左图）。挖机在进行土方堆筑时禁止直接驶入表土土堆，应在土堆旁边作业，避免表土严重压实板结（图4-36右图）。

图 4-36　表土机械装卸和起堆

图 4-37　表土堆高

图 4-38　禁止使用机械在土堆顶部进行平整和压实

表土堆筑完成的区域，采用人工对土堆的顶部将土壤平整并拍实，在土堆的周边也按照正方体规格拍实，形成一比较规则的土堆（图4-37）。禁止使用机械在顶部进行平整和压实（图4-38）。

（三）堆放高度

土堆堆放高度<4 m，最大坡度不得超过1：2（竖向：水平），详见图4-39。

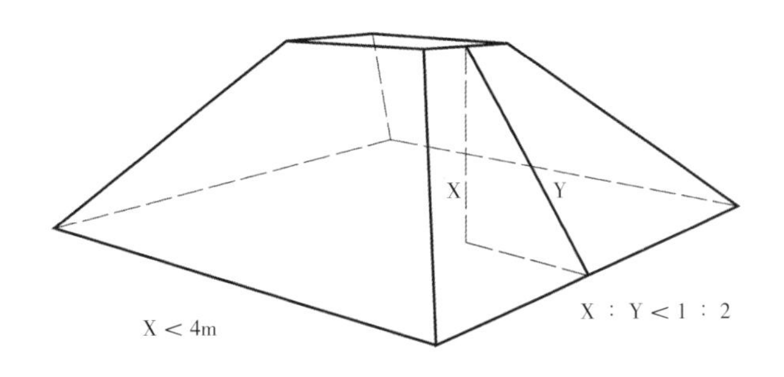

图 4-39　种植土堆放的示意图

图 4-40　土堆用土工布覆盖

图 4-41　土堆标识

（四）土堆保护

为防止表土在堆放过程中退化，在土堆顶部平整和拍实后，采用200 g/m^2的短丝土工布覆盖封闭，土工布接缝采用重叠搭接法或插入少量竹签连接好，土堆下部用石块或土块等重物压实避免风吹，避免受到污染物、杂草侵入或雨水冲刷。

（五）做好标识

所有表土堆场都有有效的标识，整个土堆堆放过程中有醒目的标识，如表土类型、场地位置、堆放时间等（图4-41）。

（六）做好记录

堆放过程做好施工记录和台账，以备核查追溯。

（七）统一车辆管理

（1）所有进入表土堆场的土方运输车进行登记，实现签票制，只有获得监理签字的车辆方可进入堆土区进行卸土。

（2）车况必须良好，一旦出现车辆漏油情况时，相关车辆必须立即清退出场，有关的污染点应由车辆所有方进行处理。

（3）所有进入表土堆场的车辆必须服从表土堆场管理方的指挥，在指定区域进行卸车。

（4）禁止车辆对堆放土壤进行碾压，避免对土壤压实。

（八）现场维护

（1）在车辆装卸过程中，在排水沟上铺设钢板或者走道板，以保护周围的排水沟不被破坏。

（2）指定区域卸土工作完成后，及时派人对场地周围进行清理和排水沟的修复工作，以保证场地的清洁和排水系统的完好性。

（3）表土堆筑完成后，派人负责日常管理工作，包括现场除草，排水沟的清理以免现场排水不畅，更换破损的土工布等。

（九）极端天气的管理措施

（1）当出现强降雨或者台风天气时，表土场地管理单位必须对现场进行检查，如排水设施是否通畅，土堆覆盖的土工布是否固定牢靠等。

（2）安排现场值班人员，以便出现现场排水不畅时进行紧急处理。

（3）现场预备水泵及相关配电设备，以便外部排水不畅时，采用强排措施避免现场出现大面积水，防止表土被雨水浸泡。

（十）现场安全及施工环境保护事项

1. 保持现场整洁

（1）在施工期间，承包人随时保持现场整洁，施工装备和材料、设备应整齐妥善存放和贮存。

（2）交工时，承包人从施工现场清除并运出承包人装备、剩余材料、垃圾和各种临时设施，并保持整个现场及工程整洁。

2. 环境保护

（1）工程施工中严格遵守国家环境保护部门的有关规定。

（2）对施工机械应采取严格检查制度，防止油污以及其他对环境产生污染的问题发生。

（3）施工设施符合环保要求，接受当地政府以及有关部门的监督。

3. 安全保护措施

严格遵守《建筑工程施工安全技术规程》的有关规定，遵守国家有关指导安全、健康与环境卫生方面的法规和规范，对现场施工人员配备足够的安全装置、设备与保护示警器材，保护现场施工和监理人员的生命、健康及安全。

六、整个过程加强监管

（一）场地验收后才能具体实施

所有场地在清表完成后，在监理及度假区合作双方技术协调组确认后才可以进行堆土。

（二）现场剥离在监理监督下进行

剥离的施工单位进入表土剥离区域应事先向监理公司备报，按照监理公司监督剥离方案规定的深度、路线等要求进行剥离。

（三）验收合格的表土才能进入堆场

剥离的表土进入场地前，由负责监理和度假区合作双方技术协调组成员进行验收，只有按照表土剥离方案收集的表土方可进入堆场，否则必须由表土剥离单位处理。

（四）堆场堆土工作完工后及时到监理备案

堆土工作完成后，所有的施工记录和台账都及时上报监理备案。

七、健全组织管理，逐层培训，确保表土保护标准化实施

（一）根据项目分工需要，成立三个层次的工作小组

为使上海国际旅游度假区核心区一期规划地表土保护能有领导、有组织、有序地推进和实施，专门成立了《上海国际旅游度假区农田表土保护标准化示范》项目的领导小组、协调组和现场工程部，明确分工，各负其责，确保项目扎实有序地推进实施。同时对各级人员进行标准的宣贯和培训，以便在具体工作中能按照标准要求进行规范操作。

（二）开展各级体系培训，使人人心中有标准

为使度假区合作双方共同确认的表土保护方案能按照技术标准要求有效规范地操作，首先由协调组组长根据项目实施的具体情况和度假区合作双方达成的各项协议，及时向项目领导层进行相关理念和表土保护技术规范的沟通，获得领导层支持，统一认识，确保整个项目能有序推进。然后落实二级标准化培训体系，分别由协调组对项目参建各方逐层进行贯标或培训，落实责任制。

第一层是协调组领导对项目的参建各方负责人培训，落实项目责任制

2011年年初，协调组召集了参与上海国际旅游度假区建设的各方项目经理和现场负责人约40余人，由协调组领导对大家宣传表土保护意义和注意事项，要求进入现场的参建各方必须明确表土保护的意识，严格按照相关技术标准进行现场施工操作，并明确由表土破坏或表土收集配合不力引起的各项后果均由各个项目负责人及单位领导负责，落实了项目责任制，提高参建者的责任意识。

第二层是协调组对各项目组的参建人员逐一进行培训，做到现场所有员工培训全覆盖，培训到位

协调组根据表土保护涉及的各个具体实施技术规范，分别对表土现场调查组、表土样品分析及质量评价组、表土收集堆放组三个组的负责人员和现场操作人员逐一进行培训和贯标，从项目负责人到具体操作人员均掌握标准化操作技术要领，使常规的检测、评价、表土清表、剥离和堆放全过程均按照标准流程进行操作，并落实到每个工作细节均按照示范要求进行。由于项目组涉及不同施工流程，因此培训内容也有所侧重，具体情况分别是：

表土现场调查组：由于度假区合作双方技术存在差异，参考度假区合作方的技术要求并考虑上海国际旅游度假区现场的实际情况，制定了现场取样的技术标准。重点培训表土现场定界原则、确保误差<8 mm的精准定位的技术要领、取样点布点原则、取样方法、取样点记录、样品标识、样品送样方式等。培训对象主要是北京麦格天宝科技发展集团有限公司负责现场定位的技术人员、上海市园林科学规划研究院检测中心的技术员和19名辅助员，以及参与现场采样和表土定界的施工单位的20多位工作人员。培训方式主要是现场操作演示配合讲解。培训后由协调组中方技术人员对工作人员在现场进行具体示范，以考核是否全部掌握技术规范。

表土样品分析及质量评价组：编制了度假区合作双方认可的上海国际旅游度假区表土检测方法标准和适宜的土壤质量评价标准。培训对象以上海市园林绿化质量检测中心工作人员为主，还包括学生和辅助人员，共21名；另外还包括其他第三方参与比对的检测机构主要分析人员20余名。总共培训人员40余人。

表土收集堆放组：培训对象主要是参与现场施工的9家施工单位和5家监理单位，其中施工单位为上海惠中建设投资有限公司、上海申伸强建设有限公司、上海南汇水利市政工程有限公司、上海金桥市政建设发展有限公司、上海浦东路桥建设股份有限公司、上海市浦东新区建设（集团）有限公司、上海建工集团股份有限公司、中国建筑第八工程局有限公司和上海浦东路桥建设股份有限公司9家；监理单位分别为上海鑫园建设咨询监理有限公司、上海新光工程咨询有限公司、上海协同工程监理造价咨询有限公司、上海宏波工程咨询管理有限公司和上海建科项目管理有限公司。总共14家单位600多人进行了表土剥离

图 4-42　表土保护相关技术要求培训

现场施工的操作规范培训，重点强调了表土不同于一般水泥建筑材料，现场必须注意的各种事项，使大家统一认识，并发放了相关技术要求，要求现场施工人员按照相关技术要求进行现场操作。根据绘制的表土分布图，划分了各施工单位负责剥离的表土地块，要求各个施工单位根据规范要求进行统一剥离、运输和分类堆放，确保整个工程有序进行，同时也提高大家的标准化水平。并根据各个表土设计区域，对施工单位和监理单位进行分工，强调各司其职，严格按照规范操作。

（三）建立表土保护的标准化体系，确保每个步骤有据可依

由于表土保护不仅专业性强，而且涉及野外施工、室内实验室分析，与专业要求紧紧相关的一些标准还存在缺失，为此结合土壤、机械等相关专业实际需要，和表土保护和再利用的技术流程，制定了《表土调查管理标准》（G1）、《表土收集堆放管理标准》（G2）、《表土再利用管理标准》（G3）和《表土质量评价管理标准》（G4）及《表土调查工作标准》（Z1）、《表土质量评价工作标准》（Z2）、《表土收集堆放工作标准》（Z3）和《表土再利用工作标准》，建立了表土保护的标准体系（见图4-43）。进一步确保表土保护项目能按照度假区合作方的技术要求顺利推进。

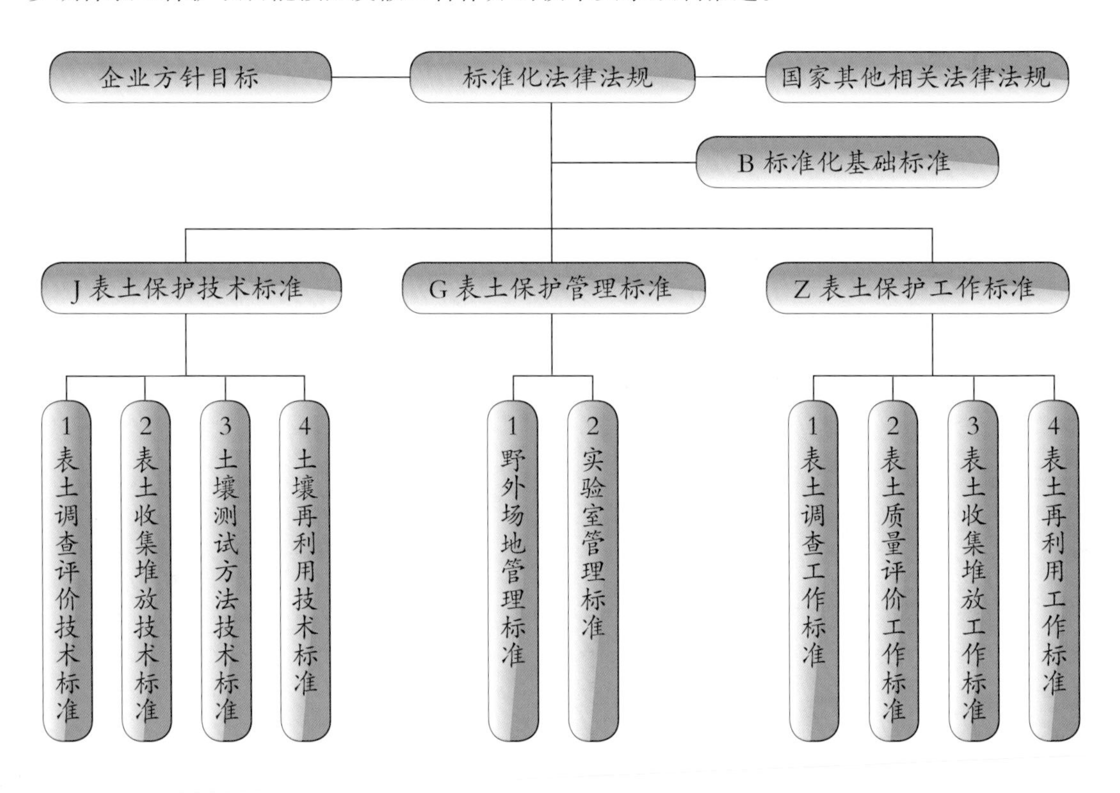

图 4-43　上海国际旅游度假区表土收集保护和再利用技术规范标准体系

05
上海绿化最佳实践区土壤质量调查

上海国际旅游度假区开发引入合作方关于绿化种植土壤30 余项技术指标之前，上海一般绿化工程采用的是pH、EC和有机质3项技术指标，重点绿化工程采用的是pH、EC、有机质、容重、通气孔隙度和石灰含量6项技术指标，相比较度假区合作方对绿化种植土的高标准要求，上海绿化种植土标准比较简单。但不能否认，即使在原有简单标准基础上，上海大部分绿地植物长势尚可，总体成绩还是引人瞩目的。而上海已经建成绿地土壤和度假区合作方标准之间的差别如何还是未知数，毕竟上海绿地土壤原有的数据都是采用中国传统的检测方法测定的，和度假区合作方所采用的土壤检测方法差别较大，上海原有积累的大量土壤数据对于上海国际旅游度假区建设没有直接参考价值。因此，用已经确立的上海国际旅游度假区绿化种植土壤及其改良材料的检测方法（见第三章），对上海已经建成的绿地进行土壤检测，了解使用该方法检测出来的上海绿地土壤质量到底如何，这样才能进一步了解上海已经建成绿地的土壤实际现状，以及和度假区合作方标准之间的差异。根据度假区合作双方协商以及对上海绿地的摸查，最终确立能代表上海绿化水平的4座典型绿地，作为上海绿化最佳的实践区，用已经确立的上海国际旅游度假区绿化种植土壤检测方法对最佳实践区绿地进行土壤调查。

第一节　上海绿化最佳实践区土壤样品采集

一、上海绿化最佳实践区确立

为确保选择绿地能代表上海绿化最佳水平，度假区合作双方专家一起集中分析了上海绿地类型，从新建绿地、建成年限较长的老公园、植物长势较好以及在上海有一定影响力等角度，选择辰山植物园、中山公园、世纪公园和世博公园作为“上海最佳实践区”的采样地点，并于2011年3月29日达成一致意见。

二、土壤样品采样概况

（一）采样样品数

中美双方初步达成的协议是每块绿地采集15个样品，总共60个样品；根据现场实际情况可增加必要的采样点；度假区合作双方组成的技术专家团队（图5-1），分别于2011年4月19日、20日和21日对中山公园、世博公园、世纪公园和辰山植物园 4 块绿地进行实地采样，总共采集了48个样品（表5-1）。

图 5-1　上海绿化最佳实践区采样

表 5-1　四块绿地采样的基本情况

地点	采样时间	实际土壤样品采样数（个）
中山公园	2011 年 4 月 19 日	15
世博公园	2011 年 4 月 20 日上午	9
世纪公园	2011 年 4 月 20 日下午	14
辰山植物园	2011 年 4 月 21 日	10
合计		48

（二）采样深度

取样深度不是根据国内传统的划分特定深度，而是根据度假区合作方专家意见，根据现场取样时根系多少的分布层次来决定取样层次（图5-2）。采样主要选择植物长势较好的区域，同时也采集了几个植物长势不佳的区域；采样的深度主要根据现场采样时植物根系的分布情况进行区别对待，其中乔木和中大灌木根据根系的多、中、少一般采集2~3层（见附表5-1），小灌木、草坪或草花主要采集1~2层。

图 5-2　根据植物根系分布情况来确定取样深度

三、检测指标

根据度假区合作方绿化种植标准，对上海最佳实践区50%的土壤样品进行全指标测定，其余50%的土壤样品重点进行20项指标的测定。具体为：

（一）主要选择表层（占50%）样品进行32项指标的全测定

即进行pH、盐度、可溶性氯、湿度、可溶性硼、钠吸附比、C/N、有机质、磷、钾、铁、锰、锌、铜、镁、钠、硫、钼、发芽指数、砷、镉、铬、钴、铅、汞、镍、硒、银、钒、铝、石油碳氢化合物、有机苯环挥发烃（苯、甲苯、二甲苯和乙基苯）32项全指标的测定。

考虑到表层土壤受环境影响比较大，因此主要选择第一层土壤样品以及部分第二层土壤样品进行测定，具体样品号为：中山公园7个样，世博公园4个样，世纪公园7个样，辰山植物园6个样。

（二）其余样品重点进行20项指标测定

若50%的土壤样品中没有出现毒害重金属或有机污染物超标的，则其余样品重点进行20项指标测定，即pH、盐度、有机质、C/N、湿度、磷、钾、锌、铜、钠、硫、钼、铁、镁、锰、砷、镍、镉、银和汞的测定；若50%样品出现毒害重金属或有机污染物超标的，其余样品增加对应指标的全测定。

（三）实际测定情况

50%样品中除石油碳氢化合物外，没有出现其他毒害重金属或有机污染物超标，因此对剩余的24个样品增加石油碳氢化合物的测定。

第二节　上海绿化最佳实践区土壤质量分析

用度假区合作双方确认的上海国际旅游度假区的检测方法，参照度假区B类绿化种植土标准，对上海绿化最佳实践区的土壤质量进行分析。

一、检测结果分析

1.酸度（pH）

48个土壤样品的pH平均为7.44 ± 0.72，分布在4.10~8.03之间。从图5-3可以看出：小于6.5的土样占6.25%，其中最低的只有4.10，是取自辰山植物园辰山山顶自然发育的黄棕壤，其次为世纪公园足球场地的黄沙，只有4.90，还有取自辰山植物园温室用安徽的风化石与泥炭混合搅拌合成的人工配制土壤，pH为6.09；有16.67%土样超过7.8，最高为8.03；77.08%样品的pH在6.5~7.8之间，符合度假区B类种植土标准要求。

2.盐度（EC）

48个样品的EC平均为1.87 ± 2.09 mS/cm，分布在0.27~9.16 mS/cm之间。从图5-4可以看出：这4块绿地有20.83%的土壤样品EC低于0.5 mS/cm；有52.08%的土壤样品盐分含量符合0.5~2.5 mS/cm的度假区B类种植土技术要求；有27.08%的土壤样品盐分含量超出2.5 mS/cm的度假区B类种植土标准最高限值要求。而且现场调查发现，其中中山公园、世博公园和辰山植物园土壤EC超标的植物长势较好，可能是施了大量有机肥，这里的EC值高是和土壤中养分含量成正比的，因此植物长势较好。

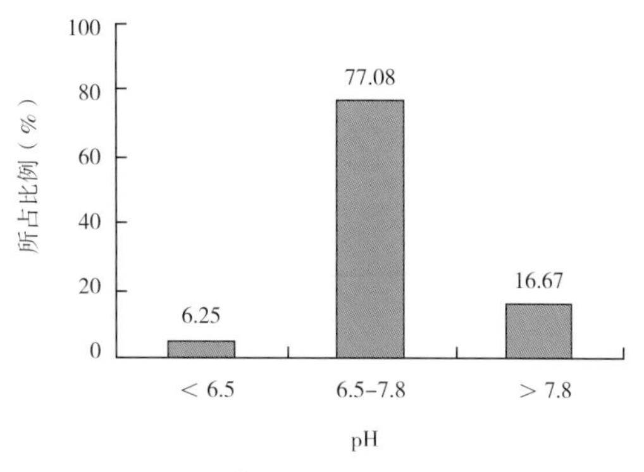

图 5-3　土壤不同 pH 值分布组成

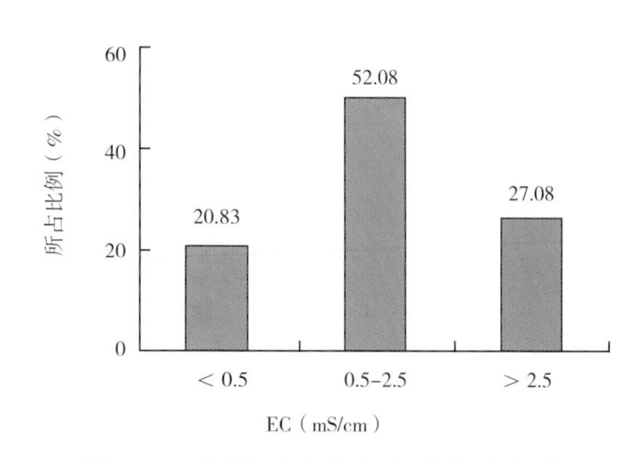

图 5-4　土壤不同盐分含量分布组成

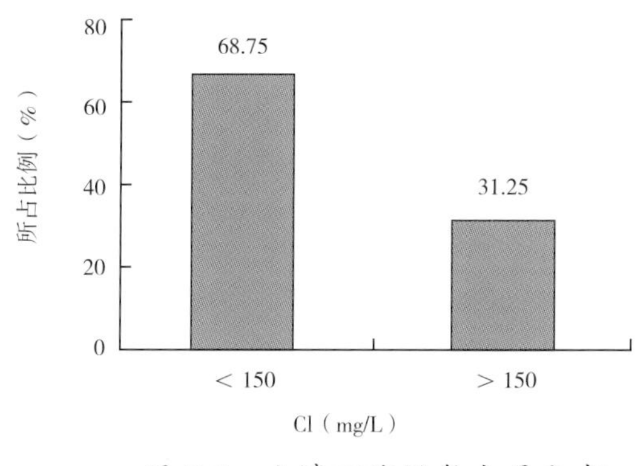

图 5-5　土壤可溶性氯含量分布

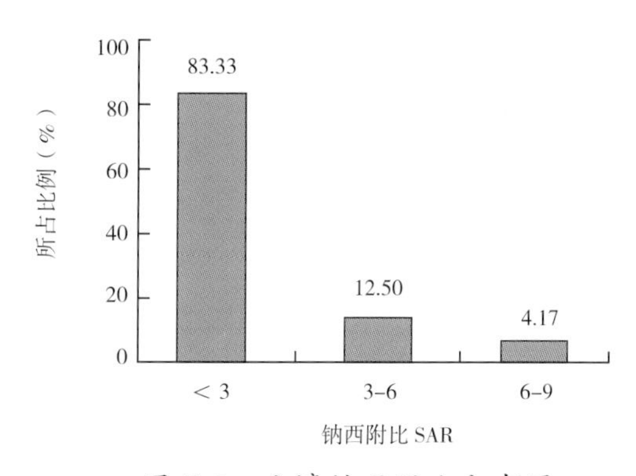

图 5-6　土壤钠吸附比分布图

3. 可溶性氯（Cl）

48个样品的可溶性氯平均为182 ± 297 mg/L，分布在6.00~1420 mg/L之间。从图5-5可以看出：有68.75%的土壤样品符合小于150 mg/L的度假区B类种植土标准技术要求，但有31.25%的土壤样品超标。其中可溶性氯超标的土壤对应的土壤EC也超标，可能是与施用有机肥中氯含量较高有关。

4. 可溶性硼（B）

48个样品的可溶性硼含量平均为0.24 ± 0.12 mg/L，分布在0.10~0.68 mg/L之间，均符合小于1 mg/L的度假区B类种植土标准要求。

5. 钠吸附比（SAR）

48个样品钠吸附比平均为1.67 ± 1.75，分布在0.29~8.79之间。从图5-6可以看出：有83.33%的土壤样品钠吸附比符合小于3的度假区B类种植土标准技术要求；有12.50%的土壤样品钠吸附比在3~6之间；有4.17 %的样品钠吸附比在6~9之间，最高达8.79。其中钠吸附比超标的土壤对应的土壤可溶性氯和EC值也超标，可能与施用的有机肥中含盐量较高有关。

6. 铝（Al）

样品的水饱和液铝的含量未测出，因此对铝的毒害可以忽略不计。

7. 有机质（OM）

48个土壤样品有机质的平均含量为2.60% ± 2.06%，分布在0.24%~10.26%之间。从图5-7可以看出，66.67%的土壤样品有机质含量低于2.5%；4.17%的土壤样品介于2.5%~3%之间；有29.17%的土壤样品大于3%。

8. 碳氮比（C/N）

48个土壤样品碳氮比平均值为11.1 ± 2.69，分布在5.86~20.9之间。从图5-8可以看出：39.58%土壤样品的C/N满足度假区B类种植土标准提出的9~11的技术要求；有18.75%的土壤样品的C/N低于9；有41.67%的土壤样品C/N大于11。

48个土壤样品全氮的平均值为1.34 ± 0.95 g/kg，分布在0.14~5.47 g/kg之间。参考中国土壤养分指标分级标准（见第4章表4-1），就氮而言：有20.83%的土壤样品很肥沃，大于2 g/kg；有14.58%土壤样品肥沃，分布在1.5~2.0 g/kg之间；有20.83%土壤样品较肥沃，分

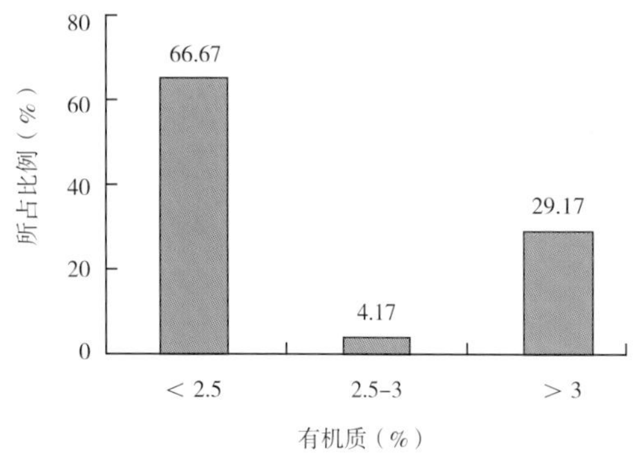

图 5-7　土壤有机质含量分布图

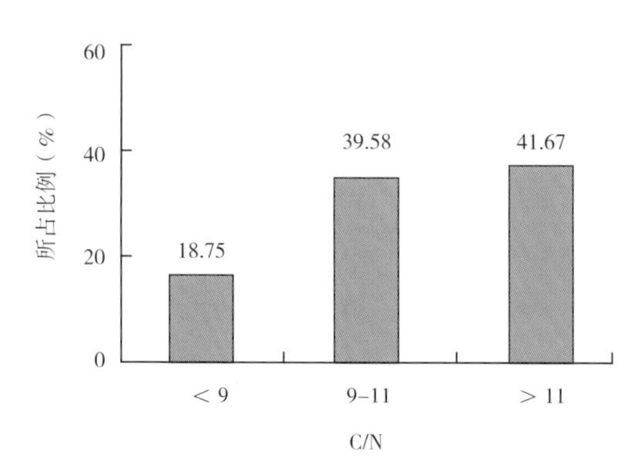

图 5-8　土壤碳氮比分布图

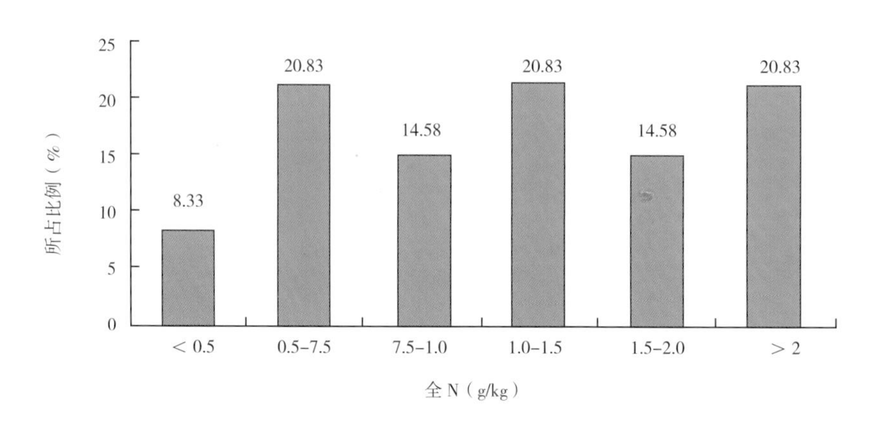

图 5-9　土壤全氮含量分布图

布在1.0~1.5 g/kg之间；有14.58%的土壤全氮处于一般水平（0.75~1.0 g/kg），有20.83%（<0.5 g/kg）和8.33%（0.5~0.75 g/kg）的土壤样品全氮含量处于贫瘠和很贫瘠水平（图5-9）。

对有机质分析显示4块绿地的有机质含量总体偏低，而氮含量相对来说较高，因此，引起土壤C/N较高的原因可能与其他类型的有机碳化合物累积有关。

9. 有效磷（P）

48个土壤样品有效磷的平均含量为28.8 ± 42.7 mg/kg，分布在0.85~186 mg/kg之间。从图5-10可以看出，有45.8%土壤样品有效磷含量低于10 mg/kg的度假区B类种植土标准最低限值要求；有29.17%土壤样品符合10~40 mg/kg的度假区B类种植土标准技术要求；有25.00%的土壤样品磷含量超标。其中世纪公园梅花树采集样品磷含量最高，高达186 mg/kg；第二为辰山植物园海棠树采集样品磷含量为158 mg/kg；第三为辰山植物园萱草园采集的样品磷含量为151 mg/kg；第四为世纪公园7号门入口茶梅地采集样品为115 mg/kg；第五为辰山植物园温室采集样品为87.8 mg/kg。

10. 速效钾（K）

48个土壤样品的速效钾平均含量为240 ± 154 mg/kg，分布在23.4~789 mg/kg之间。从图5-11可以看出，43.75%土壤样品速效钾含量符合100~220 mg/kg的度假区B类种植土标准要求；有41.67%土壤样品钾含量大于220 mg/kg，其中以世纪公园茶梅地钾含量最高，达

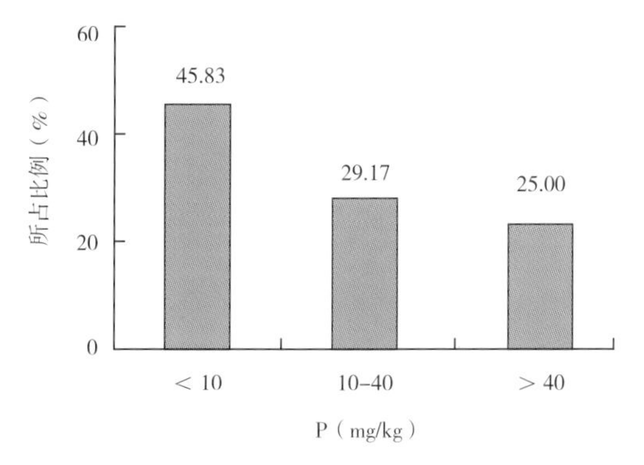

图 5-10　土壤有效磷含量分布图

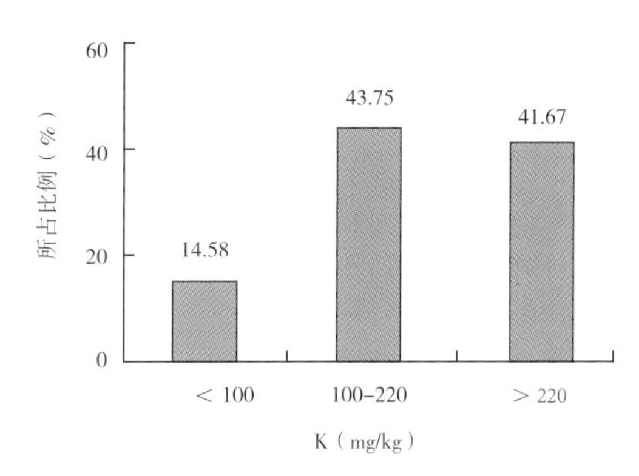

图 5-11　土壤速效钾含量分布图

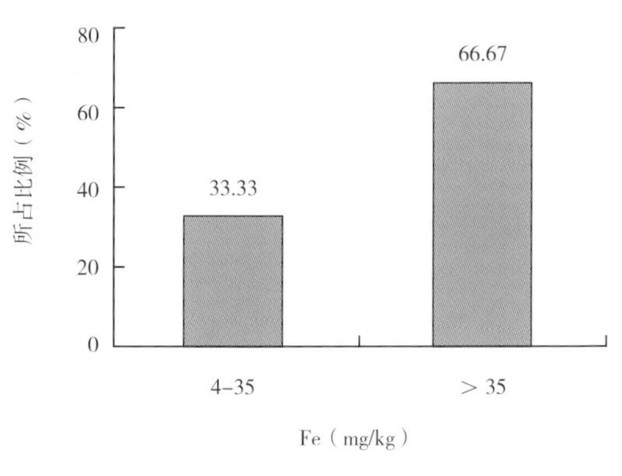

图 5-12　土壤有效铁含量分布图

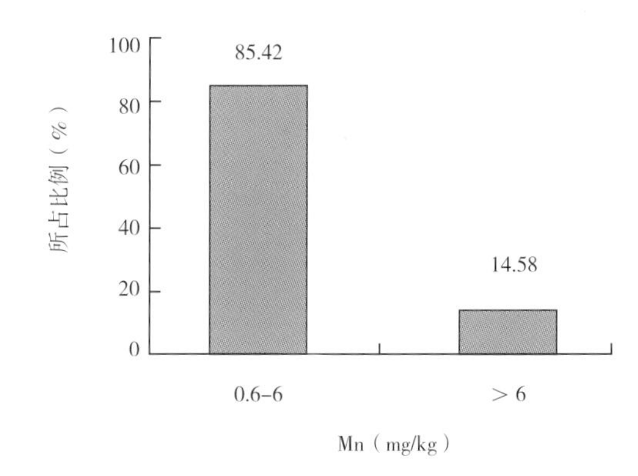

图 5-13　土壤有效锰含量分布图

789 mg/kg；有14.58%的样品钾含量偏低，共7个样品，分别为：世纪公园足球草坪的黄沙最低，仅有23.4 mg/kg；其次为中山公园雪松的第三层（28~52 cm）和第四层（52~94 cm），钾含量分别为54.3 mg/kg和51.4 g/kg；世博公园草坪第一层（黄沙）钾含量为68.4 mg/kg；中山公园海桐第二层样品（20~66 cm）和胡颓子第二层（16~39 cm）样品，钾含量分别为83.2 mg/kg和87.4mg/kg。

11. 有效铁（Fe）

48个土壤样品有效铁的平均含量为61.8 ± 48.1 mg/kg，分布在20.5~300 mg/kg之间。有33.33%土壤样品的铁含量符合4~35 mg/kg的度假区B类种植土标准技术要求，有66.67%大于35 mg/kg（见图5-12）。

12. 有效锰（Mn）

48个土壤样品锰的平均含量为3.62 ± 2.88 mg/kg，分布在0.93~14.5 mg/kg之间。有85.42%土壤样品符合0.6~6 mg/kg的度假区B类种植土标准技术要求；有14.58%的样品大于6 mg/kg（图5-13）。

13. 有效锌（Zn）

48个土壤样品锌的平均含量为10.5 ± 9.43 mg/kg，分布在0.51~39.2 mg/kg之间。从图5-14可以看出，有2.08%土壤样品符合小于1 mg/kg的度假区B类种植土标准最低限值要

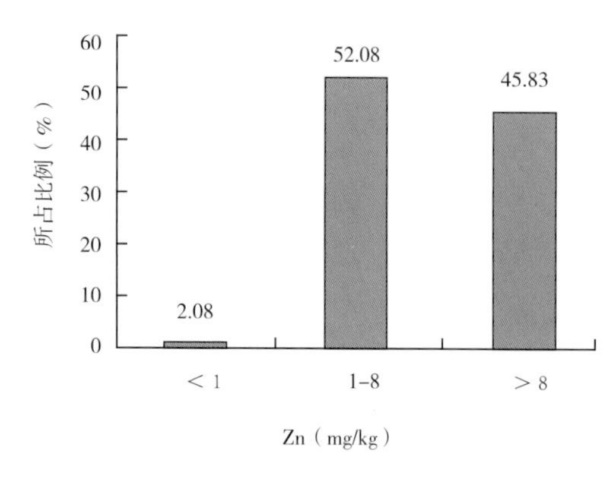

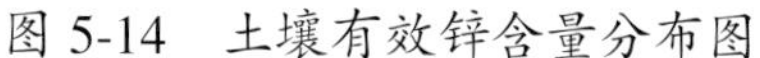
图 5-14　土壤有效锌含量分布图

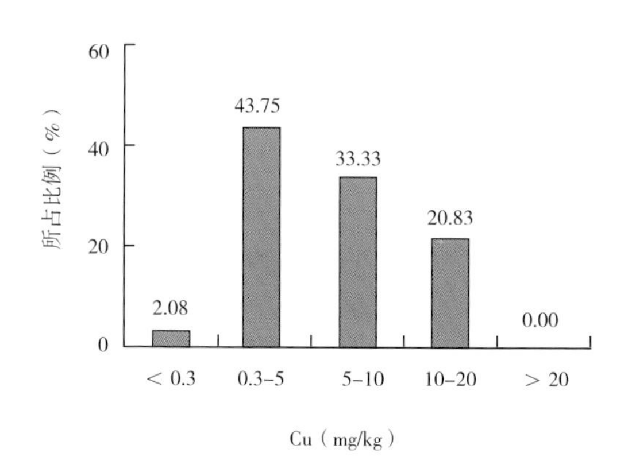

图 5-15　土壤有效铜含量分布图

求，主要是世纪公园的黄沙，说明上海最佳实践区土壤本身并不缺锌；有52.08%的土壤样品符合1~8 mg/kg的度假区B类种植土标准技术要求；有45.83%的土壤样品超过了8 mg/kg的最大限值要求。4块绿地中部分土壤锌超标比较严重，其中中山公园最为明显，有8个样品超标（占53.33%），且5个样品有效锌含量超过了25 mg/kg，最高达32.6 mg/kg。世博公园胡柚第二层土壤可能存在管道原因，有效锌含量高达39.2 mg/kg。世纪公园梅花树有效锌含量高达34.5 mg/kg，其次为入口处的茶梅，含量为20.2 mg/kg；竹园含量较高，为11.2 mg/kg，其余均符合要求。而辰山植物园的海棠、石楠、月季和温室土壤的有效锌含量均超标，分别为8.31 mg/kg、12.7 mg/kg、11.9 mg/kg和11.3 mg/kg。

14. 有效铜（Cu）

48个土壤样品有效铜的平均含量为6.40 ± 4.44 mg/kg，分布在0.18~18.4 mg/kg之间。从图5-15可以看出：只有2.08%的土壤样品小于0.3 mg/kg的度假区B类种植土标准最低限值要求，主要是世纪公园的黄沙，说明上海最佳实践区土壤本身并不缺铜；有43.75%的土壤样品符合0.3~5 mg/kg的度假区B类种植土标准技术要求；但有54.16%的土壤样品铜含量超标。其中有33.33%的土壤样品在5~10 mg/kg之间；有20.83%的土壤样品在10~20 mg/kg之间；没有土壤样品含量大于20 mg/kg。

不同绿地之间有效铜含量明显不同：其中中山公园铜超标最严重，有73.33%样品铜含量超过5 mg/kg的最高限值，铜含量较高的3个样品分别是17.7 mg/kg、18.4 mg/kg和16.3 mg/kg；世博公园有33.33%的土样即3个样品的有效铜含量超标，分别为8.34 mg/kg、6.0 mg/kg和5.44 mg/kg，主要是一棵枇杷树3个土壤层次的土样，而其余样品有效铜含量均没有超标；世纪公园有35.71%的土壤样品有效铜含量超标，7号门入口处的茶梅含量最高为10.3 mg/kg，其余均在5.40~6.67 mg/kg之间；辰山植物园刚建成开放一年多，有60%的土壤铜含量超标。

15. 有效镁（Mg）

48个土壤样品镁的平均含量为206 ± 97.1 mg/kg，分布在11.7~407 mg/kg之间。从图5-16可以看出：有31.25%的土壤样品符合50~150 mg/kg的度假区B类种植土标准技术要求；64.58%的土壤样品超出150 mg/kg的度假区B类种植土标准最高限值要求；有4.17%

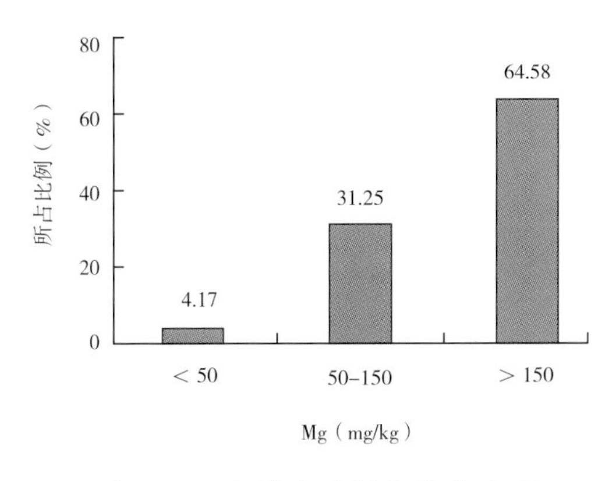

图 5-16　土壤有效镁含量分布图

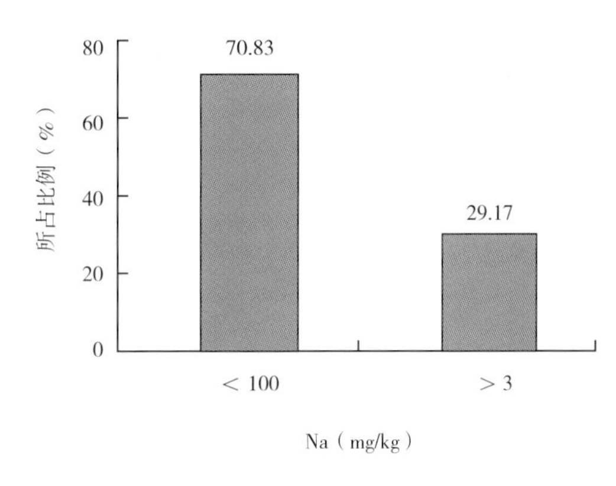

图 5-17　土壤效果钠含量分布图

的土壤样品即两个样品低于50 mg/kg的度假区B类种植土标准最低限值要求：其中一个是世纪公园足球草坪的黄沙土样，含量为12.1 mg/kg；另一个为辰山植物园山顶自然风化的黄棕壤，含量为24.2 mg/kg。

16. 交换性钠（Na）

48个土壤样品交换性钠的平均含量为107 ± 151 mg/kg，分布在9.10~714 mg/kg之间。从图5-17可以看出：有70.83%的土壤样品符合小于100 mg/kg的度假区B类种植土标准技术要求；29.17%的样品交换性钠含量超过100 mg/kg。超标的样品为世纪公园的梅花树周围土穴样品（233 mg/kg）；辰山植物园的海棠树（第一层192 mg/kg、第二层185 mg/kg）和石楠树（第一层207 mg/kg、第二层141 mg/kg）；中山公园雪松的第二层（240 mg/kg）、第三层（464 mg/kg）和第四层（663 mg/kg）土样；世博公园雪松的三层土样（分别为111 mg/kg、142 mg/kg和714 mg/kg），枇杷树的第二层（255 mg/kg）和第三层（144 mg/kg）。

17. 有效硫（S）

48个土壤样品有效硫的平均含量为154 ± 239 mg/kg，分布在4.04~1436 mg/kg之间。从图5-18可以看出：有27.08%的土壤样品硫含量低于25 mg/kg的度假区B类种植土标准最低限值要求；大部分土壤样品（占66.67%）的硫含量符合25~500 mg/kg的度假区B类种植土标准技术要求；有6.25%的土壤样品硫的含量高于500 mg/kg的度假区B类种植土标准最高限值要求。硫超标的3个样品分别是辰山植物园的石楠，两个采样层次硫含量分别为1436 mg/kg和528 mg/kg；另一个样品为中山公园雪松样品的第四层（600 mg/kg）。现场发现硫含量超标的3个样地均使用较多的有机肥，这可能跟有机肥生产过程中使用较多硫黄直接相关。

18. 有效钼（Mo）

48个土壤样品有效钼的平均含量为0.0707 ± 0.101 mg/kg，分布在0~0.594 mg/kg之间。从图5-19可以看出：有79.17%的土壤样品低于0.1 mg/kg的度假区合作方标准最低限值要求；有20.83%的土壤样品钼含量在0.1~0.594 mg/kg之间，符合0.1~2 mg/kg的度假区B类种植土标准技术要求。

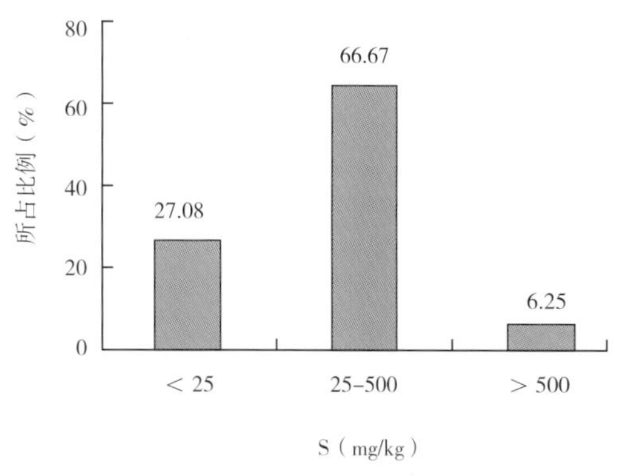

图 5-18　土壤有效硫含量分布组成

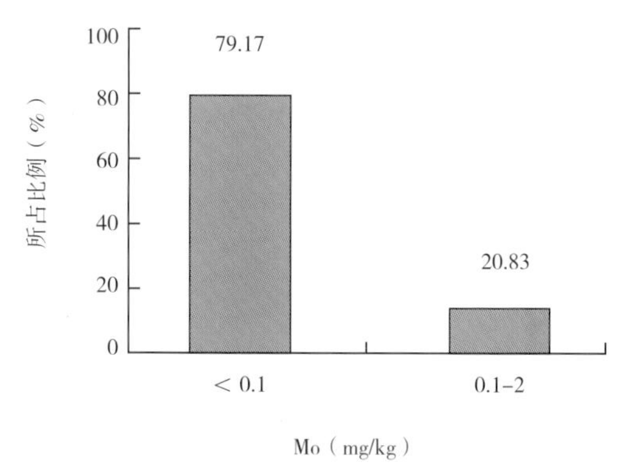

图 5-19　土壤有效钼含量分布组成

19. 有效砷（As）

48个土壤样品有效砷的平均含量为0.267 ± 0.395 mg/kg，分布在0.045~2.81 mg/kg之间。仅辰山植物园有一个土壤样品有效砷含量超标，达到了2.81mg/kg；其余样品全部符合小于1 mg/kg的度假区B类种植土标准技术要求。

20. 有效镉（Cd）

48土壤样品有效镉的平均含量为0.091 ± 0.079 mg/kg，分布在0.008~0.356 mg/kg之间，全部符合度假区B类种植土标准小于1 mg/kg的技术要求。

21. 有效铬（Cr）

48个土壤样品有效铬的平均含量为0.022 ± 0.013 mg/kg，分布在0.0045~0.062 mg/kg之间，全部符合度假区B类种植土标准小于10 mg/kg的技术要求。

22. 有效钴（Co）

48个土壤样品有效钴的平均含量为0.015 ± 0.018 mg/kg，分布在0.0023~0.084 mg/kg之间，全部符合度假区B类种植土标准小于2 mg/kg的技术要求。

23. 有效铅（Pb）

48个土壤样品有效铅的平均含量为5.75 ± 5.16 mg/kg，分布在0.27~27.1 mg/kg之间，全部符合度假区B类种植土标准小于30 mg/kg的技术要求。

24. 有效汞（Hg）

48个土壤样品有效汞的含量均小于0.002 mg/kg，全部符合度假区B类种植土标准小于1 mg/kg的技术要求。

25. 有效镍（Ni）

48个土壤样品有效镍的平均含量为0.28 ± 0.23 mg/kg，分布在0.062~1.13 mg/kg之间，全部符合度假区B类种植土标准小于5 mg/kg的技术要求。

26. 有效硒（Se）

48个土壤样品有效硒的平均含量为0.027 ± 0.021 mg/kg，分布在0.0006~0.084 mg/kg之间，全部符合度假区B类种植土标准小于3 mg/kg的技术要求。

27. 有效银（Ag）

48个土壤样品有效银的含量均小于0.01 mg/kg（检出限），全部符合度假区B类种植土

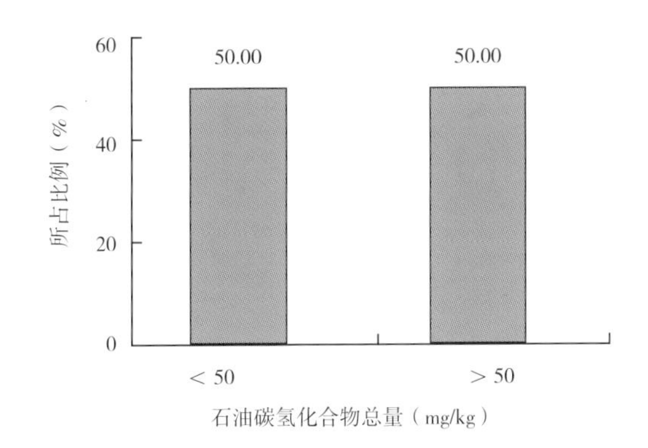

图 5-20　土壤不同石油碳氢化合物含量分布组成

标准小于0.5 mg/kg的技术要求。

28. 有效钒（V）

48个土壤样品有效钒的平均含量为0.235 ± 0.181 mg/kg，在0.040~1.07 mg/kg之间，全部符合度假区B类种植土标准小于3 mg/kg的技术要求。

29. 石油碳氢化合物（TPH）

48个土壤样品的石油碳氢化合物平均含量为65.6 ± 58.5 mg/kg，分布在5.80~320 mg/kg之间。从图5-20可以看出：有50.00%的土壤样品符合度假区B类种植土标准小于50 mg/kg的技术要求；有50.00%的土壤样品含量超过50 mg/kg，其中一个最高含量为320 mg/kg，其余均在200 mg/kg以下。

30. 有机苯环挥发烃 （TAVOH）

选择的24个表层土壤样品的有机苯环挥发烃（Total aromatic volatile organic hydrocarbons）（苯、甲苯、二甲苯和乙基苯）含量均小于检出限0.05 mg/kg，全部小于0.5 mg/kg的度假区B类种植土标准最高限值要求。

31. 发芽指数

选择的24个表层土样的发芽率均为100%，无明显抑制发芽。发芽指数（GI）平均为110% ± 16.3%，分布在84.3%~139%之间，均在80%以上，符合度假区B类种植土标准要求。

32. 湿度

48个土壤样品湿度的平均含量为16.5% ± 5.08%，分布在5.25%~27.7%之间。辰山植物园山体的两个土壤样品湿度相对比较低，分别为5.25%和7.54%；其次为世纪公园足球草坪的黄沙，湿度为6.64%。相对而言，有机质含量高和植被密闭度高的地方土壤湿度相对较高。

二、上海最佳实践区的土壤特性

根据对上海最佳实践区4块绿地采集的48个土样的调查分析，与度假区B类种植土标准进行比较（见附表5-2）。上海最佳实践区土壤具有以下特性：

（一）对植物有危害的土壤指标

1. 除一半样品的石油碳氢化合物超标外，所有土壤样品均不存在毒害重金属和有机苯环挥发烃超标

土壤的镉、铬、钴、铅、汞、镍、硒、银、钒9种毒害重金属以及有机苯环挥发烃（苯、甲苯、二甲苯和乙基苯）均不超标。

2. 植物生长没有出现明显抑制，发芽率100%，发芽指数80%以上

上海最佳实践区土壤虽然某些元素超标，但对植物生长没有直接产生明显抑制，说明没有产生明显的毒害。

3. 不存在铝和可溶性硼的毒害

4. 出现砷的个别样品超标，铜和锌含量高

只有一个样品出现砷的超标，可能和局部污染有关联，但总体而言，上海最佳实践区不存在砷超标。只有一个黄沙样品缺铜和锌，就上海最佳实践区土壤本身而言，铜和锌含量高，有一半左右的样品含量超标。

5. 出现钠离子、钠吸附比和氯离子超标

有近1/3土壤出现氯和钠的超标，有近1/5的土壤出现了钠吸附比的超标。

（二）土壤营养指标

1. 镁、锰、铁、钾含量丰富

除个别土壤外，上海最佳实践区土壤的镁、锰、铁、钾含量丰富。

2. 硫、磷和C/N有高有低

上海最佳实践区土壤硫和磷含量有高有低，相对而言，施肥的土壤样品硫和磷含量偏高。而C/N也是有高有低，偏高的原因可能与其他类型的有机碳化合物的累积有关。

3. 除个别土壤样品外，土壤总体缺有机质和钼

上海最佳实践区土壤有机质和钼含量总体偏低，其中施用有机肥的土壤有机质含量明显增加。

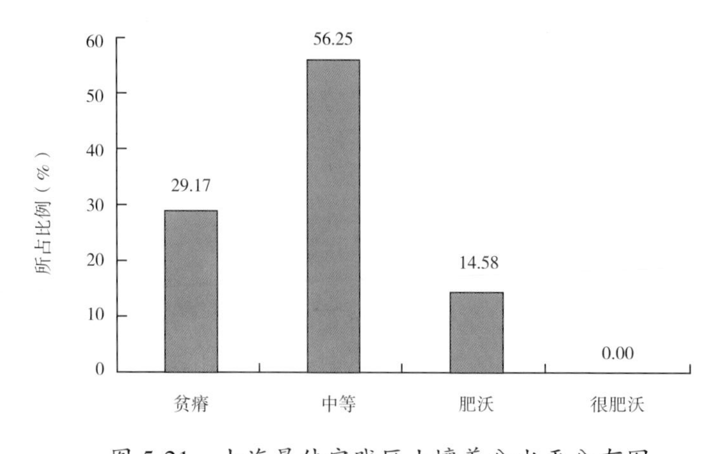

图 5-21　上海最佳实践区土壤养分水平分布图

4. 土壤养分水平总体处于一般和贫瘠水平

图5-21是根据土壤肥力指数绘制的上海最佳实践区土壤养分水平分布图，从中可以看出，上海最佳实践区土壤有56.25%的样品处于中等水平；有29.17%处于贫瘠水平；有14.58%处于肥沃水平；没有土壤达到很肥沃水平。

（三）土壤理化性质

1. 土壤pH基本符合要求，偏离幅度不大

除世纪公园的黄沙和辰山山顶自然风化的黄棕壤pH较低外；大部分土壤pH基本符合要求；有少量土壤样品的pH偏高或偏低，但偏离幅度不大。

2. 有一半土壤盐分合格，有1/5偏低，有近1/3超标

有1/5的土壤盐分偏低（<0.5 mS/cm），说明土壤速效养分含量低，需施肥；有一半土壤盐分合格；有27.08%的土壤盐分超标，主要是施肥过量导致的。土壤盐分偏低或超标，主要是施肥不均导致的。

3. 土壤物理性质严重影响植物的生长

虽然没有对上海最佳实践区进行土壤容重、通气性、颗粒组成等物理性质的测定，但现场发现土壤黏重、压实严重，而且不少植物根系有死根，说明土壤透气性不好；而且现场发现土壤黏重、压实严重的土壤即使测定的指标并不差，但植物长势相对不佳，如中山公园的香樟（样品ST-10~12）和胡颓子（样品ST-13~15），世纪公园的茶梅（样品ST-25~26）。

附表 5-1　四块绿地采样的详细记录

采样地点	采样点	样品编号	采样深度（cm）	植物长势	备注
中山公园	1	ST–1	0~20	海桐，长势尚可，大量新叶萌发，大量老叶枯黄，下有大量落叶，根系发达，17 cm 处有直径 2 cm 长的大根，根系呈棕色，下有麦冬	
		ST–2	20~66	有少量细根系，有死根	
		ST–3	66~100	有少量根系	
	2	ST–4	0~18	在雪松 1 m 外采样，有大量根系	
		ST–5	18~28	有呈鲜红的根系	
		ST–6	28~52	有根系、有死根	
		ST–7	52~94	有石头，有细小死根	
	3	ST–8	0~19	樱花树，压实严重，根系有失活现象	
		ST–9	19~38	有死根	
	4	ST–10	0~14	香樟、女贞等，土壤压实严重，冬季松过土，有断根	
		ST–11	14~31	有 2 cm 长根系出现	
		ST–12	31~69	有少量新根	
	5	ST–13	0~16	胡颓子，长势欠佳，有少量新根	
		ST–14	16~39	有少量根	
		ST–15	39~75	有少量根	

（续）

采样地点	采样点	样品编号	采样深度（cm）	植物长势	备注
世博公园	6	ST-16	0~28	枇杷，长势较好，有大量直径 >2 cm 的根系，主根系在 18 cm 处	采样点在世博公园西侧
		ST-17	28~63	有少量根，石头块较多，根系小	
		ST-18	63~81	有石块，极少量根系	
	7	ST-19	0~13	胡柚，长势较好，绿色，有沙石块，根系发达，大量须根	芦菁大桥东侧
		ST-20	13~30	有大石块	下面可能有管道或雨水管
	8	ST-21	0~28	雪松，长势较好，有根系，在土球附近采样	
		ST-22	28~44	有大根系，石头	
	9	ST-23	0~20	草坪、香樟，长势好，上层为沙子	
		ST-24	20~60	下层为土，很多须根	
世纪公园	10	ST-25	0~26	茶梅，长势较差，叶焦，土黏	7 号门入口处
	11	ST-26	26~54	土黏，压实紧，土壤不好	
	12	ST-27	表层	梅花树四周土穴，每年施有机肥，长势很好	
	13	ST-28	0~20	瓜子黄杨，有根，蚯蚓，个别发育好，上面色深，下面色浅	
		ST-29	20~41	有少量根，色浅，土较差	
	14	ST-30	0~27	金叶女贞，长势较好，根系发达，新根多	
	15	ST-31	0~15	红枫，根系较好	
		ST-32	15~32	根系较多，但须根有点萎缩	
	16	ST-33	0~16	竹林，上层土黑，加了山泥，根系多	
		ST-34	16~28	下层土黄，根少	
	17	ST-35	0~27	湿地松，个别长势好，其他有发黄现象	
		ST-36	27~39	土灰白	
		ST-37	39~78	深层土，土灰白	
	18	ST-38	0~30	黄沙，足球场俱乐部草坪，长势较好	
辰山植物园	19	ST-39	0~10	海棠园，有蚯蚓，根系发达	
		ST-40	10~19	根系较好，有蚯蚓	
	20	ST-41	0~16	石楠，长势好，有大量新芽发出，根系较发达，有大根	
		ST-42	16~44	有少量新根，老根萎缩	
	21	ST-43	0~27	靠近水道旁边的草坪，下为碎石，土黏，颜色发青	
	22	ST-44	0~10	萱草，长势较好，根系多，有蚯蚓	
	23	ST-45	表层	辰山山地自然土壤，半山坡路边，石砾多	
	24	ST-46	表层	辰山山地自然土壤，山顶，根系发育好	
	25	ST-47	0~15	月季园，长势好，有大量小花苞	
	26	ST-48	0~10	温室，植物长势好，黄沙与树枝粉碎物混拌	

附表 5-2　上海最佳实践区绿地土壤和度假区 B 类种植土标准比较

序号	性质	度假区合作方标准	上海最佳实践区绿地土壤		
			平均值	范围	和度假区合作方标准比较
1	酸度	6.5~7.8	7.44 ± 0.72	4.10~8.03	6.25% 样品 <6.5；77.08% 样品在 6.5~7.8 之间；16.67% 样品 >7.8
2	盐度 mS/cm	0.5~2.5	1.87 ± 2.09	0.27~9.16	20.83% 样品 <0.5 mS/cm；52.08% 样品在 0.5~2.5 mS/cm 之间；27.08% 样品 >2.5 mS/cm
3	氯 (mg/L)	<150	182 ± 297	6.00~1420	68.75% 样品 <150 mg/L；31.25% 样品 >150 mg/L
4	可溶性硼 (mg/L)	<1	0.24 ± 0.12	0.10~0.68	全部符合要求，不存在毒害
5	钠吸附比 (SAR)）	<3	1.67 ± 1.75	0.29~8.79	83.33% 样品 <3；12.50% 样品在 3~6 之间；4.17% 样品在 6~9 之间
6	铝	<0.03	–	–	全部符合要求，不存在毒害
7	有机质（%）	3~ 6	2.60 ± 2.06	0.24~10.26	66.67% 样品 <2.5%；4.17% 样品在 2.5%~3% 之间；29.17% 样品 >3%
8	C/N	9~11	11.1 ± 2.69	5.86~20.9	18.75% 样品 <9；39.58% 样品在 9~11 之间；41.67% 样品 >11
9	磷 (mg/kg)	10~40	28.8 ± 42.7	0.85~186	45.8% 样品 <10 mg/kg；29.17% 样品在 10~40 mg/kg 之间；25.00% 样品 >40 mg/kg
10	钾 (mg/kg)	100~220	240 ± 154	23.4~789	有 14.45% 样品 <100 mg/kg；其他供钾丰富
11	铁 (mg/kg)	24~35	61.8 ± 48.1	20.5~300	供铁丰富
12	锰 (mg/kg)	0.6~6	3.62 ± 2.88	0.93~14.5	供锰丰富
13	锌 (mg/kg)	1~8	10.5 ± 9.43	0.51~39.2	2.08% 样品 <1 mg/kg；52.08% 样品在 1~8 mg/kg 之间；45.8 3% 样品 >8 mg/kg
14	铜 (mg/kg)	0.3~5	6.40 ± 4.44	0.18~18.4	2.08% 样品 <0.3 mg/kg；43.75% 样品在 0.3~5 mg/kg 之间；54.16% 样品 >5mg/kg，其中 33.33% 样品在 5~10mg/kg 之间，20.83% 样品在 10~20mg/kg 之间
15	镁 (mg/kg)	50~150	206 ± 97.1	11.7 ~ 407	供镁丰富
16	钠 (mg/kg)	0~100	107 ± 151	9.10~714	70.83% 样品 <100 mg/kg；29.17% 样品 >100 mg/kg
17	硫 (mg/kg)	25~500	154 ± 239	4.04~1436	27.08% 样品 <25 mg/kg； 66.67% 样品在 25~500 mg/kg 之间；6.25% 样品 >500 mg/kg
18	钼 (mg/kg)	0.1~2	0.071 ± 0.10	0.00~0.59	79.17% 样品 <0.1 mg/kg；20.83% 样品在 0.1~0.594 mg/kg 之间；总体缺钼
19	砷 (mg/kg)	<1	0.27 ± 0.40	0.045~2.81	仅一个超标，其余均符合要求
20	镉 (mg/kg)	<1	0.091 ± 0.079	0.008~0.36	全部符合要求，不存在毒害
21	铬 (mg/kg)	<10	0.022 ± 0.013	0.0045~0.062	全部符合要求，不存在毒害

（续）

序号	性质	度假区合作方标准	上海最佳实践区绿地土壤		
			平均值	范围	和度假区合作方标准比较
22	钴 (mg/kg)	<2	0.015 ± 0.018	0.0023~0.084	全部符合要求，不存在毒害
23	铅 (mg/kg)	<30	5.75 ± 5.16	0.27~27.1	全部符合要求，不存在毒害
24	汞 (mg/kg)	<1	<0.002	<0.002	全部符合要求，不存在毒害
25	镍 (mg/kg)	<5	0.28 ± 0.23	0.062~1.13	全部符合要求，不存在毒害
26	硒 (mg/kg)	<3	0.027 ± 0.021	0.0006~0.084	全部符合要求，不存在毒害
27	银 (mg/kg)	<0.5	<0.01	<0.01	全部符合要求，不存在毒害
28	钒 (mg/kg)	<3	0.24 ± 0.18	0.040~1.07	全部符合要求，不存在毒害
29	石油碳氢化合物（mg/kg）	<50	65.6 ± 58.5	5.80~320	50.00% 样品 <50 mg/kg；50.00% 样品 >50 mg/kg，其中最高一个含量为 320.4 mg/kg，其余均在 200 mg/kg 以下
30	有机苯环挥发烃（mg/kg）（苯、甲苯、二甲苯和乙基苯）	<0.5	<0.05	<0.05	全部符合要求，不存在毒害
31	发芽指数（%）	>80	110 ± 16.3	84.3~139	全部符合要求，不存在毒害

注：- 表示未检测到。

06
绿化种植土壤质量标准确立

度假区合作方提出的上海国际旅游度假区核心区绿化种植土壤30 余项技术指标，是比较科学和系统的，但完全照搬到上海国际旅游度假区也未必合适，毕竟上海本底土壤、植被类型以及气候条件等都与美国或其他迪士尼乐园不一样。如何将度假区合作方标准本土化，该选用哪项指标？指标数值如何控制和优化？这些都是必须解决的技术难题。

从上海国际旅游度假区一期规划地表土和上海绿化最佳实践区土壤的检测数据可以看出，度假区合作方关于绿化种植土的评价指标未必就适宜上海绿地土壤，而且要生产100多万方的绿化种植土壤，除了要考虑上海国际旅游度假区一期规划地所剥离表土的质量现状，还应考虑其他各种土壤改良原材料的本底情况，只有综合考虑上海的立地条件以及各种土壤改良原材料等实际，确立适宜上海国际旅游度假区应用的绿化种植土壤的技术标准，才能真正将度假区合作方的高技术标准在上海落地生根。

第一节　绿化种植土壤配比试验

要确立适宜上海国际旅游度假区的绿化种植土壤标准，首先要进行以上海国际旅游度假区一期规划地表土为原料的土壤配比试验，寻找最接近度假区合作方绿化种植土壤标准的技术配方。

一、配比试验的设计

按照度假区B类绿化种植土壤31项化学指标以及要求土壤质地为砂壤土、土壤入渗能力达到25~350 mm/h等技术要求，首先分析上海国际旅游度假区一期规划地表土的基本性质和主要障碍因子，确立要达到度假区B类绿化种植土壤的技术要求需要采取的对策。

（一）表土中缺少的元素与物质

采取土壤中缺什么就补什么的对策，这也是相对较好解决的问题。先分析上海国际旅游度假区一期规划地表土各种理化指标中不足的部分：

1. 含砂量不足

对比上海国际旅游度假区一期规划地表土和土壤学中关于砂壤土的粒径组成（表6-1）可以看出：上海国际旅游度假区一期规划地收集的表土黏粒含量比砂壤土黏粒最大值高了一倍还多，粉砂含量也偏高，但砂粒含量严重不足，因此要将上海国际旅游度假区一期规划地的表土配制成砂壤土，至少要添加45%重量比的砂粒。

表6-1　上海国际旅游度假区规划区土壤基本性质

上海国际旅游度假区一期规划地表土粒径组成（%）			砂壤土的粒径组成（%）		
砂粒	黏粒	粉砂粒	砂粒	黏粒	粉砂粒
0.71 ± 0.47	38.9 ± 4.74	60.4 ± 4.70	45~85	0~15	0~45

2. 有机质含量不足

上海国际旅游度假区一期规划地表土的有机质含量平均为1.82% ± 0.52%，而上海国际旅游度假区核心区要求绿化种植土壤的有机质含量在3%~6%，如果要达到3%的有机质含量底线，表土中至少要添加1.2%的有机质，由于有机改良材料的有机质含量要求是大于50%，加上有机改良材料的比重一般只有土壤的1/5左右，如此折算至少要添加重量比10%以上的有机改良材料才能达到要求。

3. 养分含量

上海国际旅游度假区表土中有效磷平均含量为4.90 ± 4.68 mg/kg，和度假区B类种植土要求的10~40 mg/kg的技术要求相差甚远，仅为最低标准要求的一半，因此需要添加含磷丰富的改良材料。

4. 其他营养元素

钼、硫含量也比较低，需要增添相应的营养元素或者富含钼、硫的土壤改良材料。

5. 土壤EC值

上海国际旅游度假区规划地表土的EC值含量在0.54 ± 0.167 mS/cm之间，能达到度假区B类种植土0.5~2.5 mS/cm标准的最低限值，且随着土壤中添加营养丰富的改良材料，EC值会自然提高。

（二）表土中需要调整的指标

上海国际旅游度假区规划地农田表土的pH分布在5.94~7.98之间，有部分土壤低于或超出度假区B类种植土标准6.5~7.8的下、上限，因此添加的改良材料其pH最好是中性偏酸性或者酸性，这样有利于调整绿化种植土壤的pH。

（三）表土中超标的指标

上海国际旅游度假区规划地农田表土中的有效铜、速效钾、有效锌、有效锰、有效镁、有效铁等含量高于度假区B类种植土，因此采取固化或稀释的方法降低其含量。若添加的改良材料中该元素含量低，就能起到稀释或降低该元素含量的作用。

二、绿化种植土壤配比所需要的原材料

根据种植土壤配比的设计方案，确定上海国际旅游度假区绿化种植土壤的配比材料主要为现场剥离的表土、草炭、黄砂、有机肥和石膏5种原材料。由于上海国际旅游度假区一期规划地表土中有近一半的指标是符合度假区B类种植土标准的，因此不是每种改良材料添加越多就好，有时候添加某一种物质刚好某种指标达标，但另一个指标就可能超标，因此不同原料之间配比要考虑元素之间平衡；在多种因素交叉在一起没有办法平衡时，只能“抓大放小”。

（一）上海国际旅游度假区表土

根据上海国际旅游度假区一期规划地表土的质地分析，其黏粒含量在38.9% ± 4.74%之间，而砂壤土要求黏粒含量在0~15%之间，因此表土用量应小于50%。另外上海国际旅游度假区表土有效铜含量在11.3 ± 7.44 mg/kg之间，不考虑其他物质中铜含量， 因此用量不能超过50%。

（二）草炭

较理想的土壤有机改良材料是将有机废弃物作为原料经沤堆腐熟后再利用，但由于上海及周边城市生产的有机废弃物改良材料的质量很难达到度假区B类种植土标准要求，为保证上海国际旅游度假区绿化种植土壤质量的稳定性，只好用草炭替代，其作用主要是提高土壤中的有机质含量，以及改善土壤的物理结构。

（三）黄砂

由于砂壤土要求砂粒含量在45%~85%之间，而上海国际旅游度假区一期规划地表土含砂极低，因此砂子用量至少要求在45%以上。同时考虑到上海国际旅游度假区一期规划地中大部分表土中有效Cu含量超标，另外大部分土样Fe、Mg含量也超标，而黄砂基本为二氧化硅，含其他成分元素较少，因此能起到很好的稀释作用。而且上海国际旅游度假区用滴管灌溉，绿化裸露地全部有机覆盖，灌溉和保湿效果均较好，因此砂的用量也可以适当增加。

（四）有机肥

度假区合作方没有有机肥的概念，他们将有机肥和其他有机废弃物统称为有机改良材料，但考虑到上海国际旅游度假区表土磷、氮和钼、硫等营养元素含量低，因此添加少量有机肥能起到增加肥效的作用。

（五）石膏

主要起到稳定土壤理化性质的作用，同时也增加土壤渗透性，因此添加适量的石膏。

三、不同配比的绿化种植土壤主要理化性质

考虑到上海国际旅游度假区一期规划地表土除铜、锌之外的重金属含量基本不超标，由于添加砂子增加了土壤的含砂量，也稀释土壤中重金属含量。因此质地和重金属不是重点考虑指标。但添加多少比例的草炭能达到度假区B类种植土有机质含量的要求，还有表土中缺乏和超标的几种养分含量如何平衡是需要重点解决的问题，也是进行不同配比试验重点监测的指标。分别选择5种原材料进行不同批次的配比试验，考虑到31项指标中有部分指标基本能满足要求，因此在不同配比试验时就没有对这些指标进行专门测定，只对有可能不能满足要求或者重点指标进行测定比较。

（一）第一次配方测试结果

利用确认的检测方法，参照度假区B类种植土标准，对第一次配方结果进行比较，从表6-2可以发现：

1. 满足标准要求

pH、Cu、As、Cd、S满足度假区B类种植土标准。

2. 超出标准要求

Fe、Mg均高于A类种植土壤的限值；增加有机肥添加比例会导致土壤EC、Na、P和Mn偏高。

3. 低于标准要求

不同配比中有机质含量总体偏低；所有配比中均缺Mo。

（二）第二次配方测试结果

在第一次配方结果分析的基础上，为了提高土壤有机质的含量，加大了有机肥、基质和草炭的比例，进行了第二次配方试验，结果如下（表6-3）。

1. 满足标准要求

pH、Cu、As、Cd、S满足A类种植土壤的要求；增加草炭和有机肥后配比中有机质的含量有所增加，并能满足要求；添加石膏（Gypsum）的量较多会导致S含量增加。

2. 超出标准要求

Fe、Mg仍均高于度假区B类种植土标准的限值。

3. 不能满足标准要求

添加草炭没有添加有机肥的配比中P含量明显低于度假区B类种植土标准；但易导致S、Mn、Zn含量超标；因此有必要添加有机肥，但其用量控制非常关键。所有配比中均缺Mo。

表 6-2　第一次配方测试结果

配方	pH	EC	有机质	Cu	Fe	Mg	Zn	K	Mn	Mo	Na	P	S	As	Cd
B 类标准	6.5~7.8	0.5~2.5	3~6	0.3~5	4~39	50~150	1~8	100~250	0.6~6	0.1~2	<100	10·40	25~500	<1	<1
		dS/m	%	mg/kg											
配方 1	6.49	1.69	1.91	2.95	141	134	0.76	47.6	8.61	0.16	73.1	4.25	97.3	0.20	0.03
配方 2	7.14	1.42	2.32	2.95	93.4	136	1.70	90.1	7.62	0.091	78.7	7.93	61.9	0.21	0.04
配方 3	7.64	1.08	2.84	4.44	46.3	145	2.56	139	6.09	0.042	86.3	11.6	25.6	0.21	0.04
配方 4	6.79	1.68	1.91	3.38	136	154	0.82	55.3	8.01	0.16	71.9	3.78	106	0.21	0.04
配方 5	7.65	0.91	2.56	3.02	48.4	150	1.80	95.7	4.87	0.021	72.5	8.70	18.9	0.22	0.04
配方 6	7.01	3.62	2.12	4.18	106	194	8.65	377	11.4	0.17	190	69.3	128	0.36	0.04
配方 7	7.17	2.96	2.16	4.03	108	167	15.0	363	10.7	0.17	133	52.5	133	0.32	0.04
配方 8	6.95	3.07	3.21	2.59	109	175	3.45	241	11.7	0.14	124	72.1	123	0.29	0.04
配方 9	6.96	1.72	2.13	3.17	109	180	3.26	81.6	6.84	0.13	70.6	55.8	71.3	0.25	0.04
配方 10	7.18	3.19	3.38	4.70	35.9	170	7.06	533	15.4	0.021	95.1	47.2	63.1	0.17	0.03
配方 11	7.07	1.16	2.10	3.28	135	139	0.53	42.7	8.08	0.012	64.7	2.65	18. 7	0.18	0.03
配方 12	7.43	0.91	1.39	2.69	23.1	129	0.48	43.4	3.26	0.061	54.3	3.54	14.2	0.15	0.02
配方 13	7.55	3.22	4.37	2.25	28.1	387	5.39	491	4.30	0.062	278	154	49.6	0.12	0.03
配方 14	7.31	4.17	2.59	2.51	43.9	247	4.12	448	7.99	0.041	123	109	187	0.22	0.03
配方 15	6.57	2.25	3.11	3.75	247	180	0.67	59.7	6.86	0.30	67.9	3.61	219	0.21	0.03
配方 16	6.67	2.39	2.86	2.68	202	141	0.52	46.1	5.78	0.24	78.3	3.62	174	0.17	0.03
配方 17	6.79	2.17	1.98	4.30	159	122	0.96	65.5	5.65	0.17	111	4.48	136	0.21	0.04

表 6-3　第二次配方测试结果

配方	pH	EC	有机质	Cu	Fe	Mg	Zn	K	Mn	Mo	Na	P	S	As	Cd
度假区合作方标准	6.5~7.8	0.5~2.5 dS/m	3~6 %	0.3~5	4~39	50~150	1~8	100~250	0.6~6	0.1~2	<100	10·40	25~500	<1	<1
				mg/kg											
配方 1	6.76	1.51	4.89	3.76	238	215	3.89	206	17.2	0.06	69.1	38.9	34.3	0.20	0.04
配方 2	6.93	1.40	4.78	3.63	172	222	3.48	197	13.9	0.05	68.9	34.5	38.1	0.16	0.04
配方 3	6.72	1.49	4.63	2.62	181	174	3.08	165	14.1	0.05	54.8	34.5	27.1	0.15	0.03
配方 4	6.82	1.58	4.87	3.48	213	207	3.81	220	14.4	0.06	77.4	35.9	31.5	0.18	0.04
配方 5	6.81	1.61	4.72	3.34	235	198	3.94	219	15.4	0.06	75.2	41.6	31.5	0.15	0.03
配方 6	6.7	1.43	5.19	2.57	227	162	3.61	204	13.8	0.05	64.5	44.4	30.6	0.14	0.03
配方 7	6.75	1.67	5.03	4.33	206	137	3.63	201	14.3	0.06	94.2	40.5	40.9	0.19	0.05
配方 8	6.74	1.71	4.95	4.20	218	133	3.43	182	14.6	0.06	86.0	41.8	41.1	0.22	0.05
配方 9	6.85	1.34	5.14	3.67	238	197	2.99	177	13.7	0.06	65.1	23.1	34.8	0.16	0.04
配方 10	6.77	1.33	5.07	3.12	207	180	2.97	170	12.1	0.06	59.6	26.2	31.5	0.17	0.03
配方 11	6.85	1.34	4.11	2.33	170	151	2.44	140	10.3	0.04	47.7	24.9	25.1	0.15	0.03
配方 12	6.5	2.48	3.41	3.21	217	168	0.99	67.1	9.72	0.04	37.8	4.94	277	0.10	0.03
配方 13	6.61	2.46	3.32	3.17	191	156	1.10	64.7	9.60	0.04	35.9	4.23	913	0.15	0.03
配方 14	6.62	2.44	3.34	3.01	199	153	1.00	64.2	9.21	0.04	36.1	4.12	1419	0.13	0.03
配方 15	6.38	2.35	3.13	2.38	233	129	0.93	52.1	9.71	0.04	29.5	5.54	286	0.11	0.02
配方 16	6.36	2.52	3.09	2.44	253	127	0.92	53.0	10.5	0.04	29.5	5.02	779	0.11	0.02
配方 17	6.42	2.46	3.10	2.57	207	130	0.90	54.3	9.21	0.04	29.7	4.21	1239	0.12	0.02
配方 18	6.57	1.90	5.22	4.95	293	227	4.84	315	24.2	0.07	58.7	31.7	59.2	0.17	0.04
配方 19	6.64	1.84	5..4	3.87	231	195	3.59	235	18.2	0.05	46.4	27.9	44.2	0.16	0.04
配方 20	6.61	1.98	5.00	3.17	183	166	3.37	224	16.9	0.04	39.8	29.9	37.6	0.13	0.03
配方 21	6.61	2.23	4.95	4.49	266	207	4.99	343	24.2	0.06	64.9	39.4	55.4	0.20	0.03
配方 22	6.84	1.86	4.92	3.74	188	184	3.28	222	15.2	0.04	50.6	27.1	37.4	0.18	0.03

（三）第三次配方测试结果

在前两次配方的基础上，对配方继续进行改进，进行了第三次配方（表6-4），并增加了可溶性氯、钠吸附比、C/N和发芽指数的测定，通过样品分析可以发现存在以下问题（表6-4）：

1. 满足标准要求

钠吸附比全部满足要求，大部分配比的pH、EC、有机质、P和K满足标准要求。

2. 超出标准要求

Mg含量没有超标；Fe仍超标；所有样品C/N超标，大部分样品的氯超标，超标样品中基本是应用了有机肥的配比，说明氯的超标主要受有机肥影响；而C/N超标也与添加草炭以及配方中氮含量较低等有直接关系。

3. 不能满足标准要求

所有配方中钼含量均低于度假区B类种植土标准的下限，基本在0.04~0.06 mg/kg之间。

（四）第四次配方测试结果

考虑到有机肥对配比的重要性，重点选择了不同类型的有机肥及其不同用量再进行第四次配方试验，检测结果见表6-4，可以发现以下问题：

1. 满足标准要求

由于选用的有机肥质量较好，因此全部配比中氯均合格，另外各种配比的pH、EC值、Mg、P、S、钠吸附比、Na、As、Cd、发芽指数均满足度假区B类种植土标准，且发芽指数较高，在121%~152%之间，说明第四次配方种植土壤有利于植物生长。

2. 超出标准要求

Fe和Mn结果仍超出度假区B类种植土标准的上限。

3. 不能满足标准要求

所有配方中钼含量均低于度假区B类种植土标准的下限，基本在0.041~0.07 mg/kg之间。

（五）第五次配方测试结果

选择第四次配比中数据较好的两个配比，然后进行局部调整，进行不同砂子粒径组成和含量的配比，具体结果见表6-5。

1. 满足标准要求

pH、EC、有机质、Cl、钠吸附比、Na、P、S、Cu、Mg、Zn、K、As、Cd、S满足度假区B类种植土标准，大部分土样的发芽指数较高。

2. 超出标准要求

Fe、Mg和C/N仍均高于度假区B类种植土的限值。

3. 不能满足标准要求

所有配方中钼含量均低于度假区B类种植土标准的下限，基本在0.031~0.086 mg/kg之间。

表 6-4　第三次和第四次配方测试结果

配方		pH	EC	有机质	Cl	钠吸附比	C/N	Cu	Fe	Mg	Zn	K	Mn	Mo	Na	P	S	As	Cd	发芽指数
B 类标准		6.5~7.8	0.5~2.5 dS/m	3~6 %	<150 mg/L	<3	9-11	0.3~5	4~39	50~250	1~8	100~250	0.6~6	0.1~2	<100	10~40	25~500	<1	<1	>80%
								mg/kg												
第三次配方	1	6.78	1.82	4.81	292	2.40	17.6	2.44	133	142	3.32	204	12.8	0.048	53.1	40.4	28.8	0.192	0.031	78.6
	2	6.66	1.53	4.14	237	2.24	16.7	2.53	162	134	2.96	206	12.1	0.032	53.2	33.9	21.1	0.251	0.037	86.6
	3	6.49	2.82	4.58	249	1.79	16.8	2.45	144	146	3.45	243	9.73	0.186	58.9	39.4	200	0.334	0.039	88.8
	4	6.67	2.25	4.62	236	1.86	17.5	2.48	119	143	3.02	226	11.0	0.039	56.0	34.8	118	0.235	0.034	104
	5	6.64	2.61	3.42	176	1.42	14.7	2.47	121	139	2.48	192	10.5	0.030	50.5	26.7	221	0.185	0.035	89.9
	6	6.61	3.09	3.41	198	1.44	15.4	2.51	104	142	2.93	224	9.52	0.031	56.7	29.0	289	0.212	0.033	88.0
	7	5.58	0.31	3.55	12.8	0.64	14.9	0.16	170	73.9	4.88	99.7	14.9	0.048	9.44	18.9	9.52	0.464	0.042	88.6
	8	5.95	0.29	2.90	14.7	0.73	13.9	1.90	112	73.3	4.49	37.6	8.60	0.054	14.6	7.33	9.94	0.485	0.041	84.5
第四次配方	1	6.52	1.38	3.67	19.3	0.52	18.3	2.09	214	145	0.81	49.6	8.53	0.052	20.5	6.24	124	0.126	0.025	121
	2	6.68	1.53	2.89	64.5	0.93	20.2	1.91	176	157	1.45	103	8.80	0.070	39.7	17.6	133	0.138	0.027	132
	3	6.92	1.18	2.76	120	1.22	20.1	1.91	130	173	2.18	175	7.39	0.054	46.8	36.0	135	0.186	0.026	137
	4	6.58	1.44	3.98	29.6	0.65	20.3	2.93	206	188	1.03	65.6	7.96	0.062	26.9	5.82	124	0.124	0.031	152
	5	6.72	1.51	3.43	60.5	0.95	19.4	2.48	190	188	1.53	116	9.70	0.065	42.8	17.8	155	0.168	0.030	133
	6	6.89	1.52	2.31	78.6	1.09	20.3	2.25	112	185	1.36	112	5.14	0.045	39.0	16.7	122	0.148	0.025	146
	7	6.85	1.48	3.00	60.0	0.94	21.2	2.69	185	218	1.40	114	6.70	0.061	44.9	12.2	118	0.224	0.031	132
	8	6.74	1.56	2.96	72.5	1.11	19.4	2.41	171	193	1.31	113	7.21	0.041	42.5	14.4	125	0.215	0.029	128

表 6-5　第五次配方测试结果

配方	pH	EC	有机质	Cl	钠吸附比	C/N	Cu	Fe	Mg	Zn	K	Mn	Mo	Na	P	S	As	Cd	发芽指数
度假区合作方标准	6.5~7.8	0.5~2.5 dS/m	3~6 %	<150 mg/L	<3	9-11	0.3~5	4~39	50~250	1~8	100~250	0.6~6	0.1~2	<100	10~40	25~500	<1	<1	>80%
							mg/kg												
1	6.92	1.16	3.06	118	1.19	19	1.81	126	170	2.48	168	7.41	0.051	51.8	29.2	148	0.21	0.027	137
2	6.87	1.09	3.38	112	1.24	18	2.03	137	185	2.34	207	12.1	0.032	53.2	33.9	21.1	0.25	0.037	86.6
3	6.79	1.23	3.89	103	1.03	20	2.15	152	192	2.45	243	9.7	0.086	58.9	39.4	200	0.33	0.039	88.8
4	6.93	1.17	3.29	114	1.21	17	1.72	120	165	2.38	168	7.41	0.052	53.8	28.2	149	0.22	0.025	134
5	6.92	1.14	3.52	108	1.22	22	1.85	127	171	2.40	166	7.43	0.049	52.2	29.7	144	0.19	0.029	132
6	6.94	1.12	3.61	110	1.20	21	1.78	123	169	2.42	169	7.38	0.050	51.9	29.3	152	0.25	0.028	129
7	6.89	1.17	3.57	111	1.18	20	1.82	128	173	2.47	172	7.39	0.048	51.2	298	147	0.23	0.027	134
8	6.90	1.13	3.78	105	1.17	19	1.75	122	168	2.41	170	7.37	0.053	51.8	27.9	151	0.21	0.024	139
9	7.32	1.32	3.43	123	1.23	21	1.89	148	189	2.34	167	6.89	0.052	53.8	29.8	132	0.35	0.038	134
10	7.21	1.23	3.46	119	1.15	20	1.75	132	178	2.35	175	6.78	0.055	54.1	31.2	141	0.45	0.045	117
11	7.14	1.01	3.39	103	1.12	19	1.63	145	169	2.44	181	6.59	0.054	52.9	21.9	129	0.56	0.034	121
12	7.03	1.19	3.47	98.2	1.03	17	1.59	154	162	2.48	103	5.36	0.031	45.6	13.5	18.2	0.19	0.027	102
13	6.91	1.23	3.89	105	1.19	22	1.48	164	184	2.40	121	6.12	0.042	47.2	19.2	19.7	0.28	0.034	132
14	6.75	1.89	3.92	89.1	1.09	21	1.58	157	174	2.97	189	5.98	0.050	44.8	29.2	28.9	0.32	0.022	128
15	6.87	1.54	3.94	98.0	1.21	19	1.71	152	182	2.72	161	6.30	0.057	49.5	23.3	21.8	0.29	0.036	132
16	6.72	1.75	3.72	94.0	1.24	22	1.79	152	169	2.13	159	6.17	0.048	59.8	22.9	23.2	0.39	0.037	123
17	6.79	1.68	3.67	97.1	1.43	21	1.58	148	173	2.53	173	6.75	0.075	44.6	22.7	19.4	0.33	0.049	109
18	6.82	1.48	3.64	92.2	1.44	20	1.71	146	192	2.49	166	6.82	0.061	48.0	23.3	22.4	0.21	0.041	143

四、盆栽试验效果

（一）不同批次植物长势

对5次配方进行了盆栽试验（主要种植了鸡冠花和金盏菊）（图6-1至图6-6），其中以第四次和第五次配方种植植物后，植物长势较好。

图 6-1　第一次配方盆栽后植物的生长状况（植物为青菜和金盏菊）

图 6-2　第二次配方盆栽后植物的生长状况（左为金盏菊，右为鸡冠花）

图 6-3　第三次配方盆栽后植物的生长状况（左为金盏菊，右为鸡冠花）

由于配比的土壤为砂壤土，因此土壤透水性较好，从金盏菊的根系也可以看出，根系发达且外观白色鲜嫩，根系没有发黑或者颜色变暗，证明植物根系生长良好，具体见图6-6。

图 6-4　第四次配方盆栽后植物的生长状况（金盏菊和鸡冠花）

图 6-5　不同批次配方盆栽后的整体效果图（从上到下依次为第 1、2、3、4 次配比）

图 6-6　金盏菊植物根系

图 6-7　第 5 次配方金盏菊长势（最右侧为施氮肥试验）

从5个批次的土壤配比中可以看出，就土壤养分而言，磷、钾含量相对丰富，但氮含量普遍较低，大约处于我国土壤肥力四级水平，因此对第5批次种植金盏菊的配比进行了添加氮肥的试验（图6-7中不同配比的最右侧）。从中可以看出除配比3外，大部分配比的金盏菊长势很好，其中施氮肥的长势最好。对比施氮肥和不施氮肥的金盏菊生长量（表6-6），从中可以看出，金盏菊施用氮肥后茎和根的鲜重和干重均明显大于没有施用氮肥的。

表 6-6 施用氮肥对第 5 次配方中金盏菊生长量的影响

单位：g

配比	未施氮肥				施氮肥			
	茎湿重	茎干重	根湿重	根干重	茎湿重	茎干重	根湿重	根干重
1	28.7	3.05	2.75	0.83	43.3	7.63	6.95	0.84
2	33.1	2.94	4.27	0.64	57.2	8.18	5.70	0.73
3	8.98	0.76	0.73	0.06	8.45	0.45	1.28	0.13
4	31.3	3.38	2.47	0.52	41.7	4.63	7.30	0.79
5	39.8	4.07	3.57	0.43	59.0	4.27	5.71	0.57
6	37.7	4.36	4.11	0.51	55.4	5.83	5.46	0.53
7	31.5	2.89	2.09	0.34	48.3	5.84	4.14	0.51
8	34.3	3.41	3.55	0.47	55.4	6.31	4.03	0.52
9	21.5	1.96	1.83	0.23	35.0	3.71	3.24	0.45
10	8.52	0.73	0.99	0.11	40.5	3.98	3.97	0.61
11	29.3	2.59	3.52	0.53	54.2	5.08	5.56	0.68
12	31.6	3.20	5.22	0.69	68.9	7.54	7.00	0.78
13	33.3	3.03	1.73	0.19	33.3	2.39	5.56	0.58
14	42.7	3.76	4.70	0.42	70.6	5.83	4.73	0.51
15	37.5	3.00	4.19	0.36	64.7	6.93	3.42	0.49
16	24.6	2.40	1.42	0.21	67.2	6.92	2.23	0.35
17	35.0	3.19	1.24	0.15	41.1	3.76	2.38	0.315
18	31.5	2.88	2.14	0.31	54.7	3.14	2.45	0.34

（二）不同原材料对植物长势的影响

1. 砂子粒径对植物生长的影响

同样配比，如果砂子粒径筛分后，粒径控制在0.3~0.8 mm之间，不论是鸡冠花还是金盏菊，其长势相应比砂子没有进行筛分的植物长势要好（图6-8），说明控制原材料砂子粒径非常重要。

2. 有机肥对植物生长的重要性

从图6-9盆栽效果也可以看出，图中4PF-1和4PF-4由于未添加有机肥，其长势明显差于其他添加有机肥的（4PF-2、4PF-3、4PF-5、4PF-6、4PF-7、4PF-8），说明配方中添加一定量有机肥有利于植物生长。

图 6-8　不同粒径砂子对植物长势的影响(白盆：0.3~0.8mm 砂子；红盆：砂子没筛分）

图 6-9　添加有机肥对植物生长的影响

五、种植试验对土壤理化性质的影响

为了进一步了解土壤各理化性质的稳定性，分别采用浇水模拟栽培植物以及种植金盏菊和鸡冠花盆栽后测定土壤理化性质，了解土壤不同指标的变化趋势。

（一）浇水模拟栽培试验

配制好的土壤采用浇水方式模拟栽培试验，在浇水前、浇水后7天、14天分别测定土壤理化性质，土壤性质具有以下变化趋势：

（1）随着培养时间的延长，有机质和Cu含量随时间的变化不大（图6-10）。

（2）随着培养时间的延长，土壤C/N以及速效P、Fe、Mg、Mo和Cd含量呈降低的趋势，具体见图6-11。其中配方1没有加有机肥，从图6-11可以看出，不添加有机肥的配方1，随着培养时间增加，土壤有缺磷的可能性，进一步说明在配方中添加有机肥的必要性。

（3）随着培养时间的延长，土壤pH、EC、钠吸附比、可溶性氯和速效K、S、Mn、Na、Zn和As含量呈增加的趋势（图6-12）。

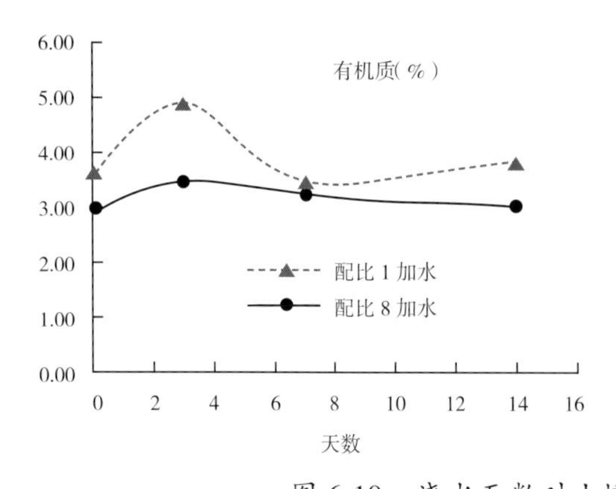

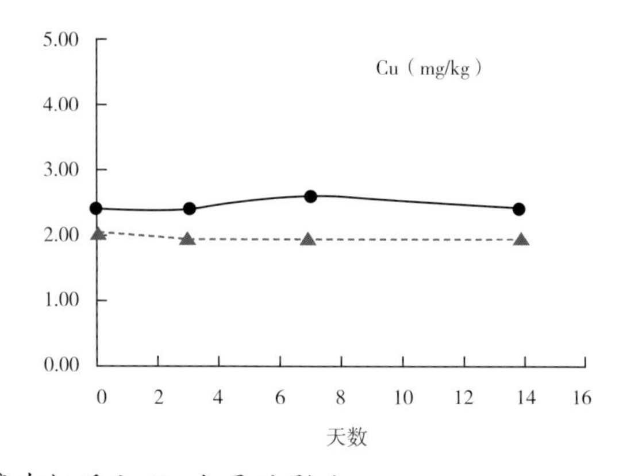

图 6-10　浇水天数对土壤有机质和 Cu 含量的影响

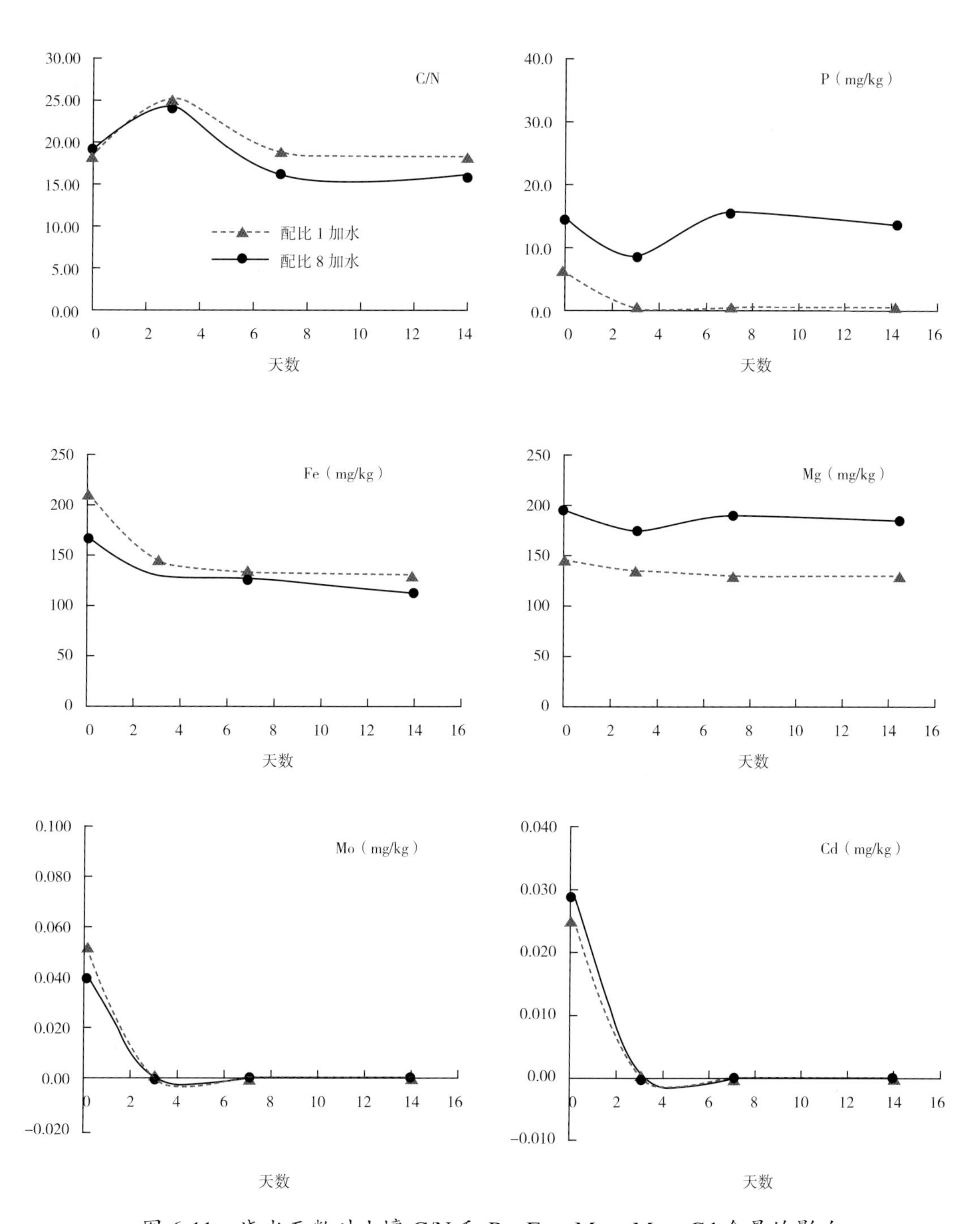

图 6-11　浇水天数对土壤 C/N 和 P、Fe、Mg、Mo、Cd 含量的影响

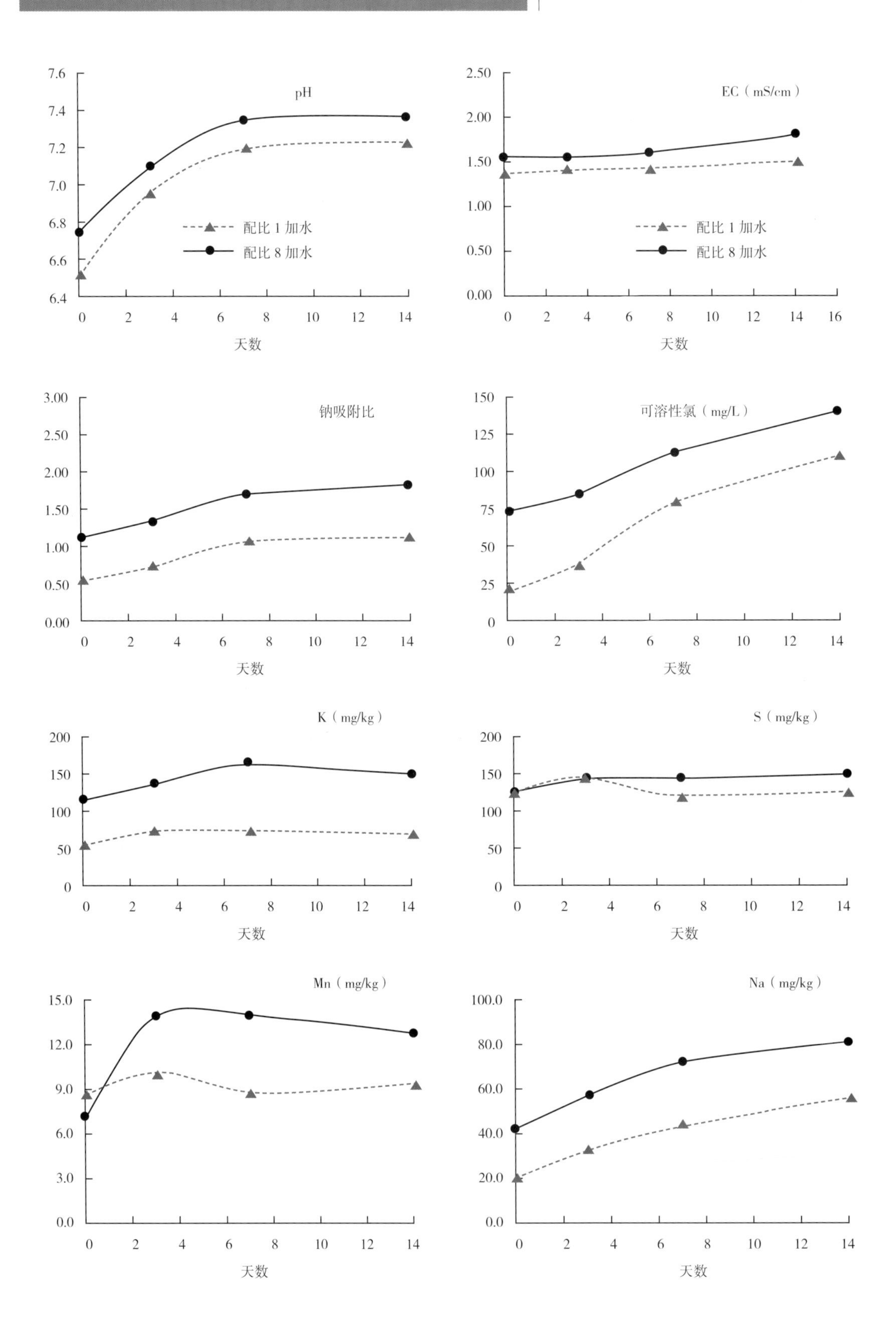

pH
7.6
7.4
7.2
7.0
6.8
6.6
6.4
0 2 4 6 8 10 12 14
天数
配比 1 加水
配比 8 加水
EC（mS/cm）
2.50
2.00
1.50
1.00
0.50
0.00
0 2 4 6 8 10 12 14 16
天数
配比 1 加水
配比 8 加水
钠吸附比
3.00
2.50
2.00
1.50
1.00
0.50
0.00
0 2 4 6 8 10 12 14
天数
可溶性氯（mg/L）
150
125
100
75
50
25
0
0 2 4 6 8 10 12 14
天数
K（mg/kg）
200
150
100
50
0
0 2 4 6 8 10 12 14
天数
S（mg/kg）
200
150
100
50
0
0 2 4 6 8 10 12 14
天数
Mn（mg/kg）
15.0
12.0
9.0
6.0
3.0
0.0
0 2 4 6 8 10 12 14
天数
Na（mg/kg）
100.0
80.0
60.0
40.0
20.0
0.0
0 2 4 6 8 10 12 14
天数

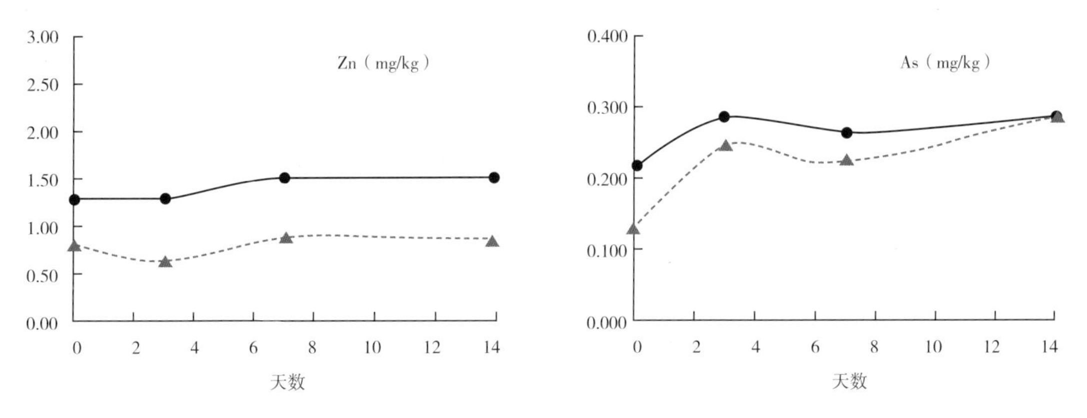

图 6-12　浇水天数对土壤 pH、EC、钠吸附比、可溶性氯以及速效 K、S、Mn、Na、Zn、和 As 的影响

（二）植物种植后土壤性质变化

配制好的土壤种植植物收割后，测定其理化性质，和种植前的理化性质进行比较。

（1）同浇水试验类似，土壤种植鸡冠花和金盏菊后，土壤有机质含量变化没有显著差异（图6-13）。

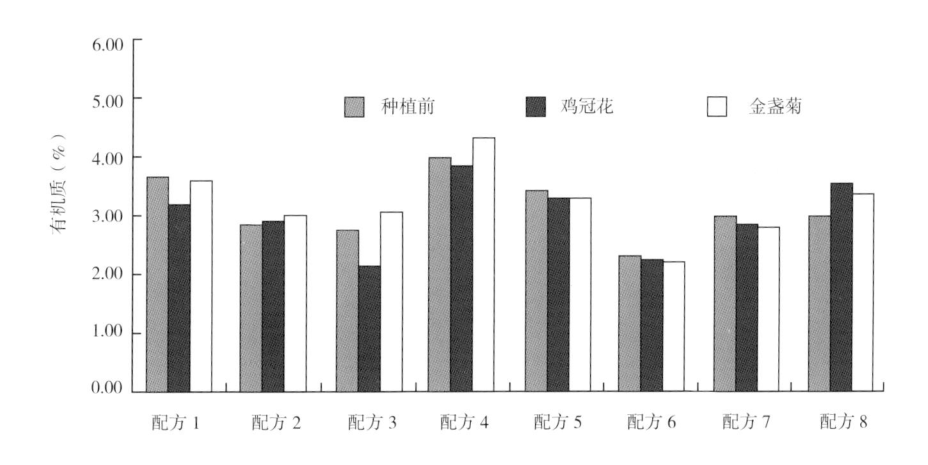

图 6-13　植物种植前后对土壤有机质含量的影响

（2）同浇水试验类似，土壤种植鸡冠花和金盏菊后，土壤C/N以及速效P、Fe、Mg、Mo、Cu和Zn含量呈降低的趋势，具体见图6-14。

（3）同浇水试验类似，土壤种植鸡冠花和金盏菊后，土壤pH、EC、交换性Na、S、Cd和As含量呈上升的趋势（图6-15）。

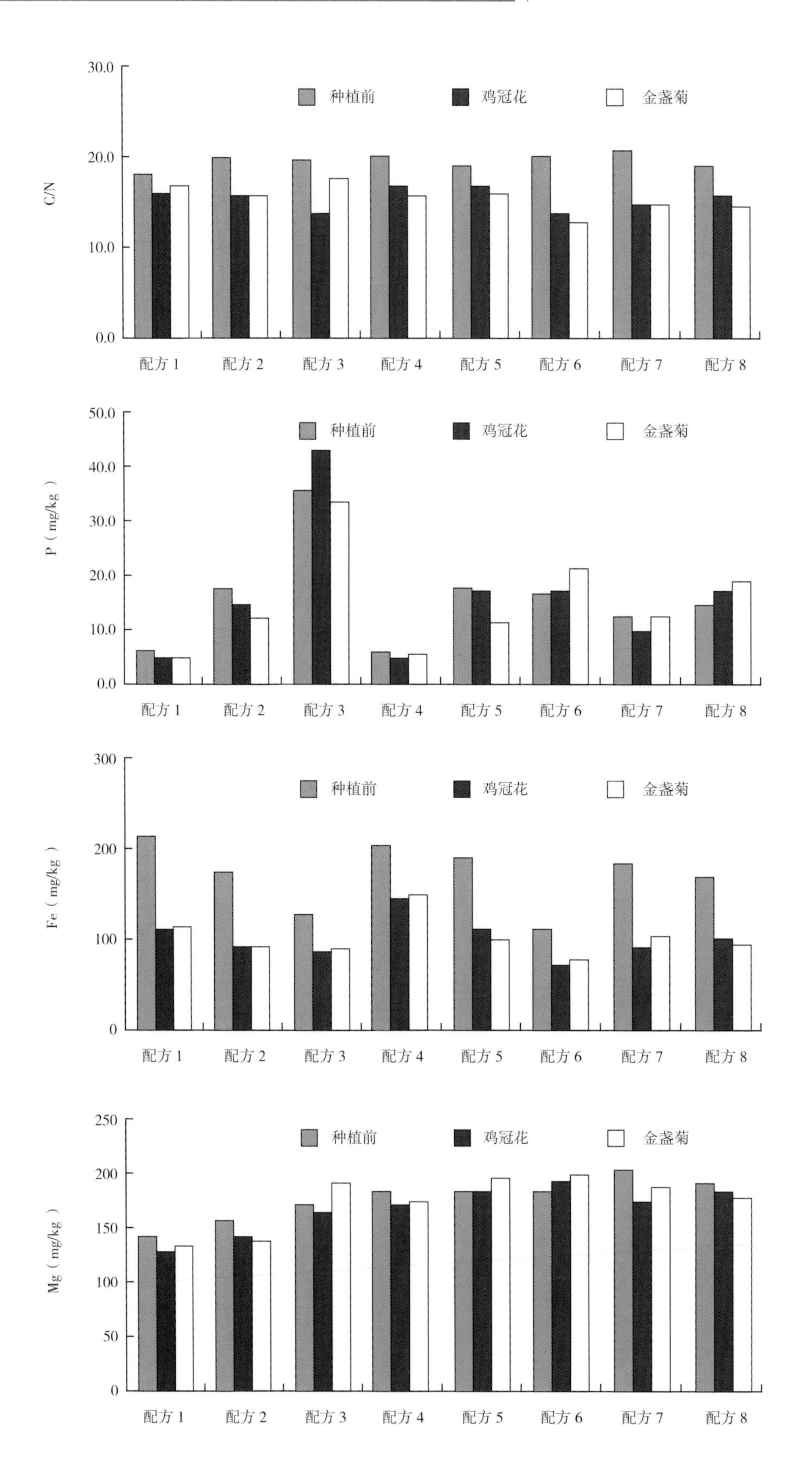
30.0
20.0
10.0
0.0
C/N
种植前
鸡冠花
金盏菊
配方 1
配方 2
配方 3
配方 4
配方 5
配方 6
配方 7
配方 8
50.0
40.0
30.0
20.0
10.0
0.0
P（mg/kg）
种植前
鸡冠花
金盏菊
配方 1
配方 2
配方 3
配方 4
配方 5
配方 6
配方 7
配方 8
300
200
100
0
Fe（mg/kg）
种植前
鸡冠花
金盏菊
配方 1
配方 2
配方 3
配方 4
配方 5
配方 6
配方 7
配方 8
250
200
150
100
50
0
Mg（mg/kg）
种植前
鸡冠花
金盏菊
配方 1
配方 2
配方 3
配方 4
配方 5
配方 6
配方 7
配方 8

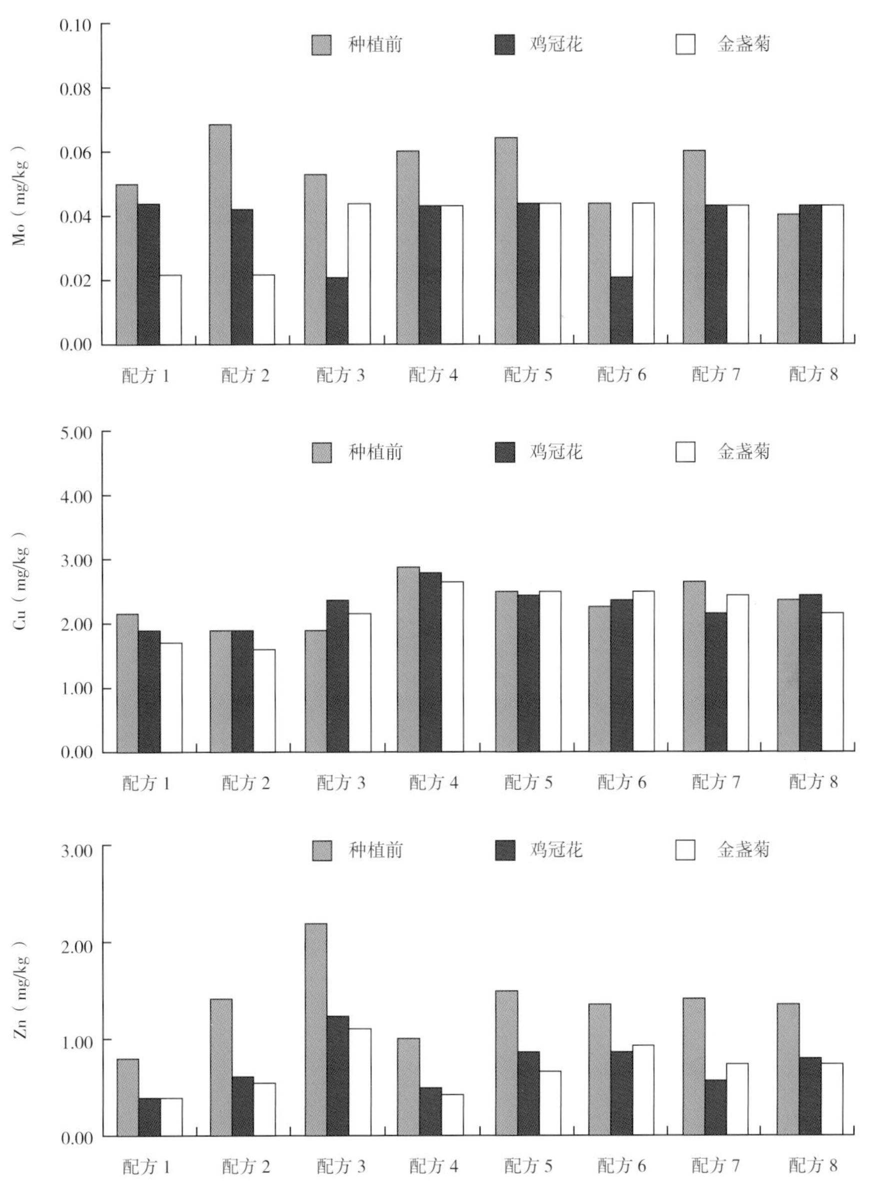

图 6-14 植物种植前后对土壤 C/N 及速效 P、Fe、Mg、Mo、Cu 和 Zn 含量的影响

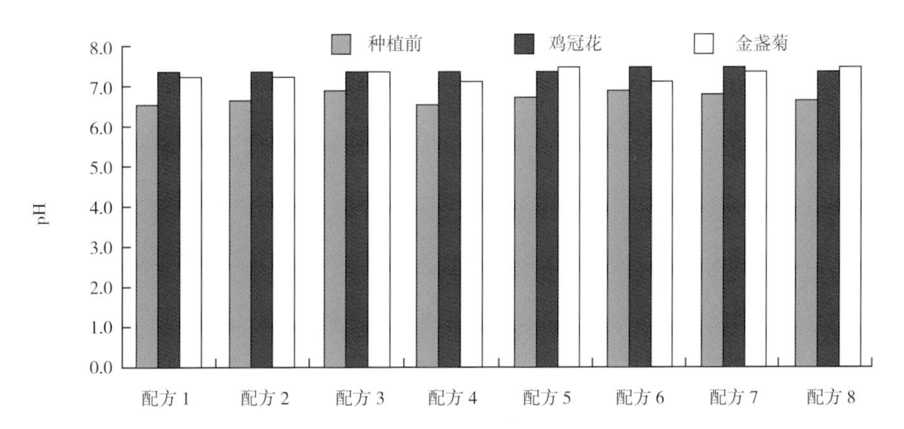

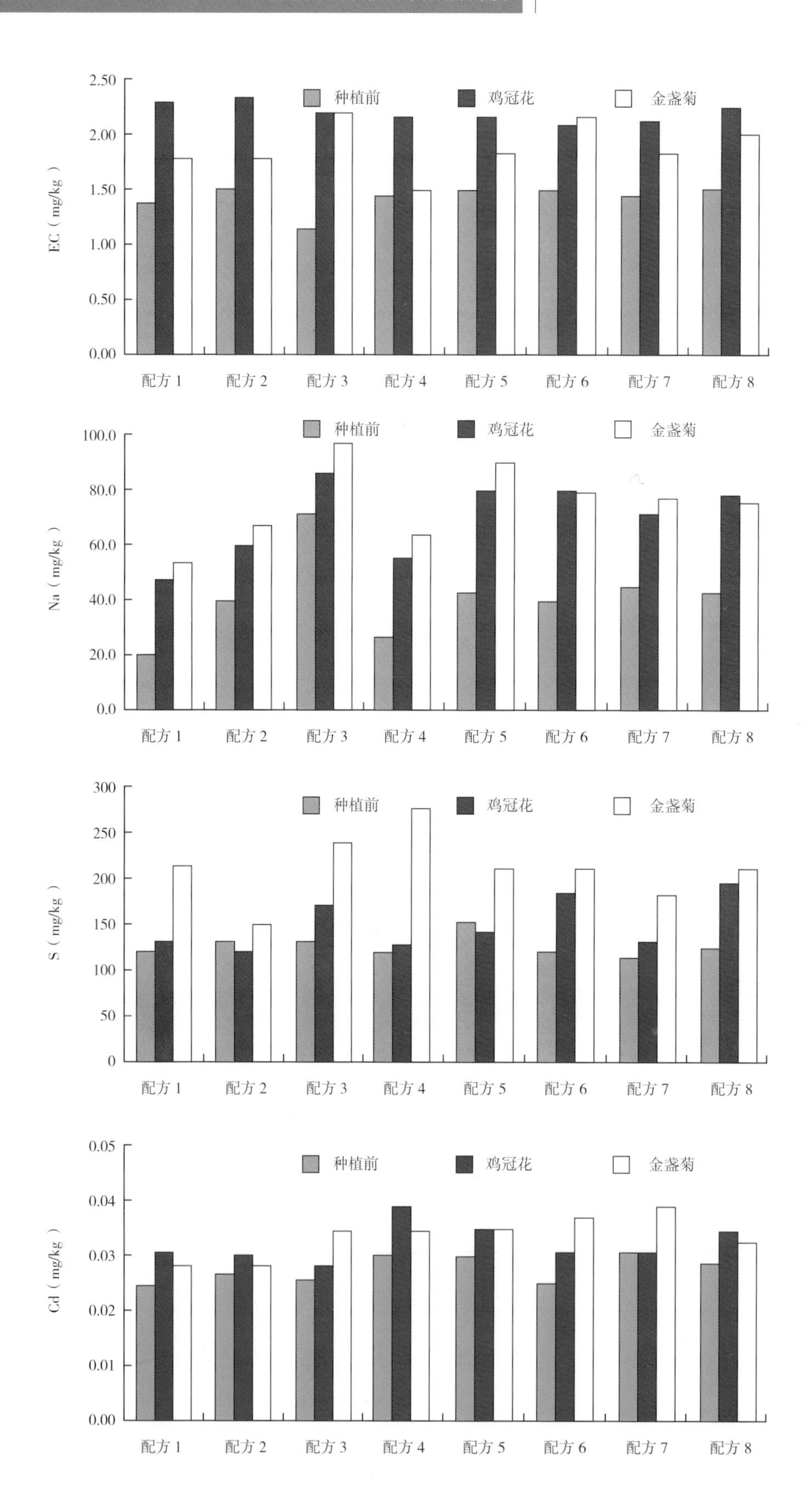
种植前
鸡冠花
金盏菊
EC（mg/kg）
2.50
2.00
1.50
1.00
0.50
0.00
配方 1
配方 2
配方 3
配方 4
配方 5
配方 6
配方 7
配方 8
Na（mg/kg）
100.0
80.0
60.0
40.0
20.0
0.0
S（mg/kg）
300
250
200
150
100
50
0
Cd（mg/kg）
0.05
0.04
0.03
0.02
0.01
0.00

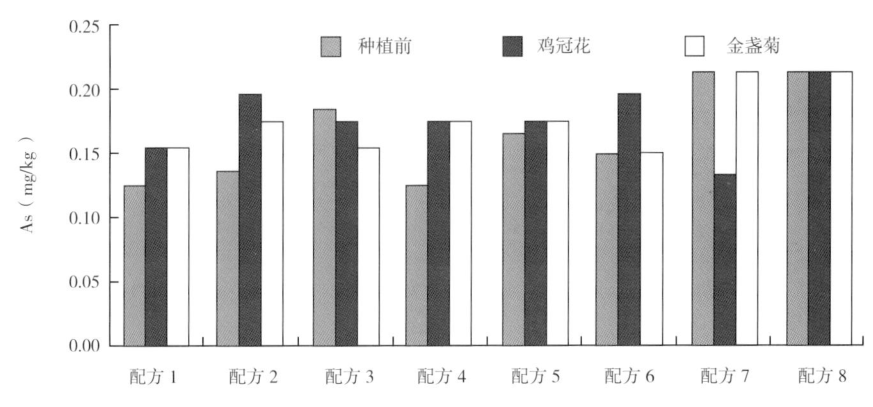

图 6-15　植物种植前后对土壤 pH、EC、Na、S、Cd 和 As 含量的影响

六、原材料不同性质对种植土壤物理性质的影响

（一）黄砂对土壤物理性质的影响

从表6-7可以看出，添加黄砂后土壤容重和通气性增加，但持水能力降低，说明黄砂也不是越多越好，否则土壤保水保肥能力不能保证。

表 6-7　添加黄砂对土壤物理性质的影响

配比		土壤容重（Mg/m^3）	最大持水量（g/kg）	通气性（%）	总空隙（%）
不同物质组成	70% 沙 +30% 草炭	1.48	288	2.73	42.72
	70% 山泥 +30% 草炭	0.81	801	1.22	64.95
	70% 原土 +30% 草炭	1.10	480	1.32	53.00

（二）黄砂粒径对土壤物理性质的影响

由于度假区合作方关于上海国际旅游度假区黄砂粒径要求是在0.5~0.8 mm之间，因为这个粒径范围的黄砂既有利于土壤透水，同时也不至于渗水率过高导致土壤保水保肥能力降低。但该粒径的黄砂在国内市场上很少能找到，国内大部分黄砂粒径为较细或者较粗两个极端，为此对不同砂子粒径对种植土壤容重、最大持水量、通气性和总孔隙的影响进行测定，了解砂子粒径对土壤质量的影响，详见表6-8。

（1）就同一种配方而言，砂子粒径在0.3~0.8 mm时，土壤容重符合我国住房和城乡建设部行标《绿化种植土壤》（CJ/T 340—2011）小于1.35 Mg/m^3的要求，常规砂和大于0.5 mm的砂子均会导致土壤容重增加。

（2）同样的，从最大持水量可以看出，砂子粒径在0.3~0.8 mm时，土壤的持水性相对较好；土壤通气性和总孔隙也具有类似趋势。

因此，砂子粒径在0.3~0.8 mm时土壤的物理性状相对较好，能较好地满足植物的生长。

表 6-8　不同砂子粒径对土壤物理性质的影响

黄砂粒径		土壤容重（Mg/m^3）	最大持水量（g/kg）	通气性（%）	总空隙（%）
没有筛分	配比 1	1.41	348	2.12	49.1
	配比 2	1.54	232	1.17	35.8
	配比 3	1.43	330	1.67	47.0
	配比 4	1.38	319	1.56	44.1
0.3~0.8 mm	配比 1	1.24	418	2.56	52.0
	配比 2	1.30	380	3.70	49.4
	配比 3	1.24	383	2.41	45.0
	配比 4	1.32	345	1.62	45.5
>0.5 mm	配比 1	1.49	275	1.26	41.0
	配比 2	1.53	312	1.70	47.8
	配比 3	1.43	304	1.52	43.6
	配比 4	1.42	352	1.97	50.1

（3）黄砂粒径对土壤水分特征的影响。图6-16至图6-18所示为添加不同粒径砂子后土壤水分特征曲线变化图，从中也可以得知，添加0.3~0.8 mm粒径黄砂后土壤的水分特征曲线变化相对比较快，说明这类土壤的持水性相对较好。

从表6-9不同粒径黄砂配比的土壤水分特征曲线拟合参数同样可以看出，以粒径在0.3~0.8 mm 的AB数值相对较高，是较好的理想粒径，其中又以配比3的效果最好，可以作为上海国际旅游度假区绿化种植土壤配方的参考。

表 6-9　不同粒径黄砂配比的土壤水分特征曲线拟合参数

黄砂粒径		A	B	AB	R^2
没有筛分	配比 1	0.0003	7.5714	0.002271	0.9538
	配比 2	0.0004	7.8669	0.003147	0.9455
	配比 3	0.0016	7.2772	0.011644	0.9265
	配比 4	0.0005	9.3478	0.004674	0.9489
0.3~0.8 mm	配比 1	0.0008	7.9819	0.006386	0.9988
	配比 2	0.0011	7.1635	0.00788	0.9827
	配比 3	0.1306	5.1491	0.672472	0.7155
	配比 4	0.0010	8.2890	0.008289	0.9600
>0.5 mm	配比 1	0.0002	7.8578	0.001572	0.9566
	配比 2	0.0009	6.4346	0.005791	0.9450
	配比 3	0.0004	8.2865	0.003315	0.9209
	配比 4	0.0004	7.5268	0.003011	0.9710

注：1）水分特征曲线拟合方程 $S=A\Theta^{-B}$；S—土壤水吸力，单位厘米水柱高，Θ—含水率，A，B 为参数。A 反映土壤水分变化快慢；B 反映土壤持水能力；AB 反映土壤持水能力或耐旱性。

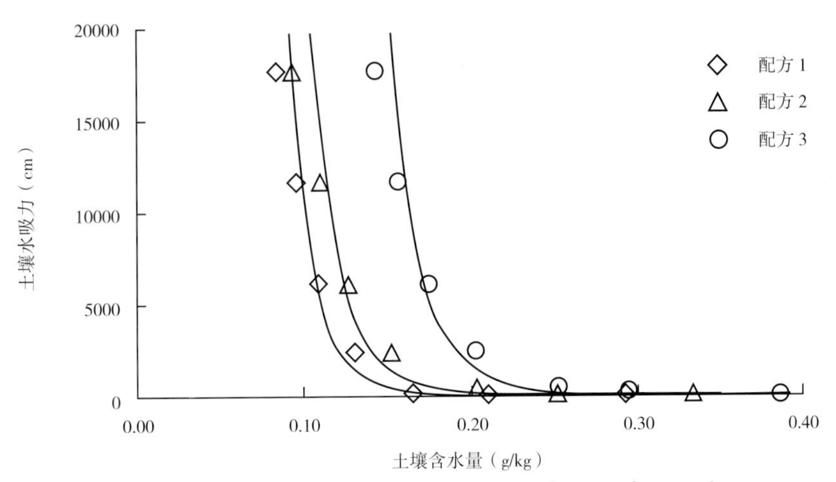

图 6-16　没有筛分的常规黄砂不同配比的土壤水分特征曲线

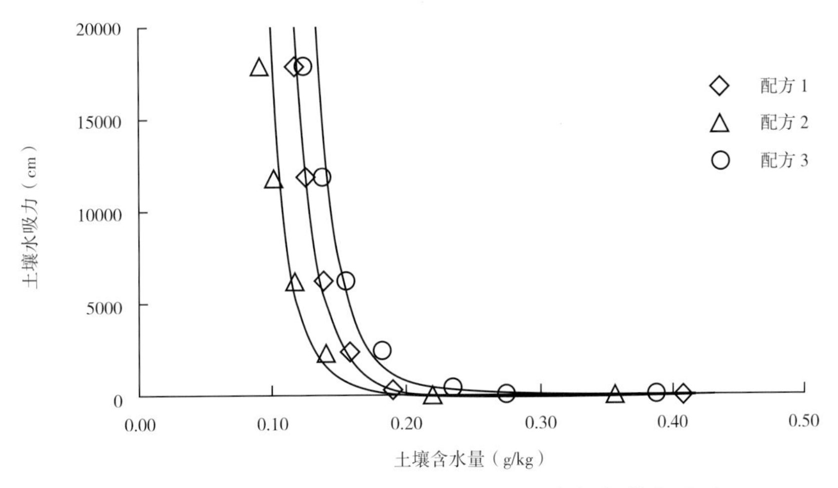

图 6-17　粒径 03~0.8 mm 黄砂不同配比的土壤水分特征曲线

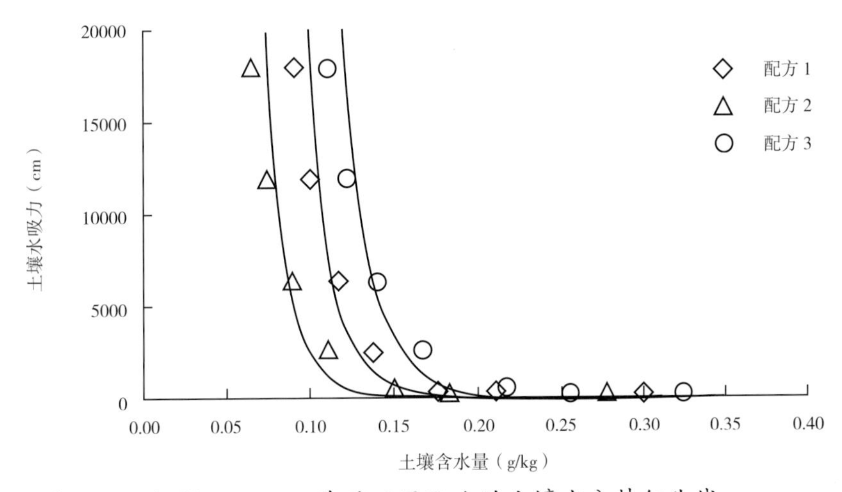

图 6-18　粒径 >0.5 mm 黄砂不同配比的土壤水分特征曲线

第二节 不同配比对土壤有机污染物含量的影响

由于上海国际旅游度假区一期规划地中表土基本不存在有机苯环挥发烃超标，仅有个别样品的石油烃稍许超标，同时考虑到对草炭、有机肥、黄砂、石膏等原材料的原产地均进行环境评估，而且这些原料的原产地均不存在工业等潜在污染源，超标的可能性也较小，因此进行不同配比试验时没有进行有机污染物含量测定，仅选择部分样品进行有机污染物测定，但石油烃总量结果却出现超标。

一、有机苯环挥发烃

分别选择不同批次中配比的10个样品进行有机苯环挥发烃的测定，结果显示，10个配比土壤的苯、甲苯、乙苯、对-间-二甲苯、邻-二甲苯均低于0.005 mg/kg的检测限，说明基本不存在有机苯环挥发烃超标的可能。

二、石油碳氢化合物

（一）石油烃含量检测结果超标

选择10个配方样品进行石油烃含量的测定，从表6-10可以看出，所有配比中总石油烃含量都超出度假区B类种植土标准要求小于50 mg/kg限值。从上海国际旅游度假区一期规划地表土调查可知，只有极少部分土壤的石油碳氢化合物是稍许超出50 mg/kg标准，大部分土壤均符合要求。不同配比之所以超标，可能与其他原材料有关。5种原材料中黄砂和石膏基本是无机的，存在石油烃化合物的可能性较小，因此只有草炭和有机肥两种有机物料存在超标可能。

从表6-11两种草炭和有机肥石油烃测定结果可以看出，草炭和有机肥中石油烃含量

表 6-10 不同配比的土壤石油烃含量

不同配比	石油碳氢化合物（美国标准 <50 mg/kg）				
	$C_{6\sim9}$	$C_{10\sim14}$	$C_{15\sim28}$	$C_{29\sim36}$	总和
1	<0.5	<10	<20	51	51
2	<0.5	<10	23	59	82
3	<0.5	<10	21	55	76
4	<0.5	<10	27	74	101
5	<0.5	<10	21	58	79
6	<0.5	<10	25	64	89
7	<0.5	<10	<20	54	54
8	<0.5	<10	25	72	97
9	<0.5	<10	20	54	74
10	<0.5	<10	26	69	95

非常高，尤其是草炭含量不仅超出美国标准要求的小于50 mg/kg，也超出我国环境保护行业标准《展览会用地土壤环境质量评价标准（暂行）》（HJ 350—2007）规定的小于1000 mg/kg的标准。

表 6-11 不同配比原材料石油烃含量

不同配比	石油碳氢化合物（美国标准 <50 mg/kg）				
	$C_{6\sim9}$	$C_{10\sim14}$	$C_{15\sim28}$	$C_{29\sim36}$	总和
草炭 1	<0.5	47	482	932	1461
草炭 2	<0.5	44	362	643	1049
有机肥	<0.5	<10	82	129	211

（二）石油烃检测结果比对

由于选择的草炭均来自没有受到污染的东北草炭基地，有机肥也没有受到污染，因此理论上不可能存在石油烃的超标。当然草炭也是石油的前期产物，它们都是植物体在地下长期掩埋形成的，都是不同形态碳的产物，有可能受检测条件的限制，没有办法有效区分不同形态的碳。

为进一步探讨导致石油烃化合物超标的原因，选择原土和草炭2种典型的原材料进行TPH的检测比对，从表6-12可以看出，中国上海、中国香港和美国三家第三方检测机构

表 6-12 原材料石油烃含量检测结果比对

原材料	中国上海				中国香港				美国	
	$C_6\sim C_9$	$C_{10}\sim C_{14}$	$C_{15}\sim C_{28}$	$C_{29}\sim C_{36}$	$C_6\sim C_9$	$C_{10}\sim C_{14}$	$C_{15}\sim C_{28}$	$C_{29}\sim C_{36}$	石油范围的碳	残留的碳
	<0.5	<10	<20	<20	<2	<50	<100	<100		
草炭 1	<0.5	38	456	1280	<2	<50	395	672	18	270
草炭 2	<0.5	88	638	1670	<2	68	589	910	2.4	12
草炭 3	<0.5	89	500	1400	<2	73	396	752	24	510
表土 1	<0.5	<10	47	124	<2	<50	<100	<100	2.4	34
表土 2	<0.5	<10	36	104	<2	<50	<100	<100	2.5	37

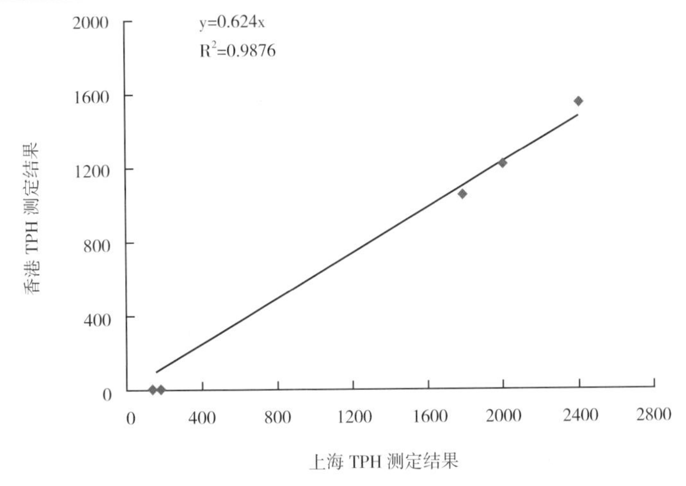

图 6-19 上海和香港 TPH 测定结果的相关图

TPH的检测结果存在差异。

其中中国香港和中国上海的检测结果基本一致，并且两者达到了极显著相关（R^2=0.9876，P<0.01）（图6-19）。

相对中国上海和中国香港的检测结果，美国检测结果明显偏低。但就石油烃化合物不同的分段而言，不管是土壤还是草炭，中国上海和中国香港测定的低碳分子的石油烃化合物（C_6~$C1_4$）结果也较低，而中国上海和中国香港测定的高碳分子石油烃化合物（C_{15}~C_{36}）要比美国检测结果高很多，这是导致中美双方检测结果差异较大的主因。

从表6-13可知，美国检测结果表明草炭中石油烃化合物是不超标的，而中国上海和香港两家检测机构检测结果是超标的，由于我们测定的草炭主要取自没有污染的原产地，因此美国的检测结果比较符合实情。

表 6-13　不同配比种植土壤石油烃含量检测结果比对

样品	中国上海				美国	
	C_6~C_9	C_{10}~C_{14}	C_{15}~C_{28}	C_{29}~C_{36}	石油范围的碳	残留的碳
	<0.5	<10	<20	<20		
1	<0.5	<10	47	124	16	250
2	<0.5	38	456	1280	6.6	41
3	<0.5	88	638	1670	3.8	30
4	<0.5	89	500	1400	0	36
5	<0.5	<10	36	104	0	36

对中美双方检测结果差异进行分析，发现主要原因是中美双方TPH的检测方法不一样。美国TPH检测方法中专门扣除了植物性的碳氢化合物，如植物蜡状物（plant waxe）、植物甾酮（plant sterol）、三萜物（Triterpene）中的草禾烷（Hopane）、羽扇烷（Lupane）等；而中方的检测方法是没有专门扣除这一部分的碳氢化合物。如果只是针对原土，那么从表6-12中表土的TPH总量也可以看出两种检测方法差异不大，特别是对于低碳分子含量的TPH。但对于草炭或采用大量草炭进行配比的绿化种植土壤，由于草炭正好又是石油的前期产物，含有很高的对植物生长有利的碳氢化合物，但并不是毒害的石油烃类，目前中国大陆不具备这样的分离技术和测定方法，所以导致高碳分子石油烃化合物（C_{15}~C_{36}）检测结果偏高。

为进一步了解是否是草炭引起的土壤中TPH含量增加，继续进行不同配比试验，然后对比中美双方检测结果的差异，从表6-14可以看出若按照美国的检测方法，绿化种植土壤中石油烃化合物含量很低，而中国可能受检测技术限制，检出的TPH含量很高，说明绿化种植土壤中TPH是由检测方法所引起的。

（三）不同碳范围的石油烃含量分析

为进一步探讨导致石油烃化合物超标的原因以及和原料之间的相关性，选择了6个不同配比的绿化种植土壤以及4个草炭、原土和有机肥各1个进行TPH的检测结果比较，其中上海和美国两家第三方检测机构的结果见表6-14。

表 6-14　中国和美国检测机构 TPH 测定结果比较

序号	样品	上海					美国		有机质含量（%）
		$C_{6\sim9}$	$C_{10\sim14}$	$C_{15\sim28}$	$C_{29\sim36}$	总和	石油范围的碳	残留的碳	
不同配比绿化种植土壤	1	<0.5	<10	47	124	171	2.4	34	4.64
	2	<0.5	<10	36	104	140	2.5	37	4.56
	3	<0.5	<10	<20	51	51	3.8	30	3.43
	4	<0.5	<10	23	59	82	0	36	3.19
	5	<0.5	<10	21	55	76	0	36	4.00
	6	<0.5	<10	25	64	89	0	0	3.46
原材料	土壤	<0.5	<10	<20	25	25	0	15	1.82
	草炭 1	<0.5	38	456	1280	1774	18	270	71.2
	草炭 2	<0.5	47	482	932	1461	16	250	69.3
	草炭 3	<0.5	88	638	1670	2396	2.4	12	68.7
	草炭 4	<0.5	89	500	1400	1989	24	510	90.9
	有机肥	<0.5	<10	82	129	211	6.6	41	51.2

中美两家检测机构对TPH检测结果和之前表6-9的分析结果基本一致，即就石油烃化合物的不同分段而言，上海测定的低碳分子的石油烃化合物（C_6~C_{14}）结果也较低，但高碳分子石油烃化合物（C_{15}~C_{36}）要比美国实验室高很多，进一步验证这是导致中国和美国实验室检测结果差异较大的主因。

将表6-14中上海和美国实验室不同段的TPH进行分析可知：在中国测定的低碳分子的石油烃化合物（C_6~C_{14}）和美国测定的石油范围碳结果之间存在极显著相关（R^2=0.9030，P<0.01）（图6-20）。但上海测定的高碳分子的石油烃化合物（C_{15}~C_{36}）与美国测定结果之间相关性不显著（R^2=0.4847，P<0.05）（图6-21）；而且上海测定的石油烃化合物总量（C_6~C_{36}）与美国测定结果之间相关性也不显著（R^2=0.4845，P<0.05）（图6-22）。

鉴于上海测定的低碳分子石油烃化合物（C_6~C_{14}）和美国测定的TPH总量之间相关性较好，且国内现有的技术很难像美国TPH检测方法那样专门扣除植物性的碳氢化合物，如

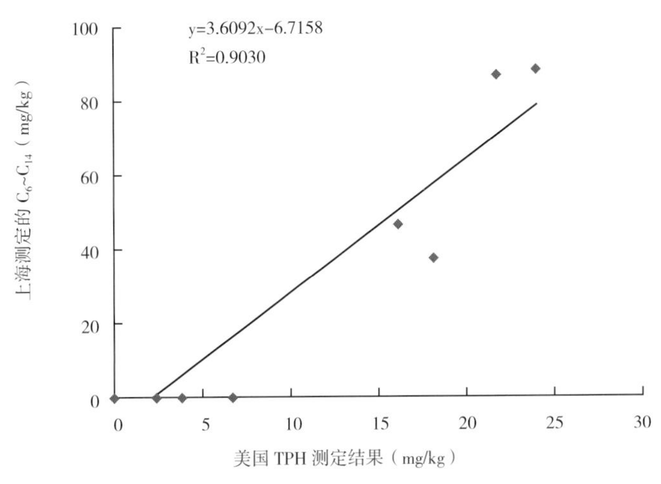

图 6-20　上海测定的 C_6~C_{14} 和美国 TPH 测定结果的相关图

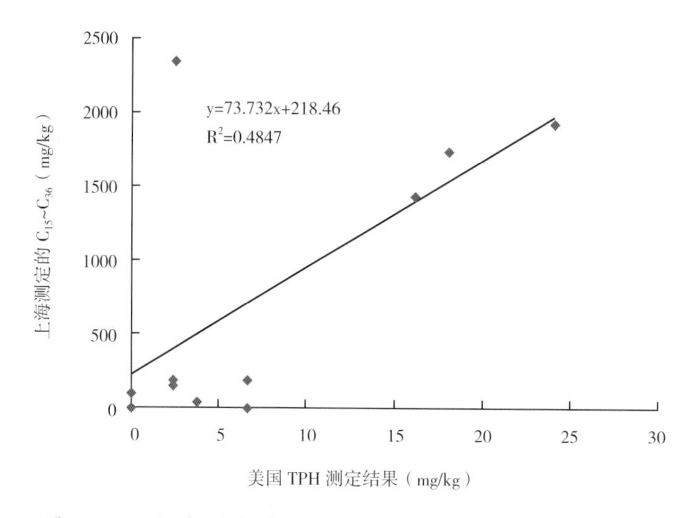

图 6-21　上海测定的 C_{15}~C_{36} 和美国 TPH 测定结果的相关图

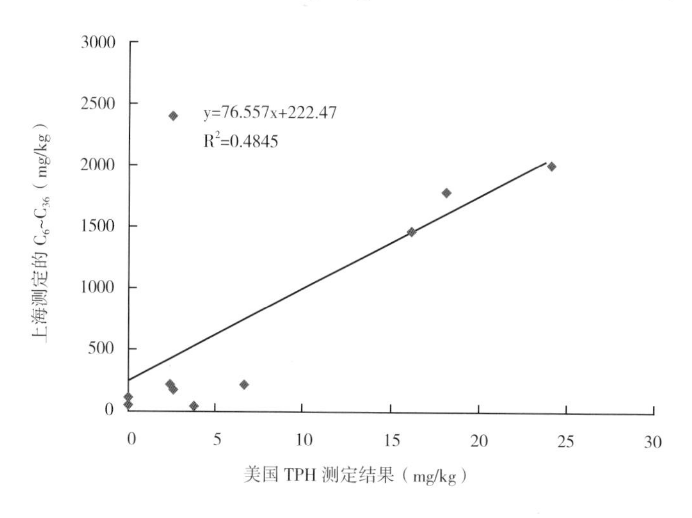

图 6-22　上海测定的 C_6~C_{36} 和美国 TPH 测定结果的相关图

植物蜡状物、植物甾酮、三萜物中的草禾烷、羽扇烷等，而这些高碳分子一般没有毒性，TPH毒性主要是由低碳分子的石油烃化合物（C_6~C_{14}）所决定的，因此建议将重点监控C_6~C_{14}的含量，替代传统测定的C_6~C_{36}总量。

（四）草炭是导致绿化种植土壤中TPH检测结果偏高的主要原因

由于不管是美国检测结果还是上海的检测结果均表明原土的TPH符合标准，但草炭检测结果两者差别比较大。为此根据原材料TPH数据，进行不同配方种植土壤的TPH计算，并和检测结果比较（表6-15），发现是草炭导致种植土壤TPH检测结果偏高。

另外表6-15将6个绿化种植土壤的实测和计算的TPH进行相关性分析可以看出（图6-23），两者达到显著相关（R^2=0.7339，P<0.05）。

表 6-15 绿化种植土壤计算和实测的 TPH 结果比较

样品来源				TPH（mg/kg）
第 1 次配比试验	原材料		原土	25
			有机肥	211
			草炭	1774
	绿化种植土壤	计算值	配方 1	174
			配方 2	154
		实测值	配方 1	171
			配方 2	140
第 2 次配比试验	原材料		原土	25
			有机肥	211
			草炭	1461
	绿化种植土壤	计算值	配方 1	99.9
			配方 2	99.9
			配方 3	115
			配方 4	98.1
		实测值	配方 1	51.2
			配方 2	82.3
			配方 3	76.1
			配方 4	89.2

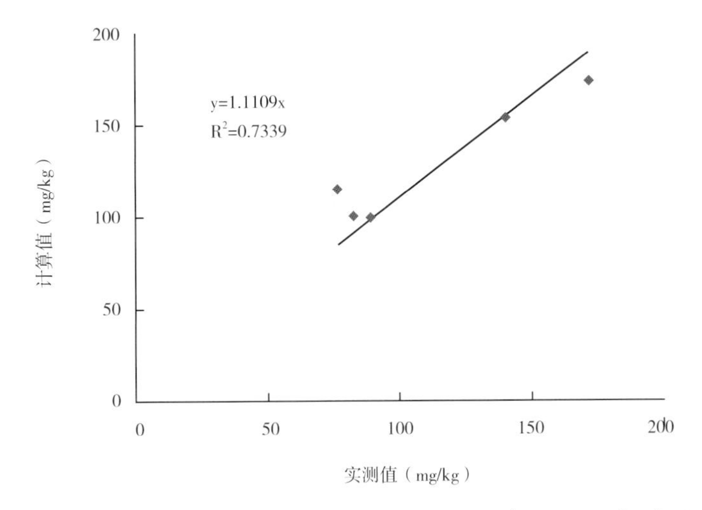

图 6-23 绿化种植土壤实测和计算的 TPH 相关图

（五）关于TPH评价指标的建议

根据以上分析显示，上海实验室测定的草炭中由于没有办法将高碳分子的石油烃化合物进行有效分离，引起结果偏高，并导致添加了草炭的绿化种植土壤的TPH结果偏高。但上海实验室测定的低碳分子的石油烃化合物C_6~C_{14}和美国实验室结果比较一致，因此建议用C_6~C_{14}作为TPH的控制指标，并要求<50 mg/kg。

第三节　上海国际旅游度假区绿化种植土壤标准

根据上海绿化最佳实践区、上海国际旅游度假区一期规划地表土以及不同配比绿化种植土壤的数据积累，以及我国在土壤学已经积累的科研成果，尤其是上海园林工作者在园林绿化土壤标准制订实施和土壤改良实施的经验基础上，对度假区B类种植土标准指标进行优化，确立适宜上海国际旅游度假区应用的绿化种植土壤标准，改良和制订实施标准。

一、直接沿用部分指标

度假区合作方适宜上海应用的指标就直接沿用，如前面已经分析到的度假区合作方关于pH、EC值、有机质、有效磷、速效钾等养分指标比较高，就大部分园林植物而言，都喜欢偏酸性、肥沃的土壤，因此为了达到上海国际旅游度假区绿化种植的高标准要求，这部分标准就直接沿用。

在没有进行不同配比种植土壤试验之前，铜含量超标一直被认为是上海国际旅游度假区绿化种植土壤标准的最大障碍。上海国际旅游度假区一期规划地210个表土土壤样品铜的平均含量为11.3 ± 7.44 mg/kg，有81.43%的土壤样品超过5 mg/kg最高限值；而上海绿化最佳实践区48个土壤样品铜的平均含量为6.40 ± 4.44 mg/kg，有54.16%的土壤样品铜含量超标。铜虽然是上海绿地土壤中容易超标的重金属之一，但通过大量的不同原材料的配比试验后，发现各种配比中铜含量基本在5 mg/kg以内，因此通过配比的绿化种植土壤完全能达到度假区合作方标准要求，因此铜还是直接沿用度假区合作方0.3~5 mg/kg的限值要求。其中绿化种植土壤之所以铜含量下降很多并达到标准要求，主要是添加了大量黄砂起到稀释表土中铜含量的作用。

二、舍弃部分指标

因为上海国际旅游度假区绿化种植土壤将生产100多万方，任何一个指标不仅仅是检测本身，而且直接涉及项目实施的效率。为此，我们将部分上海不可能超标或者意义不大的指标舍弃，这样就能大大提高种植土壤生产效率。

（一）不可能存在毒害的障碍因子或超标的元素

1. Al毒

铝是地壳中含量最多的元素，达到了7%，它们在地球上随处可见，大部分的铝都以无毒的氧化铝或铝酸盐的形态存在。所以，铝本身并没有什么毒性。但如果铝“生长”在酸性土壤的情况下，它就能被溶解成为有毒的三价铝，微量的三价铝，就可以抑制大多数农作物根系的生长，影响产量。铝是否有毒关键要看是否长在酸性土壤里，铝毒主要发生于我国南方约218万km^2的酸性土壤中，在中性和碱性土壤上几乎没有铝毒的报道。由于上海除西部松江部分为中性偏酸性的黄棕壤外，大部分土壤为中性偏碱性，尤其是上海国际旅游度假区地处浦东，离东海更近，海蚀作用更明显。上海国际旅游度假区表土调查也表明除个别土壤外，本底土壤基本为中性和偏碱性，几乎没有发生铝毒的可能，因此该指标可以忽略不计。

2. B毒

硼本身是植物生长所需要的必要微量元素，但过量的硼对植物生长有害。就上海本底土壤而言，除非使用硼砂，一般很少有硼超标。如前面调查的数据也显示，上海绿化最佳实践区4个公园的硼含量在0.10~0.68 mg/L之间，平均为0.24 ± 0.12 mg/L；而上海国际旅游度假区一期规划区内硼含量更低，平均只有0.094 ± 0.053 mg/L，分布在0.0044~0.311 mg/L之间；不管是绿地还是农田，其有效硼含量均符合小于1 mg/L的度假区合作方技术要求，因此可以忽略。

3. Se

硒是一种非重金属，是植物有益的微量元素，但土壤中过量的硒对植物生长有害。我国是一个缺硒国家，有72%国土面积硒含量低，其中有30%是严重缺硒，中国大部分地区缺硒。上海绿化最佳实践区4座公园的硒平均含量为0.027 ± 0.021 mg/kg，分布在0.0006~0.084 mg/kg之间，全部低于国际公布的支撑临界值0.1 mg/kg。而上海国际旅游度假区农田表土虽然含量略高，为0.1207 ± 0.0569 mg/kg，但都离度假区合作方的要求小于3 mg/kg的标准相差甚远，因此上海土壤一般不会出现硒的超标。

（二）不可能超标的重金属

对上海已有绿地调查显示，铜、锌是上海绿地累积程度高且容易超标的重金属类型，其他重金属很少会超标，而且累积程度相对也不高。另外就上海绿地常用的有机改良材料中以畜禽粪便、绿化植物废弃物、农业废弃物为主要原料生产的有机改良材料，只要不添加污泥，除了铜和锌，其他重金属含量相对较低。再加上不管是上海最佳实践区绿化还是上海国际旅游度假区规划地200多个土样的检测数据均显示，上海本底土壤的钒、银、钴、镍、汞、铅、铬含量远低于度假区合作方标准，超标的可能性几乎不存在，因此上述指标的检测基本可以舍弃。

三、优化部分指标

就大部分园林植物生长而言，均喜欢肥沃土壤，但由于各地水土资源差异，虽然绿化种植土壤为人为合成土壤，可以通过人为配制，达到最理想的土壤理化性质要求。但由于各地地理条件和水土资源差异，具体到某一地还是有很大差别的。度假区合作方绿化种植土壤虽然是全世界采用统一标准，但具体到上海，也不得不考虑上海本底土壤和土壤改良材料资源的实际情况，因此存在差异。以下指标需要进行优化。

1. C/N

度假区B类种植土标准提出的C/N标准是9~11，虽然是比较理想的土壤碳氮比。上海国际旅游度假区规划区原有的农田本底土壤碳氮比的平均值为8.91 ± 1.29，基本能满足要求；但绿地最佳实践区的碳氮比平均值为11.1 ± 2.69，比标准略高，可能跟绿地土壤相对施肥不如农田，土壤全氮含量低直接相关。但由于上海本底土壤大部分有机质含量在2%以下，要达到3%~6%的有机质含量，必然要添加大量的有机改良材料，而一般有机改良材料即使充分腐熟，其C/N也有25，即使是自然界的草炭，其C/N也在22左右，因此要求添加有机改良材料的绿化种植土壤的 C/N限制在9~11的理想标准有一定难度。从图6-11和图6-14可以知道绿化种植土壤浇水或者种植后，C/N是降低的，因此，依据草炭C/N将上海国际旅游度假区绿化种植土壤标准设置为9~22。

2. 速效钾

度假区B类种植土标准提出的速效钾的控制指标为100~220 mg/kg，是非常理想的土壤速效钾含量范围，但上海绿化最佳实践区速效钾的平均含量为240 ± 154 mg/kg，有41.67%的土壤样品速效钾含量大于220 mg/kg，最大值达到789 mg/kg之间；而上海国际旅游度假区规划区农田表土速效钾平均含量为148 ± 45.7 mg/kg，有4.29%的土壤样品超过B类种植土标准要求的220 mg/kg的最大限值。而且也没有发现有钾含量中毒的报道，为慎重起见，将B类种植土标准要求的220 mg/kg的最大限值放宽到250 mg/kg。

3. 有效锌

锌是上海绿地土壤中容易超标的重金属之一，上海绿化最佳实践区有效锌的平均含量为10.5 ± 9.43 mg/kg，有45.83%的土壤样品超过了8 mg/kg的最大限值要求，最高的达39.2 mg/kg；但上海国际旅游度假区规划区农田表土有效锌含量相对较低，平均含量为1.70 ± 1.39 mg/kg，仅有1个土壤样品（占0.48%）超过了8 mg/kg的最大限值要求，最大值为9.75 mg/kg，超出限值幅度较小；对上海其他绿地土壤调查结果也显示，上海绿地土壤锌的含量明显较高，平均在10 mg/kg左右。由于锌是植物需要的营养元素，太低或者过量锌均对植物生长不利，但相对其他重金属，过量锌对植物毒害相对要小。因此，参考上海绿化最佳实践区的平均值，将上海国际旅游度假区绿化种植土壤的有效锌含量放宽到10 mg/kg。

4. 有效钼

钼是植物生长所必需的微量元素。上海绿地普遍缺钼，如上海绿化最佳实践区有效钼的平均含量为0.0707 ± 0.101 mg/kg，有79.17%的土壤样品低于0.1 mg/kg的度假区合作方标准最低限值要求；而上海国际旅游度假区规划区农田表土有效钼含量更低，平均含量为0.0202 ± 0.0123 mg/kg，全部低于标准。从种植试验看，随着栽培时间延长，从植物栽培效果来看，没有发生植物缺钼的症状，至今未有上海乃至国内园林绿化土壤缺钼影响植物生长的报道。因此，参考上海土壤本底情况，将最低限值0.1 mg/kg放宽至0.05 mg/kg，上限不变，即上海国际旅游度假区绿化种植土壤有效钼标准为0.05~2 mg/kg。

5. 有效铁、有效镁

Fe和Mg作为土壤微量营养元素，其有效性受土壤酸碱性、氧化还原电位、有机质、土壤质地和土壤湿度等影响。上海国际旅游度假区一期规划地表土和草炭中有效铁和有效镁含量均高，远高于度假区B类种植土相关标准要求。但从图6-11和图6-14看出，在种植土壤浇水或者种植后，有效铁和有效镁含量呈降低趋势。由于上海国际旅游度假区一期规划地表土基本为中性偏碱性，虽然不同配比的绿化种植土壤pH呈中性偏微酸性，但随着种植时间延长，pH呈增加趋势，基本为中性，因此发生铁和镁毒害的可能性很小。

（1）室内模拟试验有效Fe和有效Mg含量变化趋势

为了进一步确定种植土壤Fe和Mg有效性标准，在对前期生产种植土壤成品培养（浇水）和种植植物（金盏菊和鸡冠花）情况下进行铁和镁含量变化监测的基础上，通过室内模拟试验对其设自然堆放和避光遮阴堆放进一步进行了铁和镁含量变化的监测，跟踪时间为一个月，分别在3天、5天、10天、15天、20天、25天和30天时取样测定分析有效Fe和有效Mg的含量。

对种植土壤自然堆放和避光遮阴堆放两种处理分不同时间取样进行有效Fe和有效Mg的测定，结果见表6-16，从中可以发现：

①自然堆放时土壤有效Fe和有效Mg的含量均高于避光遮阴堆放；

②不论自然堆放或避光遮阴堆放，随着跟踪时间的延长，土壤有效Fe和有效Mg的含量均先降低后增加，大约在15天，有效Fe和有效Mg的含量最低。

表6-16　时间对自然堆放和避光遮阴堆放种植土壤Fe和Mg含量的影响（mg/kg）

时间（天）	有效Fe		有效Mg	
	自然堆放	避光遮阴堆放	自然堆放	避光遮阴堆放
3	354	307	14.5	9.90
5	269	277	11.0	7.06
10	296	235	16.8	4.33
15	238	248	17.7	4.29
20	288	283	22.2	7.11
25	302	285	27.0	9.43
30	330	266	29.8	7.63

进一步通过相关性分析发现，土壤有效Fe和有效Mg含量与时间的相关系数较低（$<r_{0.05}$），即二者不具有明显相关性。

虽然随着时间延长，土壤中有效Fe和有效Mg的含量会较新生产种植土壤成品中有效Fe和有效Mg含量有大幅度降低，由于Fe和Mg具有多种价态，价态不同，其溶解度不同，而且价态之间的转化受多种因素影响，因此，仅通过跟踪试验确定多长时间种植土壤中有效Fe和有效Mg的含量降到“B”类标准要求的限值内，不太合理也不太科学。

但土壤中有效Fe和有效Mg含量来源于何种物质？是否可通过别的途径减少土壤中有效Fe和有效Mg的含量？为此，对绿化种植土壤的各种原材料中有效Fe和有效Mg的含量进行了抽样分析，以探讨上海国际旅游度假区一期绿化种植土壤中有效Fe和有效Mg含量较高的原因，结果见表6-17。

从表6-17可以发现，种植土壤添加的各种原材料中，草炭中有效Fe和有效Mg的含量较高，抽检的样品中有效Fe的变化范围为969~1551 mg/kg，平均值为1254 mg/kg；有效Mg含量的变化范围为37.6~145 mg/kg，平均值为93.3 mg/kg；如按配方添加35%草炭计算，理论上仅草炭对有效Fe的贡献为439 mg/kg（按抽检样品的平均值计算），对有效Mg的贡献为32.7 mg/kg（按抽检样品的平均值计算）。因此，种植土壤中有效Fe和有效Mg含量较高主要是添加草炭所致。

不过，前期的培养试验和种植试验以及本次自然堆放和避光遮阴堆放试验，均表明随着时间的增加，种植土壤中有效Fe和有效Mg的含量均会降低，且浇水培养或种植植物后，有效Fe和有效Mg含量降低会更加明显。因此，对新生产种植土壤有效Fe和有效Mg的限值要求适当放宽不会影响植物生长。此外，鉴于上海国际旅游度假区种植土壤对有机质含量的要求较高，草炭的添加量不能减少，种植土壤有效Fe和有效Mg含量高不可避免。

考虑到种植土壤Fe和Mg的超标是由草炭引起的，如果草炭用量降低势必能降低Fe和Mg，但也会引起有机质含量的不足，所以草炭用量不能降低。而随着时间延长，由于浇水、种植植物以及种植植物后根系周围避光遮阴的独特环境等综合作用，土壤中Fe和Mg含量会降低，因此建议将土壤Fe和Mg的含量适当放宽。

表 6-17　不同原材料有效 Fe 和有效 Mg 含量（mg/kg）

原材料种类	来源	编号	有效 Fe	有效 Mg
草炭	辽宁圣地	SD–1	1227	62.9
	辽宁圣地	SD–2	1195	67.4
	辽宁圣地	SD–18	1264	88.4
	辽宁圣地	SD–26	1128	37.6
	黑龙江富田	FT–2	1118	109
	黑龙江富田	FT–12	969	60.4
	吉林吉祥	JX–2	1247	111
	吉林吉祥	JX–16	1343	127
	吉林吉祥	JX–24	1325	112
	吉林吉祥	JX–34	1314	111
	吉林吉祥	JX–46	1367	87.7
	吉林吉祥	JX–51	1551	145
	均值	1254	93.3	
有机肥	浙江临安	ZS–337	29.0	34.6
黄砂	江西九江	均值	33.0	2.27
原土	现场	均值	67.2	2.57

（2）土壤种植后元素含量的变化

为进一步了解种植土壤种植后铁等指标含量的变化情况，到上海国际旅游度假区外围区域采集已经种植植物的绿化种植土壤4个样品，为便于比较，其中一个是原土、2个容器苗土样和1个现场田地种植的土样，具体情况详见表6-18。

从4个样品的检测结果可以看出（表6-19），和原土比较，种植土壤的理化性质有所

表 6-18　采样概况

样品序号	样品概况
1	原土
2	2011 年 12 月 13 日第一次中试样品，后容器种植银杏
3	2012 年 4 月 10 日第二次中试样品，后容器种植广玉兰
4	2011 年 12 月 13 日第一次中试样品，后在田地中种植黄秋葵

表 6-19 现场采样的分析结果

检测项目	单位	控制指标	1	2	3	4	以前中试原样平均值	
							第一次	第二次
酸度（pH）	—	6.5~7.8	8.00	7.36	7.61	7.67	7.03	6.87
盐度（EC）	mS/cm	0.5~2.5	1.66	2.28	1.02	0.90	0.895	1.43
氯（Cl）	mg/L	<150	183	276	112	69	131	143
有效硼（B）	mg/L	<1	<0.1	<0.1	<0.1	<0.1	<0.1	0.1
钠吸附比（SAR）	—	<3	2.56	1.97	1.97	1.50	1.60	1.30
铝（Al）	‰	<0.003‰	—	—	—	—	—	—
有机质（OM）	%	3~6	0.98	2.57	1.87	3.70	3.82	4.76
碳氮比（C/N）	—	9~11	11	13	14	16	17	16
磷（P）	mg/kg	10~40	4.4	30.8	15.4	17.6	36.2	23.9
钾（K）	mg/kg	100~220	118	143	52.4	86.9	150	166
铁（Fe）	mg/kg	4~35	69.3	84.0	62.9	111	190	185
锰（Mn）	mg/kg	0.6~6	4.18	3.85	2.93	3.21	8.68	14.9
锌（Zn）	mg/kg	1~8	0.73	2.09	1.19	1.85	1.83	2.74
铜（Cu）	mg/kg	0.3~5	3.48	2.73	2.27	3.06	2.51	3.82
镁（Mg）	mg/kg	50~150	343	152	104	145	186	144
钠（Na）	mg/kg	0~100	107	57.0	36.5	34.8	49.4	39.3
硫（S）	mg/kg	25~500	77.0	48.4	8.81	19.8	33.0	39.6
钒（V）	mg/kg	<3	0.35	0.18	0.18	0.20	0.23	0.44

改善，说明种植土壤经过种植后其效果还是优于没有改良的原土，证明以前中试生产的种植土壤质量还是有保证的。

由于现场容器苗以及现场田地使用的种植土壤没有将不同配方进行区分，因此将种植土壤种植前后数据进行比较可以看出，除pH升高外，其余如P、K、Fe、Mg、Mn和C/N等指标均是下降的。由于种植土壤生产出来检测结果均显示Fe、Mg、Mn和C/N含量超标，现场种植试验进一步证实这些指标是随着时间延长而降低的。因此，就上海国际旅游度假区绿化种植土壤标准而言，这几个指标应该可以放宽。

就其他指标而言，种植土壤基本满足要求。其中硝态氮含量未检出，而铵态氮含量也较低。

（3）Fe建议指标

从农田表土、草炭以及配制的种植土壤检测结果均显示Fe的含量远远大于度假区B类种植土标准4~35 mg/kg的要求，原因可能有两个：一是上海土壤是冲积土壤， Fe含量非常高，加上测定使用的AB-DTPA浸提剂能浸提出有些是非有效态的Fe，因而使测定结果偏高；二是草炭尤其是新鲜的草炭，其有效态铁的含量比较高。但不管是从2011年的种植土壤培养或盆栽还是2012年从种植土壤种植后现场采样分析结果来看，土壤的Fe含量呈降低趋势。加上种植土壤pH一般在6.5以上，并随着时间延长上升到7.2以上，因此引起铁毒害的可能性几乎不存在。而实际上上海本底土壤AB-DTPA测定Fe高达60 mg/kg甚至300 mg/kg，但在上海植物缺铁现象非常普遍，原因就是土壤pH一般在7.0以上，虽然AB-DTPA测定Fe

含量比较高，实际上其有效性特别是能被植物吸收利用率非常低。

另外从表6-17可以看出，中试种植土壤种植后Fe的下降幅度很大。其中原土测定的Fe的结果为69.3 mg/kg，和2010年我们在上海国际旅游度假区核心区一期农田表土采集的210个土壤样品铁的含量相当（平均含量为67.21 ± 50.7 mg/kg，分布在6.44~290 mg/kg之间）。而第一次中试的种植土壤Fe含量从190 mg/kg分别下降到84.0 mg/kg（种植银杏）和111 mg/kg（种植黄秋葵），第二次中试的种植土壤Fe含量从185 mg/kg下降到62.9 mg/kg（种植广玉兰）。这和2011年开展的种植土壤培养试验（图6-11）和栽培试验结果（图6-13）的变化趋势一致，即铁的含量是随着培养时间的延长而降低的。

基于以上原因，建议将Fe的指标放宽到4~280 mg/kg。

（4）Mg建议指标

植物中镁的营养来源主要是土壤，其供应的丰缺除与土壤酸度、土壤中的离子组成和土壤阳离子交换量有关外，与土壤中有效镁的含量最为密切。根据土壤养分状况系统研究法推荐施肥指标，将土壤有效镁含量分为5级， 即土壤有效镁含量小于60 mg/kg的为严重缺乏，60~120 mg/kg为缺乏，120~300 mg/kg为中等，300~600 mg/kg为丰富，大于600 mg/kg的为极丰富。

由于上海是冲积土壤，土壤中镁含量很高。如上海绿化最佳实践区的调查结果显示有效镁的平均含量为206 ± 97.1 mg/kg，有64.58%的土壤样品均超出度假区B类种植土150 mg/kg的最高限值要求；而上海国际旅游度假区一期规划地农田土壤中有效镁含量更高，高达271 ± 72.3 mg/kg，有94.76%的土壤样品超标。而且从表6-20和表6-21中监测数据可以看出，不管是配方试验、还是绿地现场种植试验，在种植后土壤中有效镁的含量呈降低趋势，到种植1年之后，土壤中镁的含量基本在150 mg/kg之内，因此将镁的上限放宽到250 mg/kg。

6. 有效锰

虽然不同配比试验测定的土壤有效锰含量超标，但从图6-11和图6-14可以知道种植土壤浇水或者种植后，土壤有效锰含量降低，而且土壤基本为中性偏碱性，锰产生毒害的可能性很小，因此将有效锰的上限从6 mg/kg 提高到10 mg/kg。

7. 需要考虑配比时间对绿化种植土壤指标的影响

由于上海国际旅游度假区绿化种植土壤是配制的土壤，虽然土壤混合只是简单的物理搅拌，但土壤化学性质在刚混拌后还是存在质量不稳定的状况，合理的采样时间应该是在土壤混拌后的1~4周内，尤其是种植之后土壤物理性质会发生变化。但对于上海国际旅游度假区要生产100多万方的绿化种植土壤，要完成这么大的种植土壤生产工程，不可能等待这么长时间，应该是在产品生产出来后，在尽可能短的时间内就应判定是否合格，减少周转时间和不合格产品的量。为此对指标的预判非常重要，特别是上海国际旅游度假区采用大量的草炭，这些草炭一般开采后和空气接触时间不是很长，本身也存在老化过程，因此对有些指标的检测显得非常关键，对容易超标的几种元素进行跟踪实验（表6-20）。从表6-20可以看出，经过近一年的种植后C/N、Fe、Mg和Mn降低幅度很大，基本满足度假区合作方标准要求，也进一步验证就刚配制好的绿化种植土壤而言，可以适当放宽这些指标的数值。

表 6-20　田间长期种植后土壤指标变化

	种植前（2011 年 12 月 13 日）				种植后（2012 年 11 月 8 日）			
指标	C/N	Fe	Mg	Mn	C/N	Fe	Mg	Mn
度假区合作方标准	9~11	4~39 mg/kg	50~150 mg/kg	0.6~6 mg/kg	9~11	4~39 mg/kg	50~150 mg/kg	0.6~6 mg/kg
第一次中试样种植银杏	17.9	206	207	9.24	13.0	84	152	3.85
第二次中试样种植广玉兰	18.0	215	160	16.8	14.1	62.9	104	2.93
第二次中试样种植秋葵	18.1	215	160	16.8	16.2	110	145	3.21

四、优化部分指标

综合以上各种数据分析，最终度假区合作双方就上海国际旅游度假区初步达成了20项指标的绿化种植土壤标准，具体见表6-21。为与度假区B类绿化种植土壤标准有区别，上海国际旅游度假区绿化种植土壤标准又被称为A类标准。

表 6-21　建议的上海国际旅游度假区 A 类种植土壤标准

序号	性质（Property）	标准要求	与度假区 B 类标准比较
1	酸度（pH Value）	6.5~7.8	一致
2	盐度（Soil Salinity）mS/cm	0.5~2.5	一致
3	氯（Chlorine）（mg/L）	<150	一致
4	钠吸附比（SAR）	<3	一致
5	有机质（%）（Organic matter）	3~6	一致
6	氮碳比	9~22	将上限 11 放宽至 22
7	有效磷（P）（mg/kg）	10~40	一致
8	有效钾（K）（mg/kg）	100~250	将上限 220 放宽至 250
9	有效锌（Zn）（mg/kg）	1~10	将上限 8 放宽至 10
10	有效铜（Cu）（mg/kg）	0.3~5	一致
11	交换性钠（Na）（mg/kg）	<100	一致
12	有效硫（S）（mg/kg）	25~500	一致
13	有效钼（Mo）（mg/kg）	0.05~2	将下限 0.1 放宽至 0.05
14	有效铁（Fe）（mg/kg）	4~280	将上限 35 放宽至 280
15	有效镁（Mg）（mg/kg）	50~250	将 150 上限放宽为 250
16	有效锰（Mn）（mg/kg）	0.6~18	将上限 6 放宽为 18
17	有效砷（As）（mg/kg）	<1	一致
18	有效镉（Cd）（mg/kg）	<1	一致
19	石油碳氢化合物（mg/kg）	$C_{6\sim9}$	<5
		$C_{10\sim14}$	<5
		$C_{15\sim28}$	<50
20	发芽指数（%）	> 80	一致

07 绿化种植土壤原材料质量标准确立

要进行规模化种植土生产，保质保量的原材料来源是前提，因为一旦发现生产出来的绿化种植土产品质量不合格为时已晚，因此必须将产品质量监控提前到原材料质量监控，只有用于生产的原材料质量均符合标准要求，才能确保生产出来的绿化种植土壤符合质量标准。因此确定原材料的质量标准和质控流程，以及筛选上海国际旅游度假区原材料合格供应商非常关键。

根据种植土配比试验已经确定的5种种植土原材料，原土的基本性质在第四章中已经有非常详尽的描述，而且表土基本性质已经成型，无法更改，因此只能对另外4种原材料，即草炭、有机肥、黄砂和石膏质量进行控制。首先要确定原材料的质量标准，标准的制订要结合国内原材料的质量现状，太高太低的标准都不能满足实际生产要求。若标准过高，在市面上不能找到符合要求或者符合要求的材料太少，不但增加成本，而且也不能满足规模化生产的量化需求；若标准太低，生产出来的种植土产品可能不符合标准要求。因此原材料标准的制订和有效实施是实现规模化绿化种植土生产的重要环节。

第一节　原材料全指标和主控指标的确定

由于原材料质量检测和评价的速度直接影响绿化种植土生产效率，为确保原材料的检测快速、有效，原材料质量评价遵循全指标和主控指标两套评价体系。

一、全指标

全指标评价体系主要从潜在毒害元素、重金属和有机污染物等是否超标对原材料进行全面评价，其中无机原材料主要参考度假区合作方关于绿化种植土标准（详见第2章表2-1），有机材料主要参考度假区合作方关于有机材料的控制标准（详见第2章表2-2）。

二、主控指标

主控指标主要从两个角度来确立：一是原材料在种植土配比中承担的作用，如添加草炭主要目的是提高绿化种植土有机质含量，因此有机质含量就是评价草炭的主控指标；二是原材料的指标是否对绿化种植土质量有重要影响，如有机肥中盐分的控制指标等。其中主控指标主要根据第六章不同配比试验结果，同时也兼顾绿化种植土生产效率。

（一）草炭

度假区合作方关于绿化种植土有机改良材料要求的有机质含量>500 g/kg、粗有机物>50%；而表土本身有机质含量低，黄砂几乎不含有机质，绿化种植土有机质本身也主要由草炭来提供，因此要求草炭有机质含量高。有机质含量是评价草炭质量好坏的一个重要指标，一般认为有机质含量越高草炭的品质相对也更好；因此有机质是草炭的主控指标之一。草炭本身也起降低土壤酸碱度的作用，因此pH也是草炭主控指标之一。另外草炭粉碎粒径直接影响种植土搅拌的均匀度，因此粒径也是主控指标之一；而灰分和C/N也是草炭质量评价的重要指标。为此确定草炭的主控指标及评价标准见表7-1。

（二）黄砂

由于砂子主要成分为二氧化硅，含其他物质较少，因此其物理性质，即粒径是影响绿化种植土质量的主要因子，但度假区合作方提出砂子适宜的粒径在0.5~0.8 mm之间。粒径单一或者范围较窄的黄砂在自然界是很难寻找的，上海及国内主要市面上是否有这一粒径范围的砂子还有待市场调查后才能定。为此初步确定砂子粒径是其主控指标（表7-1）。

（三）有机肥

有机肥的主要作用是增加土壤养分和有机质含量，因此总养分和有机质是其主控指标，由于配比试验证实有机肥盐分和氯含量易导致种植土相应指标含量超标，因此有机肥的EC值、可溶性氯也是主控指标之一。由于度假区合作方关于种植土和土壤有机改良材料的Cu、Zn控制要求较严，上海国际旅游度假区核心区一期规划地本身铜含量超出度假区B类种植土标准，而Cu、Zn本身是饲料的添加剂，Cu、Zn是我国有机肥中最容易超标的2种重金属，因此也将Cu、Zn作为有机肥的主控指标。另外有机肥用量较少，但对土壤有机质、养分、盐分影响较大，因此对有机肥搅拌均匀度要求较高，粒径也是主控指标之一。具体见表7-1。

（四）石膏

为确保一流、高品质的游乐园环境条件，上海国际旅游度假区所用石膏是食用石膏，鉴于污染指标和硫酸钙含量满足标准要求，为简化检测指标，主要从外观的颜色来判断。由于石膏的添加量较少，为确保搅拌均匀，石膏的粒径越细越好，因此提出了粒径为主控指标（具体见表7-1）。

表 7-1　4 种原材料的主控指标

主控指标	草炭	黄砂	有机肥	石膏
1	外观	外观	pH 值	外观
2	pH 值	粒径	EC 值	粒径
3	EC 值	–	有机质	–
4	有机质	–	总养分	–
5	灰分	–	总 Cu	–
6	C / N	–	总 Zn	–
7	粒径	–	Cl	–
8	–	–	粒径	–

第二节　原材料原产地考察和合格供应商的确立

要确定原材料的合格供应商，首先进行原材料的实地调查，采集典型样品进行主控指标的测定，对主控指标合格的原材料进一步进行全指标测定，并对原材料产地进行环境评价和产量评估；为满足规模化生产要求和确保产品质量的稳定，其中草炭和黄砂产地的供应量要求至少在3000 m^3以上，低于该供应量即使产品品质再好也基本放弃；从“质”和“量”两个方面来确立合格供应商。

一、草炭

（一）东北三省草炭考察结果及分析

1. 总体概括

2011年7月24日至8月1日对东北三省草炭进行现场探勘，发现该地区草炭资源的分布广阔，从黑龙江的东方红到辽宁，平原地区或山坳之间地势低洼处都分布有成片草炭。从现场观察到，位于地势低洼的湿地，只要清除上层野草，便出现草炭，且地下草炭层较深（图7-1）；有些地块已经开垦种植农作物（图7-2）。从草炭剖面层次可以看出，腐熟程度较好，没有明显泥质化，含泥土、草屑等杂质也较少，均匀度较好，性质稳定（图7-3）。而且东北草炭分布在地势平坦的低洼地，只要抽干水位，非常便于机械开采（图7-4）。

2. 主控指标分析结果

表7-2所示为东北三省采集的28个草炭样品的测试结果，各指标的分析结果如下：

图 7-1　野草下面埋藏较深的草炭层

图 7-2　草炭地被开垦用于种植农作物

图 7-3　草炭剖面

图 7-4　草炭分布在地势平坦的地方

（1）pH

所有草炭样品pH在3.94~6.94之间，呈强酸性和酸性。由于上海国际旅游度假区一期规划地表土的pH基本为中性偏碱性，添加草炭能起到降低土壤pH的作用。但由于度假区要求土壤有机改良材料pH在6.0~7.5之间，因此pH不是越低越好，对一些pH过低的草炭还是慎用。

（2）EC值

所有草炭样品EC介于0.034~6.95 mS/cm之间，均满足度假区种植土改良材料EC小于10 mS/cm的要求。从黑龙江→吉林→辽宁，草炭EC值呈升高趋势，是因为随着纬度降低和气温增加，土壤淋溶加强，草炭分解程度提高。

（3）有机质

从东北三省草炭的有机质含量可以看出，除个别样品外，黑龙江和吉林的草炭有机质含量要高于辽宁，其中辽宁只有个别样品的草炭有机质含量大于500 g/kg，这也符合草炭分布规律。从黑龙江→吉林→辽宁，随着纬度降低，土壤淋溶和气温增加，草炭有机质含量呈降低趋势。所以从机质含量角度而言，草炭宜选择黑龙江和吉林等纬度相对较高的地区。

（4）粗有机物

大部分草炭的粗有机物含量大于50%。其中吉林有3个、黑龙江有2个、辽宁有3个草炭样品的粗有机物小于50%，相对而言，辽宁样品的粗有机物含量总体偏低。

（5）C/N

就C/N而言，各厂家草炭均满足上海国际旅游度假区种植土改良材料C/N小于25:1的要求，但和度假区绿化种植土标准要求的12相差甚远。

表 7-2　东北三省草炭分析结果

草炭原产地	编号	度假区评价标准				
		pH（6.0~7.5）	EC（<10 mS/cm）	有机质（>50 g/kg）	粗有机物（>50%）	C/N（<25 ： 1）
黑龙江	1	4.85	0.17	543	59.2	20.6
	2	5.26	0.096	617	66.6	21.2
	3	3.94	0.86	553	64.4	21.1
	4	5.89	0.086	468	54.2	20.7
	5	5.33	0.091	559	62.9	19.7
	6	4.70	0.12	595	62.2	23.1
	7	4.92	0.034	143	24.8	20.6
	8	4.34	0.18	81.8	9.91	20.6
吉林	1	4.46	0.17	601	69.8	21.2
	2	4.16	0.23	633	71.6	20.3
	3	5.45	0.038	770	79.2	20.8
	4	5.44	0.036	703	70.9	19.7
	5	4.09	0.72	306	34.3	22.0
	6	5.07	0.26	510	61.0	18.8
	7	4.02	1.72	492	60.0	21.3
	8	6.28	0.096	689	74.8	20.1
	9	5.47	0.462	684	69.7	20.1
	10	5.73	0.167	578	41.9	21.2
	11	4.75	0.200	547	42.4	22.4
辽宁	1	4.00	1.51	466	47.9	20.7
	2	4.80	0.63	389	45.8	20.3
	3	5.47	0.49	464	50.7	19.9
	4	3.20	2.46	304	30.9	18.9
	5	5.84	0.29	555	58.1	17.5
	6	4.93	0.34	488	53.2	18.8
	7	4.72	0.63	523	54.7	22.0
	8	6.94	6.95	490	56.8	21.8
	9	4.68	1.21	455	51.1	20.4

（二）四川草炭考察结果及分析

1. 总体概括

四川草炭资源非常丰富，但有些地区草炭已经明文禁止开采。2011年9月26~29日主要考察位于四川西北地区的草炭。该地区为山区，山峰险峻，草炭多分布于山间地势低洼处，道路崎岖，运输不方便。而且从现场草炭分布情况来看，草炭大多呈小片分布，地势陡峭，开采也不方便。而且现场开采的草炭，夹杂泥土较多，纯度不高。

图 7-5　川西草炭分布于崇山峻岭间低洼处

图 7-6　川西草炭和土层相间

2. 主控指标分析结果

四川考察采集的草炭样品进行测试分析，其理化性质见表7-3。

（1）pH

所有草炭样品pH在3.58~5.88之间，呈酸性，比东北草炭pH平均值略高。

（2）EC值

所有草炭样品EC介于0.154~3.01 mS/cm之间，满足度假区种植土改良材料EC小于10 mS/cm的技术要求。

（3）有机质含量

除个别样品有机质略低外，其他样品有机质含量>500 g/kg。

（4）粗有机物

可能受草炭中含有泥土的影响，四川草炭中粗有机物含量总体比东北草炭低，有2/3以上草炭样品的粗有机物含量低于50%，最低的仅为5.54%。

（5）C/N

四川各草炭样品C/N总体偏高，2/3草炭样品的C/N大于25，最高为39.4，和度假区合作方要求的土壤有机改良材料低于25以及种植土要求低于12的标准相差甚远。

表 7-3　四川草炭分析结果

美国评价标准	pH	EC（mS/cm）	有机质（g/kg）	粗有机物（%）	C/N
	6.0~7.5	<10	>50	>50	<25 ∶ 1
1	5.88	0.154	787	12.2	28.2
2	5.19	0.200	640	36.3	27.1
3	5.05	0.240	831	11.9	29.4
4	4.14	0.711	354	62.4	21.2
5	4.88	0.451	423	54.5	23.3
6	4.15	0.615	536	43.4	23.1
7	4.16	1.33	587	42.4	26.5
8	4.16	0.649	363	60.2	20.1
9	4.37	0.387	683	25.8	25.2
10	4.88	0.181	885	5.54	36.4.
11	4.41	0.835	616	30.3	25.2
12	3.58	3.01	815	18.5	39.4

（三）草炭合格供应商确定

从东北三省和四川40个典型现场采集的草炭样品分析结果以及现场踏勘实况来看：四川由于地势险峻，草炭开采和运输不方便，加上草炭中含泥土较多，因此基本不考虑；而辽宁的有机质含量相对较低，基本低于500 g/kg，而且现场也发现东北三省随着纬度的降低，草炭泥质化程度提高，其中辽宁草炭泥质化最为明显；虽然黑龙江草炭品质很好，但由于离上海运输距离最远，增加草炭的运输成本；综合草炭品质和运输距离，上海国际旅游度假区草炭合格供应商基本来自吉林。

二、黄砂

（一）上海市面上主要砂源粒径普查

由于度假区合作方提出砂子粒径在0.5~0.8 mm之间，对国内大量的砂源进行调查，发现国内砂基本是分布在两个极端：一种是粗砂，粒径在1.0 mm以上；一种是细砂，粒径<0.5 mm。在所有的砂源中，粒径刚好在0.5~0.8 mm之间的只有极个别能达到20%左右，而且量非常少，大部分含量在10%以内。因此即使采用筛分能获得粒径刚好在0.5~0.8 mm之间的黄砂样品，但其产量非常有限，很难达到上海国际旅游度假区大规模的生产需求。经过大量现场勘探，发现有不少黄砂粒径刚好在0.3~0.5 mm之间，如果将控制指标设置在0.3~0.8 mm之间，那么有可能获得符合要求的黄砂，而且就土壤物理性质而言，我们前期的盆栽结果也显示0.3~0.8 mm的植物长势良好。为此将砂子粒径下限放宽到0.3 mm，并以石块（>2 mm）为最大粒径范围，分<0.3 mm、0.3~0.8 mm、0.8~2 mm、>2 mm四个级别分别对上海及国内可能找到的砂源进行粒径分析，结果见表7-4。从中可以看出，第26号砂样最为理想，第29和30号砂样次之，这3种砂样最大缺点就是<0.3 mm粒

表 7-4 上海及国内主要砂源粒径分析

序号	粒径分布（%）			
	＜0.3 mm	0.3~0.8 mm	0.8~2 mm	＞2 mm
1	10.13	20.62	23.49	45.76
2	13.75	39.51	15.43	31.31
3	27.51	43.89	14.52	14.09
4	8.54	42.30	24.06	25.09
5	14.10	51.18	23.12	11.59
6	8.67	46.51	22.70	22.13
7	29.55	33.39	14.72	22.34
8	30.83	34.37	17.23	17.57
9	21.03	43.91	16.16	18.90
10	23.10	41.81	16.52	18.57
11	2.40	34.62	29.14	33.84
12	1.40	31.46	35.52	31.62
13	0.17	44.89	42.69	12.24
14	10.13	58.22	19.72	11.93
15	10.23	45.50	21.55	22.72
16	16.22	49.80	14.89	19.09
17	7.00	45.05	24.59	23.37
18	10.06	59.26	14.34	16.34
19	4.46	35.34	32.26	27.95
20	19.11	48.62	12.39	19.89
21	4.58	46.57	27.47	21.37
22	4.43	52.04	23.81	19.72
23	5.14	49.95	26.13	18.78
24	6.22	41.75	31.79	20.24
25	3.62	48.95	23.92	23.51
26	11.46	86.48	1.52	0.54
27	1.75	36.07	25.27	36.92
28	0.31	24.51	39.69	35.49
29	20.35	76.91	2.20	0.54
30	16.58	79.02	4.11	0.30

径黄砂含量稍高，考虑粒径<0.3 mm的黄砂透水性不好，保水保肥能力又差，因此提出粒径<0.3 mm黄砂含量应控制在5%以下。相对而言，上海市面上普查的鄱阳湖黄砂粒径<0.3 mm黄砂含量虽然较高，但粒径在0.3~0.8 mm范围内黄砂含量较高，因此只要进行简单筛分就能满足要求，因此将鄱阳湖黄砂作为重点考察对象。

（二）鄱阳湖黄砂粒径调查

1. 基本性质分析

在确定了鄱阳湖作为黄砂主要开采地后，首先对黄砂的其他指标尤其是重金属指标进行测定（表7-5），以确认该区域黄砂是否存在污染可能。从表7-5可以得知：鄱阳湖黄砂为酸性；EC值低，说明基本不存在盐毒害；养分和重金属含量都较低，说明比较贫瘠，但也比较清洁，存在污染的可能性较小。

表 7-5　鄱阳湖黄砂性质分析

pH	EC（mS/cm）	Cu	Fe	Mg	Zn	K	Mn	Mo	Na	P	S	As	Cd
		mg/kg											
5.73	0.13	0.17	33.0	5.41	0.56	5.35	2.27	0.0014	2.03	2.64	2.86	0.04	0.02

2. 砂源地确定

考虑到之前在上海市面调查鄱阳湖黄砂量较少，在对整个鄱阳湖地区所有砂源地经过多次考察和砂子粒径分析后，最终确定了2个砂源地作为上海国际旅游度假区黄砂的供应地（图7-7）。砂源的控制成为砂源稳定性控制的首要条件，由于整个鄱阳湖黄砂粒径偏小，尽量选择粗砂层进行开采，并进行黄砂粒径自检，如果粒径0.3~0.8 mm大于70%且其中0.5~0.8 mm大于40%，则可直接用卡车短驳至码头运输至上海，但这部分黄砂含量极少；开采的砂层偏细（粒径小于0.3 mm的砂子大于5%），则短驳至砂源地旁边的水洗池进行水洗（图7-8），粒径控制在0.3~2 mm，将粒径0.3 mm以下的冲洗。但由于黄砂水洗工作量非常大，尤其是对于上海国际旅游度假区这样大量的黄砂需求量，因此虽然进行水洗，但依然残留不少粒径<0.3 mm的黄砂。对水洗后黄砂进行随机抽样分析（表7-6），发

图 7-7　鄱阳湖砂源地

图 7-8 鄱阳湖砂源地水洗黄砂

表 7-6 鄱阳湖砂源水洗后的黄砂粒径分布情况

砂源样品	<0.3 mm	0.3~0.4 mm	0.4~0.5 mm	0.5~0.8 mm	0.8~1 mm	1~2 mm	>2 mm	0.4~0.8 mm
	%							
1	8.84	19.7	41.7	21.3	3.71	4.2	0.70	63.0
2	6.93	17.2	41.3	24.1	4.70	5.60	0.10	65.4
3	3.72	13.0	32.1	40.5	7.10	3.20	0.60	72.5
4	6.00	22.5	42.6	22.4	1.90	1.30	3.40	64.9
5	6.80	23.0	44.3	22.8	2.00	0.90	0.20	67.1
6	6.50	17.9	35.2	29.4	6.10	4.90	0.10	64.6

现经过水洗后粒径<0.3 mm的黄砂含量大幅度降低，分布在3.72%~8.84%之间，大部分黄砂粒径在0.3~0.8 mm之间，基本能满足度假区合作方提出的黄砂粒径要求。

三、有机肥

（一）上海有机肥生产厂家调研

对上海主要有机肥生产厂家进行调研，不少生产厂家具备一定机械化生产的规模（图7-9）。就原材料来源而言，其中能大批量生产的主要有猪粪、鸡粪和牛粪3种类型的有机肥。选择有机肥年产量在10000吨以上的几家典型有机肥生产基地的典型样品进行有机肥主控指标分析（表7-7），从表7-7可以看出，原料来源直接影响有机肥质量。以猪粪为原料生产的有机肥EC值、总Cu和总Zn的含量均超过度假区合作方关于有机改良材料的标准限值；以鸡粪为原料生产的有机肥EC含量过高，因此猪粪和鸡粪不适合用作上海国际旅游度假区绿化种植土的原材料；相对而言，牛粪样品Zn含量超标，虽然盐分含量较高，但超标幅度不大，可以通过适当调整堆肥工艺满足要求；而蚯蚓粪由于有机质含量较低，加上产量有限，难以满足大规模生产需求。因此就不同有机肥原料来源而言，只有牛粪用作原料生产的有机肥适宜上海国际旅游度假区应用，有机肥合格供应商也只针对牛粪加工的有机肥生产厂家。

由于草炭和黄砂含氯很低，表土氯含量基本不超标（见第四章），石膏添加量很少，

图 7-9　上海有机肥生产基地

表 7-7　上海采集样品分析结果

样品名称	编号	pH	EC（mS/cm）	有机质（g/kg）	总 Cu（mg/kg）	总 Zn（mg/kg）
度假区合作方标准		4.5–6.5	<10	>50	<150	<200
牛粪为主要原料	1	7.42	8.37	666	164	667
	2	7.55	10.2	597	37.1	128
	3	7.53	11.6	273	57.8	132
	4	7.09	8.78	692	63.4	173
	5	6.30	7.15	689	41.9	99.5
	6	6.72	6.57	732	20.1	95.6
	7	6.69	8.16	772	19.6	123
	8	7.47	7.80	755	23.1	95.9
猪粪为主要原料	1	7.66	24.1	662	331	1339
	2	8.38	14.5	673	452	995
鸡粪为主要原料	1	7.43	17.8	504	56.8	56.6
	2	8.12	21.3	487	68.7	107
蚯蚓粪	1	8.23	5.92	342	39.9	155
	2	7.04	2.42	389	51.6	182

表 7-8　典型有机肥样品中氯的含量

不同有机肥原料	牛粪 1	牛粪 2	猪粪	鸡粪
氯含量（mg/L）	2310	2360	6380	7989

绿化种植土氯含量主要受有机肥影响；第六章中不同配比试验也验证有机肥中氯含量是导致绿化种植土氯含量超标的主要来源。为此，专门选择几种典型有机肥进行Cl含量的测定（表7-8）。从表7-8发现，以鸡粪和猪粪为原料的有机肥氯含量很高，以牛粪为原料的有机肥虽然氯含量也较高，但由于根据第六章不同配比试验结果，有机肥添加量一般控制在6%以下，而绿化种植土标准要求氯含量是低于150 mg/L，因此按照6%以下比例添加牛粪应不会造成绿化种植土中Cl的超标。

（二）上海周边地区有机肥调查

考虑到上海能满足度假区合作方标准要求的有机肥生产厂家较少，因此对上海周边省市的有机肥生产厂家也进行调研。基于上海有机肥原料来源不同对有机肥品质的影响，有机肥生产厂家主要针对牛粪为原料的生产厂家。浙江临安等地的有机肥生产基地已经实现半机械化有机肥生产，每年有机肥产量在5000吨以上，具备供货条件（图7-10）。

对浙江临安等地采集典型有机肥样品进行分析，结果见表7-9，从中可以看出，由于在浙江选择有机肥厂家是针对牛粪的有机肥生产厂家，因此有机肥样品中总Cu、总Zn和Cl含量明显要比上海有机肥检测结果要低，其中Cu、Zn含量全部符合度假区合作方标准要求，C/N要比上海有机肥测定样品高很多。pH虽然为中性偏碱性，但符合有机肥的农业标准；由于有机肥添加量少，氯含量一般不会导致种植土Cl含量超标（<150 mg/L）。但由于样品的C/N较高，而且样品的有机质也偏高，可能样品中添加了大量的核桃蒲壳，导致有机质和C/N测定结果偏高，因此应适当控制核桃蒲壳用量，增加牛粪用量，确保产品区别于一般的有机基质。

图 7-10　浙江临安有机肥生产基地

表 7-9　临安采集样品分析结果

编号	pH	EC（mS/cm）	有机质（%）	C/N	Cl（mg/L）	总 Cu（mg/kg）	总 Zn（mg/kg）
度假区合作方标准	4.5~6.5	<10	>50	<25	150	<150	<200
1	7.38	8.07	89.1	30	1461	35.3	121
2	7.25	5.77	97.4	33	974	32.9	111
3	7.35	7.73	96.4	33	1461	37.1	112
4	7.32	5.54	65.8	25	1337	63.4	159
5	8.00	4.81	105	53	1037	22.4	80.4
6	7.79	4.84	106	39	1002	27.9	81.6
7	7.87	4.51	114	33	1044	27.5	83.1
8	7.98	4.84	104	36	982	20.5	82.2
9	7.89	4.92	104	45	1009	19.5	86.3
10	8.07	4.36	108	55	989	18.3	80.5

（三）有机肥其他指标的测定

为了解有机肥其他品质，拟选择合格供应商生产的有机肥进行其他指标的测定（表7-10）。从表7-10可以看出：有机肥中磷、钾、硫含量丰富，也含有一定量的钼，正好能弥补表土中这些养分的缺乏（钾除外），也进一步说明在配比中添加有机肥的重要性。潜在毒害元素中钠和氯离子含量较高，重金属锌全部超标，部分样品铜含量超标，但硒和其他重金属基本不超标。也进一步验证将氯、铜、锌作为有机肥主控指标的重要性和必要性。

表 7-10　有机肥其他指标分析

指标		度假区合作方有机改良材料标准	样品 1	样品 2	样品 3
养分	K	–	25204	15038	21058
	P	–	12857	10110	11523
	S	–	3070	2612	3529
	Mo	<20 mg/kg	2.24	0.51	1.23
潜在毒害元素	Na	–	4162	3856	7413
	Cl	–	3179	2456	5698
	Se	<30 mg/kg	2.37	1.31	5.42
	As	<20 mg/kg	230	31.3	8.01
重金属	Cu	<150 mg/kg	35.2	272	71.1
	Cd	<15 mg/kg	0.40	0.83	0.52
	Pb	<100 mg/kg	4.02	8.10	12.2
	Ag	<10 mg/kg	0.47	0.66	0.26
	Cr	<100 mg/kg	6.03	18.2	17.1
	Hg	<20 mg/kg	2.03	1.21	1.80
	V	<200 mg/kg	2.04	16.2	11.3
	Co	<50 mg/kg	0.91	4.21	2.30
	Zn	<200 mg/kg	307	995	355
	Ni	<100 mg/kg	5.02	10.2	2.02

四、石膏

由于石膏用量较少，因此筛选合格供应商主要从食用石膏的生产厂家中选择，对其质量评价主要参照度假区合作方对绿化种植土的理化指标进行。考虑到石膏主要为无机材料，不含有机质，因此未测定有机质。对湖北等地7个石膏样品的分析结果见表7-11，可以看出其中样品6的pH酸性很强，仅为2.09，但盐分含量很高，不但超出度假区合作方关于种植土要求的2.5 mS/cm的上限，也超出度假区合作方关于土壤有机改良材料的10 mS/cm的上限，而且Na、Cu和As含量也超标，因此不符合要求。样品7的pH为强碱性，也不适宜。其他5种石膏的重金属均符合要求，其中EC值虽然超出度假区合作方关于种植土要求的2.5 mS/cm的上限，但没有超出度假区合作方关于土壤有机改良材料的10 mS/cm的上限，因此可以应用。进一步比较样1到样5，由于石膏中主要成分是$CaSO_4$，因此硫含量是评价石膏品质的重要指标，从表7-11可以看出，几个样品中以样2和样3的硫含量最高，说明这2个样品$CaSO_4$含量高。综上，选择样2和样3生产厂家作为合格供应商（图7-11）。

图 7-11　石膏（依次为：原料、生产流水线、粉碎、产品）

表 7-11　石膏样品分析数据

检测项目	度假区合作方标准	样 1	样 2	样 3	样 4	样 5	样 6	样 7
pH	6.5~7.8	7.33	5.78	7.63	7.23	7.06	2.09	10.1
EC（mS/cm）	0.5~2.5	3.55	3.93	4.86	3.41	3.83	24.5	0.75
有效磷（mg/kg）	10~40	<5	<5	<5	<5	<5	147	<1
有效钾 （mg/kg）	100~220	18.3	42.7	150	3.08	14.5	1199	11.2
有效铁（mg/kg）	24~35	1.32	1.85	3.34	0.53	1.36	1.25	1.96
有效锰（mg/kg）	0.6~6	<1.00	<1.00	<1.00	<1.00	<1.00	8.27	<1.00
有效锌（mg/kg）	1~8	0.2	0.35	0.53	0.18	0.31	5.41	0.13
有效铜（mg/kg）	0.3~5	<0.05	<0.05	<0.05	<0.05	<0.05	17.2	0.072
有效镁（mg/kg）	50~150	5.35	15.3	37.14	0.79	10.91	8.95	12.2
有效钠（mg/kg）	0~100	32.1	191	620	7.04	46.6	1096	24.9
有效硫（mg/kg）	25~500	31240	57200	58520	26620	26400	15928	23540
有效钼（mg/kg）	0.1~2	<0.05	<0.05	<0.05	<0.05	<0.05	<0.05	0.044
有效砷（mg/kg）	<1	<0.05	<0.05	<0.05	<0.05	<0.05	5.92	0.092
有效镉（mg/kg）	<1	<0.005	<0.005	<0.005	<0.005	<0.005	0.14	<0.005
有效铬（mg/kg）	<10	<0.05	<0.05	<0.05	<0.05	<0.05	<0.05	0.042
有效钴（mg/kg）	<2	<0.05	<0.05	<0.05	<0.05	<0.05	1.65	<0.01
有效铅（mg/kg）	<30	<0.05	0.22	0.48	<0.05	<0.05	0.46	0.18

（续）

检测项目	度假区合作方标准	样 1	样 2	样 3	样 4	样 5	样 6	样 7
有效汞（mg/kg）	<1	$<5\times10^{-5}$	$<5\times10^{-5}$	$<5\times10^{-5}$	$<5\times10^{-5}$	$<5\times10^{-5}$	$<5\times10^{-5}$	$<5\times10^{-5}$
有效镍（mg/kg）	<5	<0.05	<0.05	<0.05	<0.05	<0.05	2.51	<0.012
有效硒（mg/kg）	<3	<0.05	<0.05	<0.05	<0.05	<0.05	<0.05	0.031
有效银（mg/kg）	<0.5	<0.05	<0.05	<0.05	<0.05	<0.05	<0.05	<0.01
有效钒（mg/kg）	<3	<0.05	<0.05	<0.05	<0.05	<0.05	<0.05	0.15

第三节　原材料质量控制标准

根据各种原材料产地调研和样品分析结果，确定上海国际旅游度假区原材料的控制指标分为全指标控制和主控指标控制，并确立相应的抽样密度。

一、原材料的全指标控制

（一）质量标准

黄砂和石膏主要参考度假区合作方关于绿化种植土标准（详见第2章表2-1），草炭和有机肥主要参考度假区合作方关于有机材料的控制标准（详见第2章表2-2）。

（二）控制频率

主要针对同一来源、同一地块区域或同一厂家至少选择1个典型样品进行全指标测试，若产地、厂家、时间发生变化或产品外观质量发现有所变化，可适当增加抽样密度。

二、原材料的主控指标控制

（一）主控指标质量标准

1. 草炭

草炭的主控指标有7项，其中pH和EC根据草炭实际情况，将度假区合作方关于土壤有机改良材料对应的数值进行调整，使之更适宜草炭的实际情况（表7-12）。

2. 砂子

由于砂子其他指标基本不超标，而粒径是影响其应用效果的主要因素，因此，根据中国砂源的实况，砂子的主控指标是粒径，具体见表7-13。

3. 有机肥

在有机肥生产中，由于要控制盐分和氯指标，有些生产厂家在有机肥生产中减少牛粪比例，虽然盐分和氯指标容易达标，但由于加入的其他有机改良材料养分含量不高，违背了绿化种植土中添加有机肥的初衷，因此增加了养分的控制指标，具体指标参考农业标准《有机肥料》（NY 525—2012）（表7-14）。

表 7-12　草炭的主控指标

序号	主控指标	标　准
1	外观	① 无明显含新鲜草质纤维或未分解树枝木梗； ② 无明显的泥土、石块等杂质； ③ 无明显的草疙瘩
2	pH	3.0~7.5
3	EC 值	＜ 2.5 mS/cm
4	有机质	⩾ 500 g/kg
5	灰分	6%~50%
6	C / N	<25
7	粒径	$W_{d>13\ mm}=0$；$W_{d<5\ mm}<80\%$

表 7-13　砂子的主控指标

主控指标	标 准	
粒径	$W_{d0.4\sim0.8\ mm}$	> 60%
	$W_{d>2\ mm}$	0
	$W_{d<0.3\ mm}$	< 6%
外观	无明显杂质，无明显污染痕迹	

表 7-14　有机肥的主控指标

主控指标	标准
pH 值	6.0~8.0
EC 值	＜ 12 mS/cm
有机质	⩾ 400 g/kg
（$N+P_2O_5+K_2O$）	40~60 g/kg
总 Cu	<150 mg/kg
总 Zn	<260 mg/kg
Cl	<2500 mg/L
粒径	$W_{d>13\ mm}=0$；$W_{d<5\ mm}>80\%$

表 7-15　石膏的主控指标

主控指标	标准
颜色	白色，无明显杂质
粒径	$W_{d>0.15\ mm}=0$
级别	食品级

4. 石膏

由于石膏选取样品基本为食品级别，因此在确定合格供应商后，对其他指标就不再测定，基本以粒径目测作为主控指标（表7–15）。

5. 原土

由于原土是原先收集堆放的上海国际旅游度假区一期规划地的表土，当初收集就是符合相关质量要求的表土，因此再进行土壤测定没有必要。但由于收集表土粒径较大，在堆放过程中又有一定压实，粒径直接影响各种原材料搅拌的均匀程度。因此再利用时主要控制其粒径大小，针对度假区合作方提出的将粒径控制在2 mm的技术要求。为此，专门将原土粉碎成2 mm和5 mm粒径（表7-16），然后按照配比进行不同粒径的混合试验，分别重复3次。将2种粒径重复配比的样品进行pH、EC值和有机质3项关键指标的测定，发现2 mm粒径配比测定结果重复性最好，粒径为5 mm原土配比的土样测定结果重复性虽然没有2 mm的好，但变异系数在5%以内。

表 7-16　原土粉碎不同粒径组成

样品来源	生产结果（%）		
	＜2 mm	2~5 mm	＞5 mm
原土样 1	100	0.00	0.00
原土样 2	15.23	64.39	20.38

由于上海国际旅游度假区核心区一期和二期收集表土有近40万m^3，如果全部粉碎成2 mm，本身就是一项浩大工程，考虑到实验室配比试验已验证5 mm粒径的关键指标的测定结果基本能满足需求，因此将原土的主控指标设置为5 mm粒径以内。

（二）主控指标抽检频率

主控指标抽检频率一般为2000 m^{3}采集一个混合样品，若单批次不超过2000 m^{3}的，按每批次抽取一个混合样，连续5个合格后可以放宽至10000 m^{3}采一个样。

第四节　原材料质量控制流程

要进行绿化种植土规模化生产，原材料供应是重要环节。从2010年开始收集堆放到上海国际旅游度假区现场的表土，到2013年正式生产已经历经2年有余，现场踏勘发现已储备2年多的原土呈块状，含水量较高，直接进行搅拌对种植土加工后的质量产生不利影响，需对原土进行预处理。而且中试试验也发现原土的供应直接影响绿化种植土生产效率，且原土的主控指标也要求原土大部分粒径小于5 mm，这本身就是一项非常浩大的工程。而黄砂、草炭、有机肥和石膏均是从外采购，虽然可以根据原材料的全指标和主控指标确定合格供应商，但也需要确定相应的质控流程，确保只有满足质量要求的原材料进入生产现场。

一、表土再利用质控流程

（一）原土预处理

现场储备的原土为垄状堆放，堆高3 m左右，周边开好排水沟，土垄之间设生产便道，虽覆盖土工布防止扬尘，但堆放了较长时间，上面长满了杂草，原土内含有少量杂质。

原土预处理首先需安排人工清除土垄上的杂草和表层杂质，根据现场施工情况，原土预处理只能分层（每层约0.25 m）进行处理，故清杂面积为90万m^2（225000/0.25）。并做好主干道与土垄顶部的连接坡道，便于原土预处理机械行驶至土垄上进行作业，坡道需控制坡度，便于机械行驶，坡道跨过排水沟处需埋设排水管。土垄顶部采用挖机平整，便于机械行走作业。

原土清杂完成后，利用圆盘犁进行翻地（深度0.2～0.3 m）晾晒（图7-12），降低原土含水量，雨天采用防水油布覆盖，防止原土淋湿，保证质量。雨停天晴后，掀除防水油布进行晾晒。掀盖防水油布以两层一次，即0.5 m掀盖防水油布一次，掀盖防水油布面积45万m^2（225000/0.5）。

翻好的原土经过1～2天的晾晒后（阳光较充足时），采用旋耕犁进行2～3遍的粗粉碎和粗平整（图7-13）。旋耕犁粗粉碎的原土再经过1～2天的晾晒后安排路拌机进行粉碎。路拌机直接在土垄上进行粉碎（深度0.2～0.25 m），同时采用旋耕犁配合作业，将路拌机无法作业的土垄边缘采用旋耕犁进行3～5遍的细粉碎（图7-14）。路拌机粉碎原土控制速率和次数，一般原土需经过路拌机3～4次的粉碎处理。粉碎完成的原土必须控制在20 mm粒径以下，满足种植土生产的要求。

在翻地和粉碎原土的同时，进行杂质的清除。原土粉碎完成后经过1天左右的晾晒，然后采用挖机将粉碎土进行归拢（图7-15），粉碎土归拢时需注意深度，控制在0.25 m左

图 7-12　圆盘犁翻原土

图 7-13　旋耕犁粉碎原土

图 7-14　路拌机粉碎原土

图 7-15　挖机归拢粉碎土

右，尽量避免未粉碎的原土混入，粉碎土归拢的同时挖机需将土垄表面平整，便于机械下一次作业。一条土垄归3～4堆。

（二）原土驳运

原土驳运的车辆应为自动装卸且清洁，防止油污污染（图7-16），并利用装载机配合卸车（图7-17）。

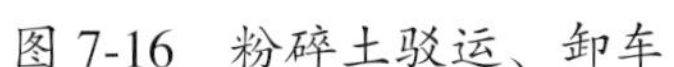
图 7-16　粉碎土驳运、卸车

图 7-17　装载机配合粉碎土卸车

土垄与生产便道之间有一条排水沟相隔，挖机无法直接装车。采用路基厢板在土垄与生产便道之间铺设临时码头，土方车停靠在路基厢板上，挖机可以在土垄上直接装车。

为了保证种植土的正常生产，减少雨天带来的影响，故需储备一定量的粉碎原土。初步决定在生产基地的大棚内储备2～3天的用量，保证雨天后的正常生产；与此同时在土垄上还需储备3天用量的粉碎土。土垄上的粉碎土呈梯形堆放，覆盖防水油布。这样雨天结束后可马上驳运土垄上的粉碎原土至生产基地进行种植土的生产。但天晴后需加快加大原土的预处理和粉碎、驳运工作，将储备量补足。

（三）生产送料和筛分

种植土生产的原材料进入生产基地以后，根据配方分别将原材料运送至相应的贮料仓。

粉碎原土运送至贮料仓前还需进行过筛，去除不符合要求的土块和杂质。过筛采用震筛设备，震筛后的合格原土利用皮带输送机送入贮料仓（图7-18）。不符合要求的土块利用装载机铲运送至生产基地临时堆场（图7-19），有一定量后驳运至原土再处理场地，利用挖机进行铺摊（图7-20），铺摊一层厚度控制在0.25 m左右，采用路拌机进行再粉碎，粉碎完成后再进行归拢（图7-21）、驳运至生产基地。

经过多次的粉碎土过筛试验，一般经过预处理的粉碎原土过筛率在50%左右。即有50%的原土需进行再粉碎，再粉碎后原土过筛率仍为50%左右，这样多次的循环作业，故原土采用路拌机粉碎的总量为原土用量的2倍。

种植土生产原料都为散装材料，送料采用铲车进行作业。生产原料送入相应贮料仓后，按设定的体积比配方通过计算机控制带连续式皮带电子秤的喂料器进行喂料，生产原

图 7-18　粉碎土送料、筛分

图 7-19　装载机铲运不合格原土

图 7-20　挖机不合格原土摊开

图 7-21　挖机归拢再粉碎原土

料放至集料输运皮带机上后直接送往搅拌缸。

根据工程量，原土送料安排1台5吨铲车。

二、草炭质控流程

通过草炭的实地勘探，根据草炭质量和运输成本，最终确定草炭合格供应商基本在吉林省。

常规开采的草炭粒径一般较粗，而上海国际旅游度假区要求80%粒径<5 mm，最大要求<13 mm，鉴于此规定，须增加一道草炭粉碎的工艺。

（一）上海国际旅游度假区项目与常规项目草炭开采要求差别

由于草炭分为高位、中位、低位。每个位置的含量都不相同。不同开采方式或开采部位可能导致草炭有机成分和化学特性等指标含量不统一。高位草炭比较疏松、吸水性好、有机质含量高，但腐熟度不够。低位草炭有机质含量低、腐植酸含量高，但保水性较差，一般用于肥料的制作。由于高位草炭腐熟度不够，因此不能满足上海国际旅游度假区草炭要求，一般适合选择中位的草炭，这样也增加了开采的成本。

（二）草炭采购流程

根据本项目的特殊性，我们制定了采购及质量控制流程：

根据度假区合作双方成立联合团队现场踏勘确定的草炭合格供应商名录—对合格供应商发出征询函—根据厂方回复进行内部比价—签订合同—派出采购人员对质量进行监督。

图 7-22　草炭现场控制流程

1. 商务征询

合格供应商参与商务比选，通过商务征询后，基本单价组成如下：草炭原材料+运输费+包装费。

2. 草炭质控流程

（1）选择持有合法采矿许可证的供应商。

（2）锁定合格的原产区，专人监督产区开采，保证所有产品从该产地开采。

（3）具有正规化、机械化、规模化生产的供应商。

（4）机械浅翻—晾晒—收料粉碎—过筛—包装（图7-22）。

（5）草炭装袋、发车时派遣质量控制人员及时与上海驻地负责人沟通数量、车牌及预计到货时间。

三、黄砂质量控制

（一）上海国际旅游度假区种植土项目中黄砂与常规中粗砂采购区别

自然界中黄砂分布是随机的，就粒径而言，由于影响因素众多，因此常见的砂子是各种粒径混合存在，很少有单一粒径的砂存在，除非用筛分的方法，但这增加了砂开采的成本。而上海国际旅游度假区对黄砂也提出较高粒径要求，要求黄砂大部分粒径在0.5 mm左右，因为只有在这个粒径附近的黄砂对土壤渗透性改良效果最好。但我们对国内100多个砂样的调查显示，只有个别黄砂样品有20%左右的粒径在0.5 mm左右，在国内市场中很少有黄砂样品的粒径刚好落在0.5 mm左右，这无形加大了原材料采购难度。通过不同粒径黄砂的大量配比研究和盆栽试验，初步确定将指标控制在0.3~0.8 mm之间，以便降低我们对黄砂的采购难度。

除了粒径要求，黄砂还必须确保没有污染，因此先要对砂源地进行环境评价。由于上海国际旅游度假区表土中含砂量低，因此黄砂添加量较大，为了确保成品质量能达到上海国际旅游度假区种植土要求，因此黄砂中潜在污染物或毒害元素不能超过上海国际旅游度假区种植土的相关指标要求。

最终确定了2个砂源，但仍有杂质而且含泥量较高，砂源稳定性成为控制的首要条件。

为了获得达到标准的黄砂，确保小于0.3 mm（含泥部分）<6%且无大于2 mm部分（无杂质），黄砂加工工艺流程为（图7-23）：

确定本底较符合标准的砂源—开采后短驳至水洗场地—经过0.3~2 mm的筛网水洗后—自检粒径—运输至上海码头。

以上几道工艺流程都有生产单位派专职人员驻砂源地进行监督，粒径检测因方法较为简便，在砂源地自行完成初步的检测。

图 7-23　砂子水洗流程

（二）上海码头黄砂质量稳定性控制

（1）黄砂供应厂商要求：

①必须在上海码头有2万吨的合格砂堆场，能够满足20天生产需求。

②所有运输车辆必须清理干净，且无油污及其他杂质污染。

（2）黄砂运送至码头时，要求度假区合作双方一同对船上砂样进行检测，合格后方可堆放至码头或运输至现场。

（三）单价组成

由于砂子增加了水洗的流程，因此上海国际旅游度假区所需要黄砂价格高于一般黄砂，具体费用由以下几部分组成：材料单价（根据常规黄砂信息价格）+损耗（按6.67%计）+水洗费+短驳费。

四、有机肥质控流程

（一）有机肥的选购

有机肥的选购主要采用以下几个步骤确定：

（1）对有机肥生产基地进行环境评估。

（2）通过“现场踏勘—采集样品并分析测试”进行初选。

（3）对准备运往种植土生产场地的有机肥进行抽检。

（4）有机肥的运输。

为减少成本，有机肥一般采用散装汽运，并在运输过程中覆盖油布防止被雨淋或其他杂物污染。

（二）有机肥的堆放

有机肥在种植土中所占比例为5%，每天需30吨。根据每天的生产需要进行进料。有机肥的供货商是上海或浙江企业，有机肥的质量控制安排在源头，在供货商的厂区内进行检测，经检测合格的有机肥才能进行供货，装运至生产基地。有机肥进场采用自卸车散装运输，进场后自卸在生产基地堆放点。保证生产基地内有机肥有一定的储备量。

五、石膏（Gypsum）的质控流程

（一）石膏的选购

石膏的选购主要采用以下几个步骤进行确定：

（1）对石膏产品根据B类种植土标准对盐分、水溶性氯、锰、锌、铜、镁、钠、砷、镉、铬、钴、铅、汞、镍、硒、银、钒17项指标进行测定，将符合要求的石膏作为环境样品合格产品进行备选。

（2）通过“现场踏勘—采集样品并分析测试”进行选择。

（3）对准备运往种植土生产场地的石膏进行抽检。

（二）石膏的运输

由于石膏粒径细，为减少风蚀或污染，建议包装后再汽运，运输过程中覆盖油布。

第三篇

项目实施

08
绿化种植土壤生产

为确保绿化种植土的生产质量和实效，中方提出了从实验室→中试→建立机械化生产的技术路线。在之前的章节中已详细地介绍了如何确立适宜上海国际旅游度假区应用的绿化种植土检测方法、标准、配比和原材料的质控标准，那么接下来的问题就是如何将实验室的数据落地，将实验室的小配比变成小规模的中试再变成大规模的机械化生产。而且在中试过程中，也发现原先根据实验室试验确定的绿化种植土和原材料的标准和实际情况存在一定差异，因此将其中某些指标进一步优化，使之更适宜上海国际旅游度假区绿化种植土规模化生产所需。

第一节　中试试验

中试是将原先实验室几升体积的配比试验放大到1~2 m^3的预试验，再放到5~10 m^3以上体积的中试试验，待中试连续生产试验稳定后，可以作为规模化、机械化生产的最终方案。

一、预试验

（一）配方

根据第六章第一节不同配比的试验结果，选择各项指标相对最好的配比3进行配比试验。

（二）试验设计

在表土粉碎过程中虽然用的是5 mm的筛网，但由于筛网用的是正方形的网格状，而土粒是不规则的形状，因此有不少最大粒径大于5 mm但形状不规则最短处粒径小于5 mm

的土粒也会通过筛孔。为了解大批量生产中原土粒径组成对种植土质量的影响，随机抽取2个粉碎样品，进行粒径组成分析（表8-1），以此为原料，进行配比中试的预试验。

预试验选择上海华建厂用于现场土方搅拌的机械，搅拌体积在2 m^{3}左右（图8-1）。按照配比换算成各种原材料，然后一同放入搅拌机械中，搅拌5分钟后，得到预产品（图8-2）。

表 8-1 生产种植土的粒径分级

样品来源	＜2 mm	2~5 mm	＞5 mm
	（%）		
土样 1	71.58	13.20	15.22
土样 2	64.79	14.33	20.88

图 8-1 种植土预试验搅拌机械（左图：外观；右图：内，搅拌）

图 8-2 种植土预试验产品

（三）测定结果

2个不同粒径组成的原土配比试验结果见表8-2。

表 8-2 预备试验的土壤检测结果

编号	评价标准	土样 1	土样 2
pH	6.5~7.8	6.94	7.06
EC（mS/cm）	0.5~2.5	2.23	2.21
钠吸附比	<3	2.53	2.59
氯（mg/L）	<150	395	390

（续）

编号	评价标准	土样 1	土样 2
有机质（%）	3~6	5.16	5.31
C/N	9~11	16	15
P（mg/kg）	10~40	76.1	80.1
K（mg/kg）	100~250	376	385
Zn（mg/kg）	1~10	9.83	9.53
Cu（mg/kg）	0.3~5	3.28	3.19
Na（mg/kg）	<100	81.4	83.6
S（mg/kg）	25~500	82.5	81.8
Mo（mg/kg）	0.05~2	0.088	0.088
Fe（mg/kg）	4~280	216	219
Mg（mg/kg）	50~250	164	168
Mn（mg/kg）	0.6~18	17.2	18.8
As（mg/kg）	<1	0.264	0.308
Cd（mg/kg）	<1	0.0506	0.0506

从表8-2可以得知：

（1）虽然原土中粒径大于5 mm的土粒有15%~20%的比例，但从配比的结果来看，只有C/N的相对误差略高，达6.25%，其他指标的相对误差基本在5%以内，因此建议放宽原土粒径的主控指标。

（2）2个不同原土粒径配比中，只有P、K、C/N和氯含量超过了度假区绿化种植土标准的限值，其他大部分指标符合要求。

（四）问题分析

针对预试验土样的测试结果，分析认为存在以下几点问题：

（1）根据本次预试验，结合土粒筛分机筛分的效果，将原土的主控指标进行优化，具体见表8-3。

（2）K和P的含量较高可能与添加有机肥比例较高有关，因此要适当降低有机肥的添加量。

表 8-3　优化后的原土主控指标

主控指标	标准
粒径	$W_{d>8\ mm}=0$，$W_{d<5\ mm}>80\%$

二、第一次中试试验

（一）试验设计

由于预备试验结果基本能满足度假区绿化种植土A类标准要求，因此拟进一步放大试验规模。经过多方考察，初步决定选择无锡锡通科技集团生产的CBW-200型搅拌设备（图

图 8-3　CBW-200 型搅拌设备

8-3）进行绿化种植土的生产，该仪器每小时最大生产能力为200吨。考虑到预试验中有机肥用量直接影响P、K含量，而且预备试验中有机质含量较高，为成本考虑，适当降低草炭用量，由此在原先配比3的基础上，进一步优化各种配比，共设置5个配方；为充分搅拌，机械搅拌能力设置为100吨/小时。其中第1~4个配方生产了约6分钟，大概生产10 m^3左右；第5个配方生产了40 m^3。

（二）不同配比间体积和重量的换算

由于不同配比试验用的是体积比，而CBW-200型搅拌设备要求是重量的数字控制。因此计算不同原材料的体积和重量比，将5个配比中不同原材料的比例由体积比换算成重量比。

（三）取样方法

为了确保取样有代表性，同时也为便于比较搅拌的均匀性，每个配方样品生产出来后在运输过程分别进行了随机抽样。其中配方1随机取样3次，其他各配方均随机取样2次，共11个样品，详细记录见表8-4。

表 8-4　中试种植土取样及编号

配方	取样个数（个）	取样编号
配方 1	3	ZSY1-1、ZSY1-2、ZSY1-3
配方 2	2	ZSY2-1、ZSY2-2
配方 3	2	ZSY3-1、ZSY3-2
配方 4	2	ZSY4-1、ZSY4-2
配方 5	2	ZSY5-1、ZSY5-2

由于石膏的添加量较少，考虑到搅拌的均匀性，因此本次中试未添加石膏 。

（四）检测结果分析

对采集的11个土壤样品参考上海国际旅游度假区核心区绿化种植土标准的指标进行测定（表8-5）。其中11个样品进行29项指标的测定；另选取ZSY2-1和ZSY4-1两个样品进行有机苯环挥发烃（苯、甲苯、二甲苯和乙基苯）的测定；选取ZSY1-1、ZSY2-1、ZSY3-1、ZSY4-1和ZSY共5~15个样品进行石油碳氢化合物的测定。从表8-5可以看出，第一次中试5个配比和11个样品单位分析结果具有以下特点：

1. 基本满足标准要求的指标

所有土样的pH、EC值、可溶性氯、可溶性硼、钠吸附比（SAR）、铝、有机质、速效钾、速效锰、速效铜、速效镁、速效钠、速效硫、速效砷、速效镉、速效铬、速效钴、速效铅、速效汞、速效镍、速效硒、速效银、速效钒、有机苯环挥发烃 （TAVOH）和发芽指数均满足度假区核心区B类种植土标准（后面简称B类标准）和度假区A 类种植土标准（后面简称A类标准）。

表 8-5　第一次中试土样检测结果

编号	评价标准	配比 1			配比 2		配比 3		配比 4		配比 4	
		1	2	3	1	2	1	2	1	2	1	2
pH	6.5~7.8	7.07	7.08	7.08	7.06	7.01	7.03	7.11	6.85	7.02	6.96	7.05
EC 值（mS/cm）	0.5~2.5	0.903	0.933	0.970	0.855	0.858	0.789	0.953	0.892	0.963	0.884	0.846
可溶性氯（mg/L）	<150	135	142	149	123	121	120	142	133	143	110	122
有效硼（mg/L）	<1	<0.1	<0.1	<0.1	<0.1	<0.1	<0.1	<0.1	<0.1	<0.1	<0.1	<0.1
钠吸附比	<3	1.57	1.70	1.73	1.56	1.54	1.56	1.72	1.61	1.68	1.42	1.54
铝（%）	<3	痕迹	痕迹	痕迹	痕迹	痕迹	痕迹	痕迹	痕迹	痕迹	痕迹	痕迹
有机质（%）	3~6	3.69	4.11	3.45	4.14	3.90	3.30	3.25	3.92	4.02	4.34	3.94
碳氮比	9~11	17	17	17	19	17	16	18	16	16	16	16
有效磷（mg/kg）	10~40	28.6	33.0	39.6	39.6	35.2	41.8	37.4	39.6	37.4	30.8	35.2
有效钾（mg/kg）	100~250	140	139	171	161	142	162	147	165	135	135	151
有效铁（mg/kg）	4~200	195	167	163	202	199	176	178	202	195	202	212
有效锰（mg/kg）	0.6~10	8.78	7.83	8.18	9.33	8.38	9.22	8.10	9.68	8.49	8.76	8.76
有效锌（mg/kg）	1~10	1.45	1.56	1.85	2.05	1.72	2.16	1.80	2.16	1.78	1.63	1.94
有效铜（mg/kg）	0.3~5	2.16	2.20	2.22	2.38	2.46	2.95	2.60	2.93	2.42	2.51	2.75
有效镁（mg/kg）	50~250	160	152	175	186	178	218	199	218	177	184	198
有效钠（mg/kg）	0~100	40.0	39.2	46.6	52.6	49.7	56.1	54.3	59.8	46.9	46.2	51.5

（续）

编号		评价标准	配比 1			配比 2		配比 3		配比 4		配比 4	
			1	2	3	1	2	1	2	1	2	1	2
有效硫（mg/kg）		25~500	28.6	28.6	30.8	35.2	35.2	37.4	37.4	37.4	33.0	30.8	35.2
有效钼（mg/kg）		0.05~2	0.044	0.044	0.022	0.044	0.044	0.022	0.022	0.022	0.044	0.022	0.044
有效砷（mg/kg）		<1	<0.01	<0.01	<0.01	<0.01	<0.01	<0.01	<0.01	–	–	–	–
有效镉（mg/kg）		<1	0.044	0.022	0.044	0.044	0.044	0.044	0.044	–	–	–	–
有效铬（mg/kg）		<10	<0.01	<0.01	<0.01	<0.01	<0.01	<0.01	<0.01	–	–	–	–
有效钴（mg/kg）		<2	0.066	0.066	0.066	0.066	0.066	0.066	0.066	–	–	–	–
有效铅（mg/kg）		<30	1.32	1.30	1.36	1.56	1.67	1.85	1.72	–	–	–	–
有效汞（mg/kg）		<1	<0.002	<0.002	<0.002	<0.002	<0.002	<0.002	<0.002	–	–	–	–
有效镍（mg/kg）		<5	0.22	0.18	0.18	0.22	0.24	0.24	0.24	–	–	–	–
有效硒（mg/kg）		<3	<0.001	<0.001	<0.001	<0.001	<0.001	<0.001	<0.001	–	–	–	–
有效银（mg/kg）		<0.5	<0.001	<0.001	<0.001	<0.001	<0.001	<0.001	<0.001	–	–	–	–
有效钒（mg/kg）		<3	0.220	0.220	0.220	0.242	0.220	0.264	0.220	–	–	–	–
总石油烃（mg/kg）	C_6–C_9	<50	0	–	–	0	–	0	–	–	–	–	–
	C_{10}–C_{14}		0	–	–	0	–	0	–	–	–	–	–
	C_{15}–C_{28}		27	–	–	17	–	19	–	–	–	–	–
	C_{29}–C_{36}		81	–	–	41	–	51	–	–	–	–	–
有机苯环挥发烃（mg/kg）	苯	<0.5	–	–	–	<0.05	–	–	–	–	–	–	–
	甲苯		–	–	–	<0.05	–	–	–	–	–	–	–
	乙苯		–	–	–	<0.05	–	–	–	–	–	–	–
	对 & 间－二甲苯		–	–	–	<0.05	–	–	–	–	–	–	–
	邻－二甲苯		–	–	–	<0.05	–	–	–	–	–	–	–
发芽指数（%）	>80	155	169	183	129	141	157	184	–	–	–	–	

注：-表示未检出。

2. 部分不符合标准要求的指标

11个土壤样品碳氮比平均值为17 ± 0.9，分布在16~19之间，虽超过B类标准的9~11的限值要求，但满足A类标准的9~22的限值要求。

11个土壤样品磷的平均含量为36.2 ± 4.1 mg/kg，分布在28.6~41.8 mg/kg之间，除一个数值略微高于种植土B类标准限值外，其他均能满足B类标准要求。

11个土壤样品铁的平均含量为190 ± 16.3 mg/kg，分布在163~212 mg/kg之间，其中配方2、配方4和配方5中均出现了铁含量高于B类标准最高限值200 mg/kg的数值，但均符合A类种植土标准。

抽检的5个土壤样品的石油碳氢化合物含量全部超出B类标准小于50 mg/kg的技术要求，但低碳的石油碳氢化合物基本未检出，而且也远低于中国环境保护行业标准《展览会用地土壤环境质量评价标准（暂行）》要求小于1000 mg/kg的标准。进一步说明检测方法不同是导致该样品中石油碳氢化合物含量差异的主要原因。

3. 不能满足标准要求的指标

11个土壤样品钼的平均含量为0.034 ± 0.011 mg/kg，分布在0.022~0.044 mg/kg之间，不但低于B类标准的要求，也低于A类种植土标准。

（五）搅拌均匀性评价

搅拌的均匀性直接关系到产品质量的稳定，也是规模化生产必须解决的首要问题。为此对每一配方随机取样样品的测定结果进行变异系数计算（小于检测限或检测为痕迹的指标除外），结果见表8-6。从中可以得知，所有配比不同指标的变异系数在0~16.4%之间，除个别配比的个别指标变异系数稍大外，大部分指标的变异系数均在10%以内。而且现场也发现草炭粒径不均匀造成种植土均匀度不够，因此单就搅拌设备而言，其搅拌均匀度能

表 8-6　5 种配方中试随机取样的变异系数（%）

检测项目	配方 1	配方 2	配方 3	配方 4	配方 5
酸度（pH）	0.08	0.50	0.80	1.73	0.91
盐度（EC）	3.59	0.25	13.3	5.41	3.11
可溶性氯（Cl）	5.07	1.04	12.1	4.96	6.92
有效硼（B）	–	–	–	–	–
钠吸附比（SAR）	5.11	0.56	6.57	2.82	5.64
铝（Al）	–	–	–	–	–
有机质（OM）	8.92	4.23	1.20	1.68	6.86
碳氮比（C/N）	1.58	4.76	8.55	2.02	0.30
磷（P）	16.4	8.32	7.86	4.04	9.43
钾（K）	12.2	8.96	6.74	14.2	8.06
铁（Fe）	10.1	0.93	0.79	2.66	3.30
锰（Mn）	5.79	7.55	9.16	9.25	0.00
锌（Zn）	12.6	12.4	12.6	13.4	12.2
铜（Cu）	1.53	2.57	8.98	13.4	6.51
镁（Mg）	7.40	3.16	6.27	14.7	5.30
钠（Na）	9.75	3.95	2.25	17.2	7.64
硫（S）	4.33	0.00	0.00	8.84	9.43
铅（Pb）	2.53	4.81	5.24	10.4	6.64
镍（Ni）	13.3	6.73	0.00	12.9	6.15
钒（V）	0.00	6.73	12.9	6.73	6.73

满足生产要求。

（六）结论和建议

从现场中试结果可以看出：5个配方基本能符合B类种植土要求；机械搅拌均匀度尚可，搅拌能力也能满足大规模生产需求。综合各方面因素，需要在以下方面进一步完善：

1. 设备

CBW-200搅拌设备可以作为种植土生产设备，同时为提高搅拌的均匀度，建议选择最长长度的滚筒。同时将出料口适当延长，减少草炭等的飘散。

2. 对A类标准进行修改

将A类标准中铁的限值定为220 mg/kg，石油碳氢化合物总量限值定为200 mg/kg，C_6~C_9和C_{10}~C_{14}低碳的限值定为10 mg/kg。

3. 种植土配方

种植土配方可以在原先实验室配比的基础上进一步优化，并根据现场测定的各原材料的密度进行换算，确定为质量比的配方。

4. 原材料

选择的原材料除各项化学指标满足要求外，应对以下两点重点控制：

一要严格控制原材料粒径：其中草炭和有机肥建议生产厂家要进行粉碎，粒径小于5 mm的比例要达到80%以上，不符合要求的不能进场；砂子粒径要控制在0.4~0.8 mm附近，避免过大或过细；原土粒径建议在 8 mm以下。

二要控制原材料的水分：一般水分含量在25%以内。

5. 生产条件

为保证搅拌正常运行，减少灾害天气的影响，生产搅拌应在硬地面的大棚车间内进行。

三、第二次中试试验

（一）中试试验目的

按照第一次中试的结果，已经确认无锡锡通科技集团生产的CBW-200型搅拌设备适宜绿化种植土生产，为此专门采购了该设备，并在上海国际旅游度假区外围专门建立了绿化种植土生产基地，完成CBW-200型搅拌设备室外安装（图8-4）。参考第一次中试的结果，利用该搅拌设备进行第二次绿化种植土中试生产，一方面验证配方中试效果，另一方面检验设备的调试情况，为后续的批量生产提供技术依据。

图 8-4　上海国际旅游度假区绿化种植土生产现场 -CBW-200 型搅拌设备试生产

（二）中试试验方案

1. 种植土的配方

（1）按体积比计算

为了实际操作简单可行，在前期室内研究和第一次中试试验的基础上，本次中试共设置4个配方（按体积比）。

（2）按重量比计算

考虑到现场实情，本次中试计划先对现场准备好的原材料进行密度和含水量的测定，最后根据所测密度的平均值进行换算。密度的测定用已知体积和重量的环刀进行。换算公式为：重量=体积×密度。每种原材料做3个平行，各种原材料的密度见表8-7。

表 8-7　第二次中试所用各原材料的密度（Mg/m^3）

重复	土壤	砂子	草炭	有机肥
1	1.31	1.30	0.30	0.63
2	1.30	1.35	0.32	0.60
3	1.23	1.31	0.28	0.61
均值	1.28	1.32	0.30	0.62

（三）种植土生产

一共进行4个配方的中试试验，每一配方生产10 m^3，共生产40 m^3左右。

由于石膏的添加量较少，考虑到搅拌的均匀性，因此本次中试石膏与有机肥混合在一起进行了添加。

（四）检测结果和评价

1. 取样方法

为确保取样有代表性，同时也为便于比较搅拌的均匀性，分别在每个配方样品生产出来后进行随机抽样。每个配方随机取混合样2个，每个混合样由10~15个样点组成，共8个样品。

2. 检测结果和评价

8个土壤样品进行31项指标的检测（数据略），大部分配方均能满足上海国际旅游度假区种植土B类标准中28项指标要求，其中Fe、Mn 和总石油烃含量超出上海国际旅游度假区核心区绿化种植土壤B类标准，但符合上海国际旅游度假区绿化种植土的A类标准要求。另外配方1的样品中Cl含量高于上海国际旅游度假区种植土B类标准，这与添加有机肥含量有所提高有关，因此上海国际旅游度假区种植土的生产应严格控制有机肥的添加量不超过5%（体积比）。

（五）搅拌均匀度

不同配方C/N、S和Ni的变异系数略大于20%，这可能与草炭的粒径不均匀以及石膏的添加方式有关，而且现场也发现草炭粒径不均匀也造成种植土均匀度不够，但就搅拌设备而言，其搅拌均匀度能满足生产要求。

（六）结论和建议

从现场中试结果可以看出：4个配方基本符合B类种植土要求；机械搅拌均匀度尚可，搅拌能力也能满足大规模生产需求。综合各方面因素，可以得出以下结论或建议：

1. 配方

种植土配方应严格控制有机肥的添加量（体积比低于5%），质量比应根据现场测定的各原材料的密度（风干）进行换算。比较第一次和第二次中试不同体积比和质量比之间关系可看出，同一类型样品不同来源之间密度差别很大，如第一次中试砂子密度为1.5 Mg/m^3，第二次中试砂子密度仅为1.3 Mg/m^3，这样就造成不同原材料在同一体积配比时的质量配比差别很大，建议待砂子等原材料稳定后，再通过几次中试试验，用几种典型样品的平均风干重来表示配方各材料之间比例，以减少不同原材料及水分引起的误差。

2. 设备

最好添加石膏的进料装置。

四、第三次中试试验

（一）中试试验目的

按照以前的配方以及前2次中试的结果，第3次现场连续生产的配方基本以原配比3为主。考虑到现场原土粉碎的效率，本次中试在前两次中试试验的基础上，特增设了3个原土比例略低的配方。另外考虑到合格的有机肥原材料较难筛选，其中一个配方不加有机肥全部用草炭替代，以进一步验证主配方的适宜性，并进一步了解不同配方或者原材料来源的差异性。

（二）中试试验方案设计

按照设计目的共设置了5个配方。用于试验的各种原材料的密度分别为：原土：1.24 Mg/m^3；砂子：1.39 Mg/m^3；草炭：0.24 Mg/m^3；有机肥：0.55 Mg/m^3；将各种配方体积比换算成重量比。每个配方的生产量控制在150~300 m^3之间。

（三）检测和评价

1. 取样

为确保取样有代表性，同时也为便于比较搅拌的均匀性，分别在每个配方样品生产出来后进行随机抽样。每个配方随机取混合样2个，每个混合样由10~15个样点组成，共10个样品。

2. 检测结果

10个样品检测结果（数据略）显示大部分配方均能满足B类标准的指标要求，但有些指标有异常，具体为：

（1）配方4的样品中磷的含量低于种植土B类标准，这与未添加有机肥有关，因此上海国际旅游度假区种植土的生产应适当添加有机肥，但必须严格控制有机肥的质量和添加量。

经多次实验室配方配比试验及3次中试试验验证，属于B类种植土标准中的有效硼、铝、铬、钴、铅、汞、镍、硒、银、钒、有机苯环挥发烃等指标均未超标。

（2）所有样品中速效钾的含量低于种植土B类标准。这比第一、二次结果均要低。导致本次中试结果偏低有两种可能：一是原土量比例太低，二是有机肥中速效钾含量偏低。因此配方中原土的比例不能过低；其次有机肥应该增加总养分的控制指标，即氮磷钾总养分含量（$N+P_2O_5+K_2O$）>5%，最好>6%，而且有机肥的添加量可以根据有机肥中氯或者总养分含量进行适当调整。

（3）与第一次和第二次中试相比，第三次中试Mg含量降低并且基本满足要求，但部分样品也出现了Fe、Mn、C/N含量高于B类标准的类似现象，但符合A类种植土标准。另外本次中试由于没有添加石膏，也可能导致Mn的结果偏高。

（四）搅拌均匀度评价

和前两次中试试验结果相比，同配方P、Mn、S、Mo、Cr、Co和TPH的变异系数大于20%，比前两次中试结果略偏高。原因可能有：有机肥添加量较少且搅拌不均匀，导致部分元素含量变异大（P、Mn和S）；有些元素本身含量较小（Mo、Cr和Co），引起取样或者测定误差均较大；少部分原材料由于潮湿有结块现象，导致产品均匀度不够。

（五）生产能力评价

影响生产效率的因素为原土筛分处理效率不够。建议改善原土处理方式，保证种植土生产的延续性；或采用种植土生产备用方案。

（六）结论

从现场中试结果可以看出：和前两次中试比较，除钾外，配方1、配方2、配方3和配方5和前两次中试结果基本一致，即除Fe、Mn、C/N含量略高外，基本能符合B类种植土要求。由于配方4中未添加有机肥，导致磷含量偏低，因此进一步说明配方中添加有机肥的必要性和重要性；同时第3次中试和前两次中试比较，钾和磷结果均偏低，主要原因是使用的有机肥原材料不同引起的，因此必须根据有机肥原材料质量差异进行配方的调整。另外本次试验原土的比例降低，从栽培试验来看，小苗保水性比较差，结合前两次中试结果，原土比例还是维持在30%~35%为佳。

总体而言，连续3次生产的中试试验可以得出以下3条建议：

1. 根据有机肥总养分和氯含量确定其用量

鉴于添加有机肥的重要性，但有机肥易引起氯含量的超标，因此确认在基本配方基础上，根据有机肥养分和可溶性氯含量进行有机肥用量的调整（表8-8）。为更合理地控制配方，也可以根据有机肥中氮、磷、钾的具体含量，再适当调整有机肥的添加比例，确保种植土中氮、磷、钾含量以中等含量为宜。如种植土要求磷的控制指标为10~40 mg/kg，那么为确保种植土中磷的养分，同时又为避免潜在的富营养化影响，磷的含量宜控制在20~30 mg/kg之间。

表 8-8　有机肥用量建议比例

可溶性氯含量（mg/L）	总养分含量（$N+P_2O_5+K_2O$）（%）	有机肥比例（体积比）（%）
2000~2500	>5	5
2000~1000	5~6	7
	>6	6
<1000	5~6	8
	>6	6

2. 控制原材料粒径和含水量

控制原材料粒径和含水量，避免原材料受潮，确保产品拌和的均匀度。

3. 改善工艺以提高生产能力

根据本次中试生产的基本情况，每小时生产种植土约100~150 m^3，按一天生产10小时计算，能生产1000~1500 m^3种植土。

考虑到100余万m^3的种植土生产需求，因此建议：改善原土粉碎、原土筛分工艺，提高原土供应量；一条生产线生产能力有限，而且不排除发生故障需要维修等意外事件发生，建议另组织一条生产线。

五、第四次中试试验

（一）中试试验目的

为生产便利，确立最佳的试验配方，为进一步验证配方和产品稳定性以及连续生产的能力，进行连续生产的中试试验，共生产600 m^3。

（二）取样方法

为确保取样有代表性和便于比较搅拌的均匀性，共随机抽取了6个种植土样品，每个混合样由10~15个样点组成。

（三）检测结果和评价

大部分指标均能满足上海国际旅游度假区核心区种植土B类标准的要求；同样所有样品Fe的含量均高于B类标准，进一步说明Fe 含量超标是不可避免，但鉴于Fe在种植过程中会钝化，因此放宽Fe的控制指标是可行的，连续试验结果能满足放宽后的A类标准。同样，部分样品出现了Mn含量高于B类标准的现象，但符合A类标准；6个样品石油碳氢化合物均高于B类标准，但低碳分子的石油烃化合物C_6~C_{14}的含量均小于检测限。基本符合上海国际旅游度假区绿化种植土规模化生产的需求。

第二节　绿化种植土生产

一、建立生产基地

（一）选址位置

位于浦东新区黄楼镇，塘黄公路以西，S2高速公路以东，上海国际旅游度假区外围的西北储备地块（见图8-5中的红点）。

（二）生产基地规模和布局

种植土生产基地占地约2万m^2（包括称量设备、生产搅拌设备及管理用房等）；临时草炭堆放场地约1.5万m^2；种植土成品临时堆放场地约8000 m^2（供未检测合格种植土堆放使用）；种植土成品堆放场地需要20万m^2（按40万m^3种植土储备计算），具体见表8-9。

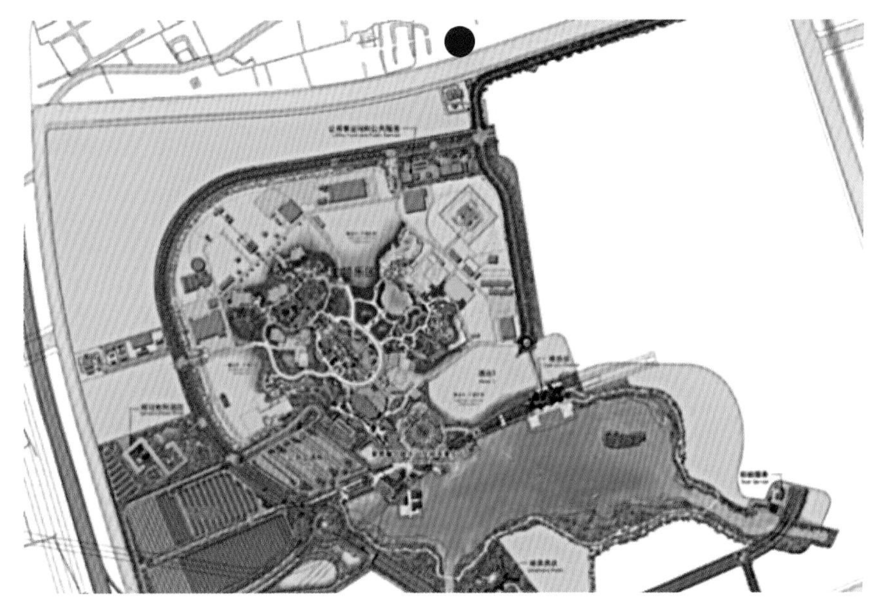

图 8-5　上海国际旅游度假区绿化种植土生产基地位置

表 8-9　绿化种植土基地布局

序号	分项工程名称	单位	面积、长度或数量	备注
1	现有原土堆场整理	m^2	41000	平均堆高 3.2 m
2	草炭土临时堆场	m^2	15000	
3	原土二次加工场地	m^2	4000	
4	生产便道加固修整	m^2	420	
5	过路管敷设	m^2	140	
6	排水明沟开挖	m^2	180	
7	管理用房	m^2	487.5	
8	生产设备电脑控制室	m^2	9	
9	临时路挡布置	m^2	480	
10	生产设备	套	1	
11	筛分设备	套	1	
12	生产管理大棚	m^2	6400	
13	地磅及配套用房	套	1	

二、建立机械化生产流水线

（一）建立生产车间

为控制绿化种植土生产质量，整个生产流水线建立准工厂化的标准化生产车间。建造防风防雨并有硬地面的生产大棚，其噪声、粉尘、排水、电器安装等应符合相关工业生产车间要求（图8-6）。

（二）建立自动化生产流水线

生产采用自动化配料生产线进行，原材料进场及每一道工序均做好产品质量、数量验收记录，用机械进行数字监控（图8-7），确保搅拌均匀的变异系数<20%。

图 8-6　上海国际旅游度假区绿化种植土生产

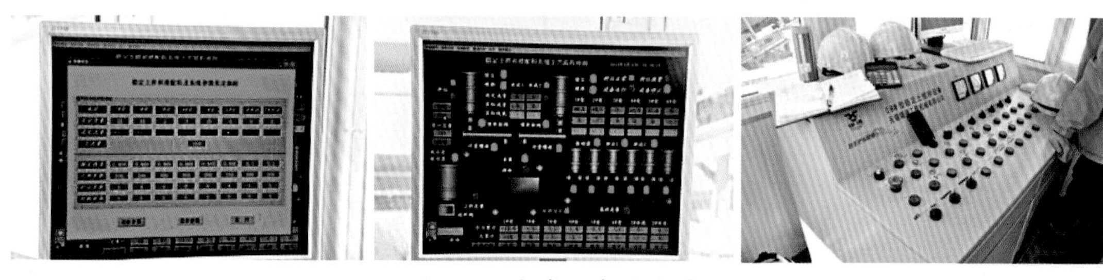

图 8-7　生产设备流水线

三、生产工艺

（一）整体工艺流程

种植土生产整体工艺流程见图8-8。生产采用流水作业法，原材料进行每一道工序应及时报验监理，并做好成品质量、数量验收记录，提前预备下一生产周期的材料，确保种植土生产质量。

（二）生产设备信息控制流程

图8-9所示为生产设备信息控制流程图。

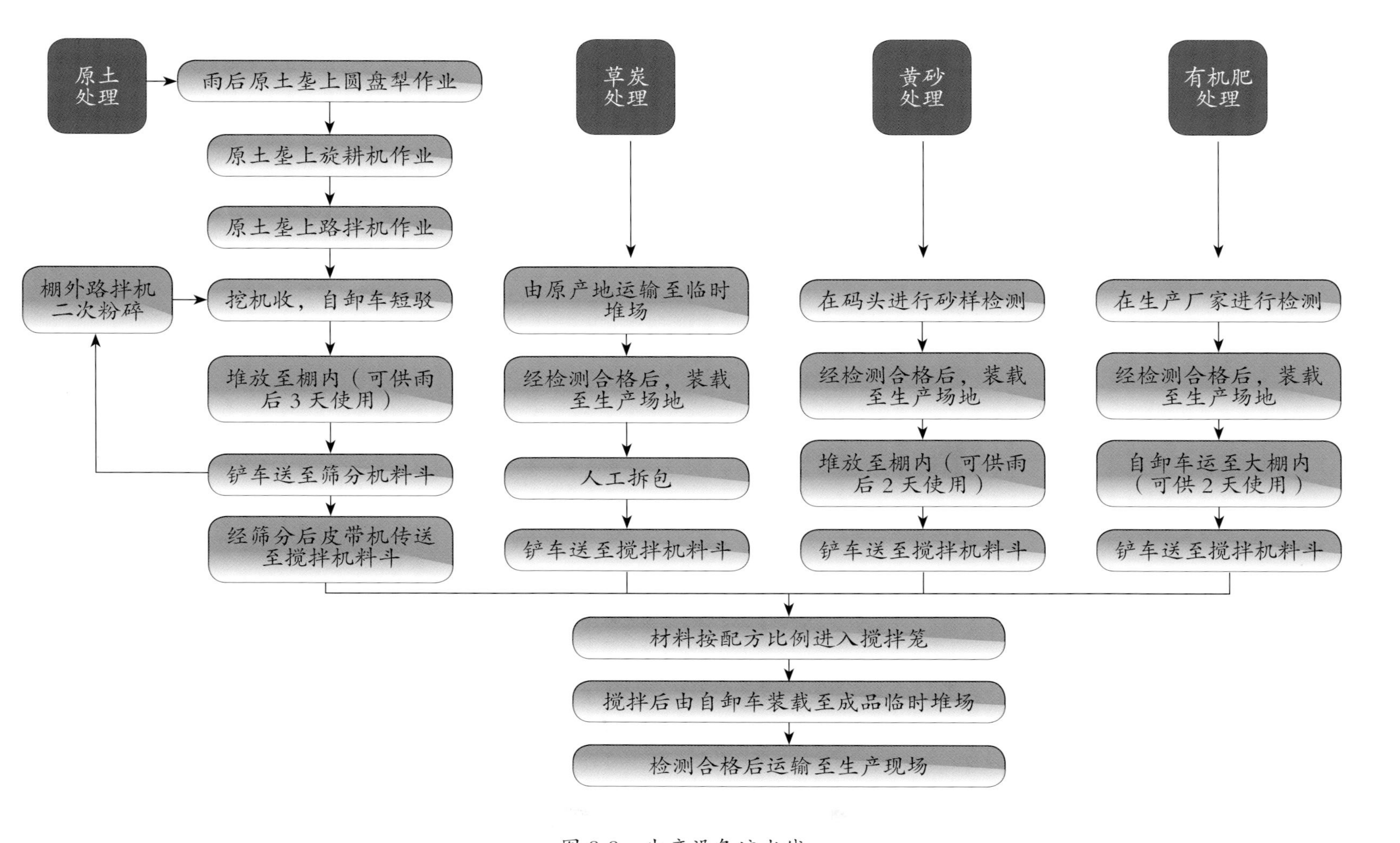
原土处理
雨后原土垄上圆盘犁作业
原土垄上旋耕机作业
原土垄上路拌机作业
挖机收，自卸车短驳
棚外路拌机二次粉碎
堆放至棚内（可供雨后3天使用）
铲车送至筛分机料斗
经筛分后皮带机传送至搅拌机料斗
草炭处理
由原产地运输至临时堆场
经检测合格后，装载至生产场地
人工拆包
铲车送至搅拌机料斗
黄砂处理
在码头进行砂样检测
经检测合格后，装载至生产场地
堆放至棚内（可供雨后2天使用）
铲车送至搅拌机料斗
有机肥处理
在生产厂家进行检测
经检测合格后，装载至生产场地
自卸车运至大棚内（可供2天使用）
铲车送至搅拌机料斗
材料按配方比例进入搅拌笼
搅拌后由自卸车装载至成品临时堆场
检测合格后运输至生产现场

图 8-8　生产设备流水线

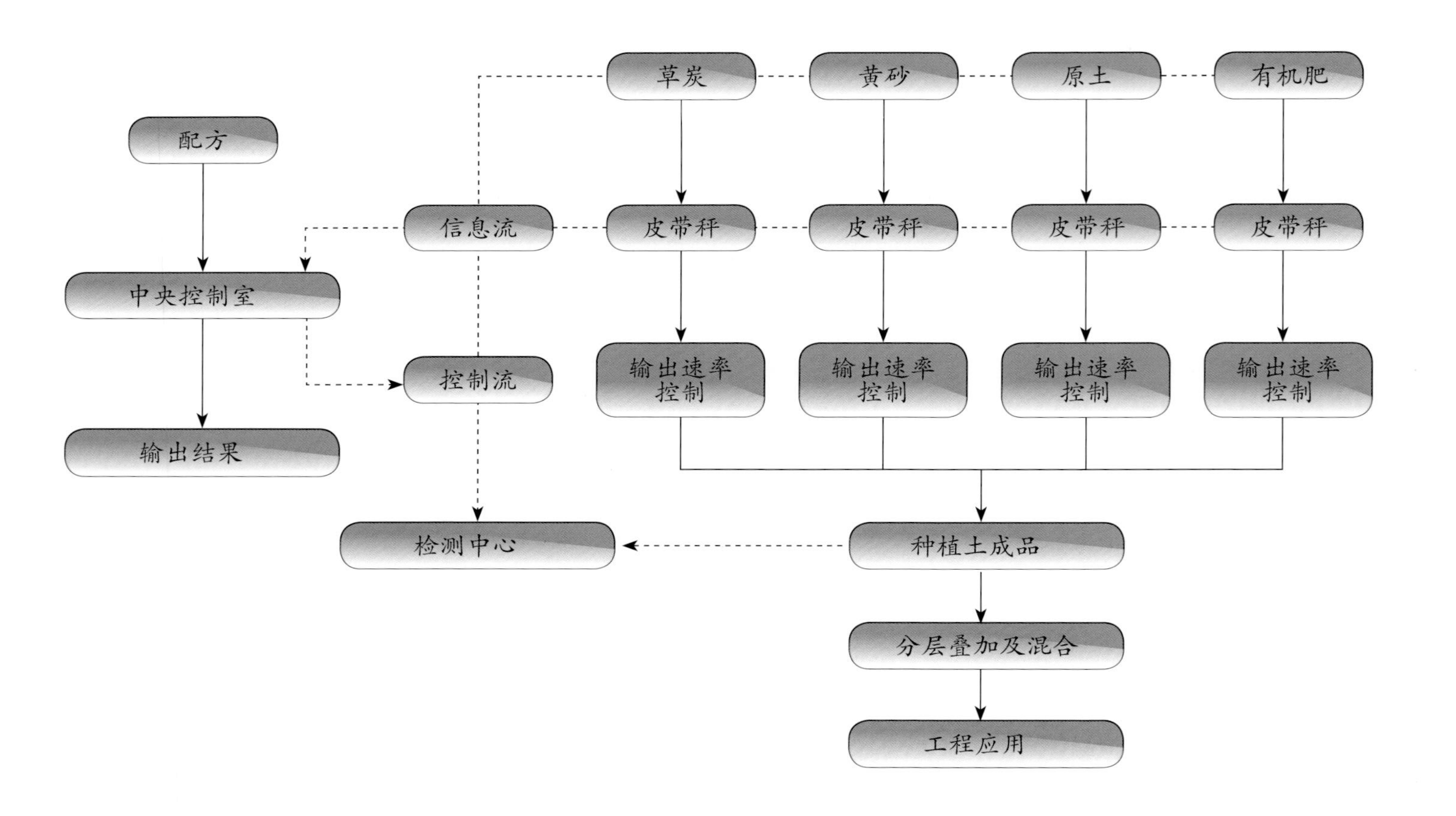

图 8-9　生产设备信息控制流程图

四、生产现场安排

（一）生产送料

种植土生产的原材料进入生产基地以后，根据配方分别将原材料运送至相应的贮料仓。粉碎原土运送至贮料仓前还需进行过筛，去除不符合要求的土块和杂质。过筛采用震筛设备，震筛后的合格原土利用皮带输送机送入贮料仓。不符合要求的土块利用皮带输送机送至生产基地外临时堆场，有一定量后驳运至原土再处理场地，利用挖机进行铺摊，厚度控制在0.2～0.3 m，采用路拌机进行再粉碎，粉碎完成后再进行归拢、驳运至生产基地。

种植土生产原料都为散装材料，送料采用铲车进行作业。生产原料送入相应贮料仓后，按设定的配方通过计算机控制连续式皮带电子秤的喂料器进行喂料，生产原料放至集料运输皮带机上后直接送往搅拌缸。

根据工程量，原土和黄砂送料安排2台5吨铲车，草炭和有机肥送料安排1台5吨铲车。

（二）生产搅拌及成品驳运

种植土原材料送料完成，配料完毕，进入搅拌缸混合搅拌，混合搅拌后的种植土通过成品输送皮带机输送至成品仓，直接卸入种植土运输车中。

在种植土混合搅拌的同时，成品运输卡车已经至出仓口等待。按照每天1500吨需配备4辆运输卡车，1台卸土挖机，1台堆放成型挖机。

五、成品堆放

（一）临时堆场建设

由于搅拌出仓的种植土需进行样本测试，为此按每天生产的1500吨种植土为一个批次进行临时堆放，并盖上防水油布做好成品保护。在每个批次中抽取3个样本，送往检测中心进行测试。通常快速检测5天后会有测试结果。为此临时堆场需分为6块区域，每个区域堆放1天生产的1500吨种植土，面积45 m×20 m，种植土采用梯形堆放，上口宽度12 m，下口宽度18 m，堆高3 m，两侧1∶1放坡。边坡使用挖斗贴坡、夯实，防止塌方。最后使用防水油布覆盖，防止雨水渗漏，保证成品种植土质量。周边设置排水沟和运输道路。故临时堆场面积需有5200 m^2，其中道路和排水沟面积为1000 m^2，并且此临时堆场需进行硬化处理（图8-10）。

（二）成品堆场的建设

如测试样本合格，该批次种植土便可作为成品储备（图8-11）。按一个检验批1500吨进行驳运需配备装卸挖机4台，土方运输车辆6台，堆放挖机1台。

根据进度安排，生产的种植土需进行储备堆放。种植土采用梯形堆放，上口宽度

图 8-10 种植土产品临时堆放场地（用土工布覆盖）

图 8-11 产品正式堆放场地（依次为用土工布覆盖、铺钢板、产品起堆、产品堆放）

12 m，下口宽度18 m，堆高3 m，周边设置排水沟和运输道路，种植土堆置长度根据现场情况决定。根据40万吨种植土的储备量计算，堆土场地和运输道路及排水系统合计，成品堆场需有20万m^2的场地。

六、成品验收及交付

（一）验收的标准

外观合格，检测报告合格，按体积实方验收。

（二）交付的时间及进度

根据现场种植的时间节点，一般在种植前3天将种植土运至现场。

（三）交付方式

度假区合作双方现场认可接受。

七、机械配备

为提高绿化种植土生产的机械化水平，应尽量使用机械设备。除了无锡锡通科技集团生产的CBW-200型搅拌设备外，还需配备不同型号挖掘机数台、不同型号自卸车数台、铲车、圆盘犁、旋耕犁、路拌机、手推车、潜水泵和全站仪。

第三节　生产管理要求

一、　总体管理要求

为保证种植土生产的质量及进度，本项目配备了工程所需的机械设备及人员，并有一定的充余量，从而在确保工程严格按生产进度计划顺利进行的基础上，为确保工期加快和质量，除从技术上、设备上的投入外，关键在于加强管理。

（1）加强计划管理，根据工期要求和环境条件编制项目总进度计划。在具体生产中，根据各用土单位具体情况还要制定详细的月度供应计划，以确保总工期。

（2）根据工期要求，必须备足需用的生产机械，对重要机械要有适当的备用数量，加强生产机械的维修保养工作，对于易损机械零配件要有适当储备，及时更换，保证机械运行良好，避免因机械原因而影响生产。

（3）现场安排有经验的生产人员，保证工程的正常开展。

（4）生产中加强调度，统一指挥，每周召开生产调度会进行总结和协调平衡。必要时召开生产调度会，调整计划统一部署，集中力量攻克关键及薄弱环节，各道工序均应互相密切配合，协调一致，避免干扰，减少窝工。

（5）按工程的进度需要制定材料供应计划，加强材料的采购工作，做到及时供应，及时补充，有足够的储备，坚决避免因材料供应不上而影响生产。

（6）后勤生活合理安排，尽量创造较好的生活条件和生活环境，使生产人员劳逸结合，保证生产人员以最佳的精神状态去开展工作。

（7）密切与监理单位和业主的联系，生产中遇到疑难问题，及时与有关部门联系并妥善解决，积极协助监理部门的检查和验收工作。

（8）加快生产进度的具体措施：

①合理安排各工作面生产，流水作业；

②合理组织生产，做好“周密安排、精心生产、科学管理”；

③提高机械化程度，提高机械利用率；

④及时准备填报材料用量计划，确保材料充足，不停工待料。

二、质量管理要求

（1）种植土生产按照GB/T 19001—2000标准要求建立质量管理体系，形成文件，加以实施和保持，并予以持续改进。

（2）种植土生产的关键工序有原材料采购、原材料加工、机械化搅拌、成品保护、成品供应。对进场原材料，负责生产单位申迪园林种植土生产技术人员配合监管单位园科院进行取样，对原材料的理化性质作测试分析。确保原材料全部符合标准要求，方可进行种植土搅拌。根据最终确定的配方进行种植土搅拌，生产完成后在场内堆放7天，期间由园科院、度假区合作方进行检测，检测合格后方可用于绿化种植生产。

（3）种植土生产实施，由申迪园林对生产实施方按资质、技术能力、设备条件、业绩荣誉等条件进行评选。与选定的实施方签订生产合同，明确质量要求和监管要求，由申迪园林对种植土生产过程实施质量监控。

三、环境保护管理要求

（1）环境管理体系的范围，按照GB/T 24001—2004《环境管理体系——要求及使用指南》建立、实施、保持和持续改进环境管理体系。确定具体要求，形成文件。

（2）针对重要的环境因素，考虑法律法规和其他要求，建立、评审环境目标、指标。环境目标、指标经总经理审批后，下达相关职能部门。

（3）确保所有从事被确定可能具有重大环境影响的工作的人员（包括分包方的人员），都具备相应能力和保护环境的意识，开展相关内容的培训、教育或技术交底。

四、职业健康安全管理要求

（1）坚决执行国家有关安全生产、劳动保护的方针、政策、法令、法规和公司的各项规程、规定。

（2）组织制定本项目的各项安全生产规章制度，督促各部门认真执行。

（3）定期组织召开安全生产领导小组会议，研究、解决有关安全方面的工作，认真贯彻预防方针，及时排除不安全因素。

（4）定期组织安全生产检查，对查出的问题“定人员、定时间、定措施”落实整改，及时消除事故隐患。

（5）发生因工伤亡事故或发现重大事故隐患，及时组织事故分析，采取防范措施，并按规定向上级有关主管部门报告。对事故责任者进行严肃处理，并在全体职工中开展事故分析、教育，防止同类事故的发生。

（6）为保证安全生产，使职工熟悉和自觉遵守安全生产中的各项规章制度。

09
绿化种植土壤质量监管

由于度假区种植土生产线一批次生产的种植土量较大，等生产后检测产品质量不合格为时已晚，因此对产品质量的监管需提前到对原材料的监管。只有符合质量要求的原材料才能生产出符合质量要求的绿化种植土产品。监管既有对原材料或产品“量”的监管，又有对原材料或者产品“质”的监管；还包括对原材料采购、种植土生产整个流程的监管；既有技术监管，还有安全生产监管等。

第一节　原材料和绿化种植土产品体积的变化

不仅原材料进场时涉及数量的验收，产品生产后交付施工单位或建设方也涉及产量验收。而原材料在采购、运输和堆放过程中会发生体积变化，原材料混合成产品后也会发生体积变化，因此在进行原材料或产品“量”的监管时首先要了解它们体积的变化情况，为有针对性监管提供技术依据。

一、原材料体积变化

（一）原材料风干前后重量和体积的变化

要监管各种原材料的量，首先对各种原材料风干前后重量和体积的变化进行测定。

1. 表土

分别选择收集堆放的上海国际旅游度假区I类、II类和III类表土各一个代表性样品，测定风干前后重量和体积变化（表9-1），可以看出表土体积变化较小，除II类土减少了

9%，其他II类土壤只减少了2%~3%，就现场应用而言，体积变化小则可以忽略不计；但重量变化相对较大，在10%左右。

2. 黄砂

选择来源于鄱阳湖的黄砂样2个，分别测定风干前后重量和体积的变化（表9-2），可以看出和表土变化趋势相反，其体积变化要比重量变化大。

3. 有机肥

选择5个典型的有机肥样品，分别测定风干前后重量和体积的变化（表9-3），从中看出有机肥除一个样品体积变化略大外，其余4个有机肥样品体积变化均较小。而重量的变化有大有小，不同样品差别较大。

4. 草炭

选择不同来源的草炭样品4种，进行风干前后重量和体积变化的测定，可以看出草炭在4种原材料中，不管是体积还是重量均是变化最大的（表9-4）。

表 9-1　表土风干前后重量和体积的变化

样品编号	样品名称	自然重（g）	风干重（g）	重量变化（%）	自然体积（mL）	风干体积（mL）	体积变化（%）
1	Ⅰ类土	123.56	112.37	–9.06	100	97.13	–2.87
2	Ⅱ类土	113.22	97.91	–13.52	100	91.21	–8.79
3	Ⅲ类土	126.57	112.68	–10.97	100	98.15	–1.85

表 9-2　黄砂风干前后重量和体积的变化

样品编号	自然重（g）	风干重（g）	重量变化（%）	自然体积（mL）	风干体积（mL）	体积变化（%）
1	150.53	148.76	–1.18	100	93.21	–6.79
2	119.38	110.18	–7.71	100	87.07	–12.97

表 9-3　有机肥风干前后重量和体积的变化

样品编号	自然重（g）	风干重（g）	重量变化（%）	自然体积（mL）	风干体积（mL）	体积变化（%）
1	48.58	41.1	–15.40	100	102.34	+2.34
2	58.95	57.4	–2.63	100	104.23	+4.23
3	46.09	42.86	–7.01	100	102.18	+2.18
4	51.71	39.49	–23.63	100	86.96	–13.04
5	54.65	25.25	–53.80	100	104.42	+4.42

表 9-4　草炭风干前后重量和体积的变化

样品编号	自然重（g）	风干重（g）	重量变化（%）	自然体积（mL）	风干体积（mL）	体积变化（%）
1	21.26	9.71	–54.33	100	110.24	+10.24
2	38.18	17.56	–54.01	100	88.39	–11.61
3	33.84	8.52	–74.82	100	84.12	–15.88
4	63.71	18.72	–70.62	100	128.53	+28.53

二、产品体积的变化

原材料混合前后体积发生变化，直接影响到产品的计量和成本核算。对几种配比混合前后的体积变化进行测定（表9-5），从中可以看出不同配比绿化种植土生产后体积变化不一样，基本在2.21%~9.34%之间。因为整个上海国际旅游度假区绿化种植土生产量较高，稍许体积变化，折合成总量也是非常惊人的。因此对每批产品的体积都要用运输车进行体积计量。同时由于每批原材料均要求进行风干，含水量相对稳定，因此对每批次绿化种植土出厂后进行过磅称重，为进一步核算种植土量提供依据。

表 9-5　原材料混合前后体积变化

编号	体积缩小（%）	编号	体积缩小（%）
PF-1	5.12	PF-10	5.35
PF-2	4.23	PF-11	3.23
PF-3	4.32	PF-12	6.23
PF-4	5.14	PF-13	3.84
PF-5	2.21	PF-14	2.64
PF-6	3.21	PF-15	7.38
PF-7	5.41	PF-16	5.64
PF-8	3.62	PF-17	9.34
PF-9	6.43		

第二节　监管实施方案

一、监管范围

监管涉及种植土原料采购（包括原料产地开采、晾晒、装包和运输等情况）、现场原料验收过程、中试生产过程及120万m^3种植土生产过程、进度、安全和文明生产，并将其监管内容进行详细记录和提交，督促生产方做好安全生产工作，发现问题后立即上报业主并督促生产方做好整改措施。

二、监管目标要求

（1）监督生产方完成合格原材料采购与验收工作和中试生产过程及最终120万m^3符合度假区合作方标准的种植土生产任务，并最终完成验收。

（2）监督生产方按照进度完成工作任务。

（3）监督生产方安全文明施工，避免采购、生产过程对环境造成污染，发现问题立即启动应急措施并上报业主。

（4）资料记录与管理：指导、帮助、监督生产单位按要求完成归档资料。

三、监管总体部署

根据监管范围，分别制订不同原材料、检测和种植土成品抽检的监管流程图。

（一）原材料

1. 草炭的监管

（1）草炭的监管流程图

为确保草炭的质量，草炭实行源头监管，具体见图9-1。

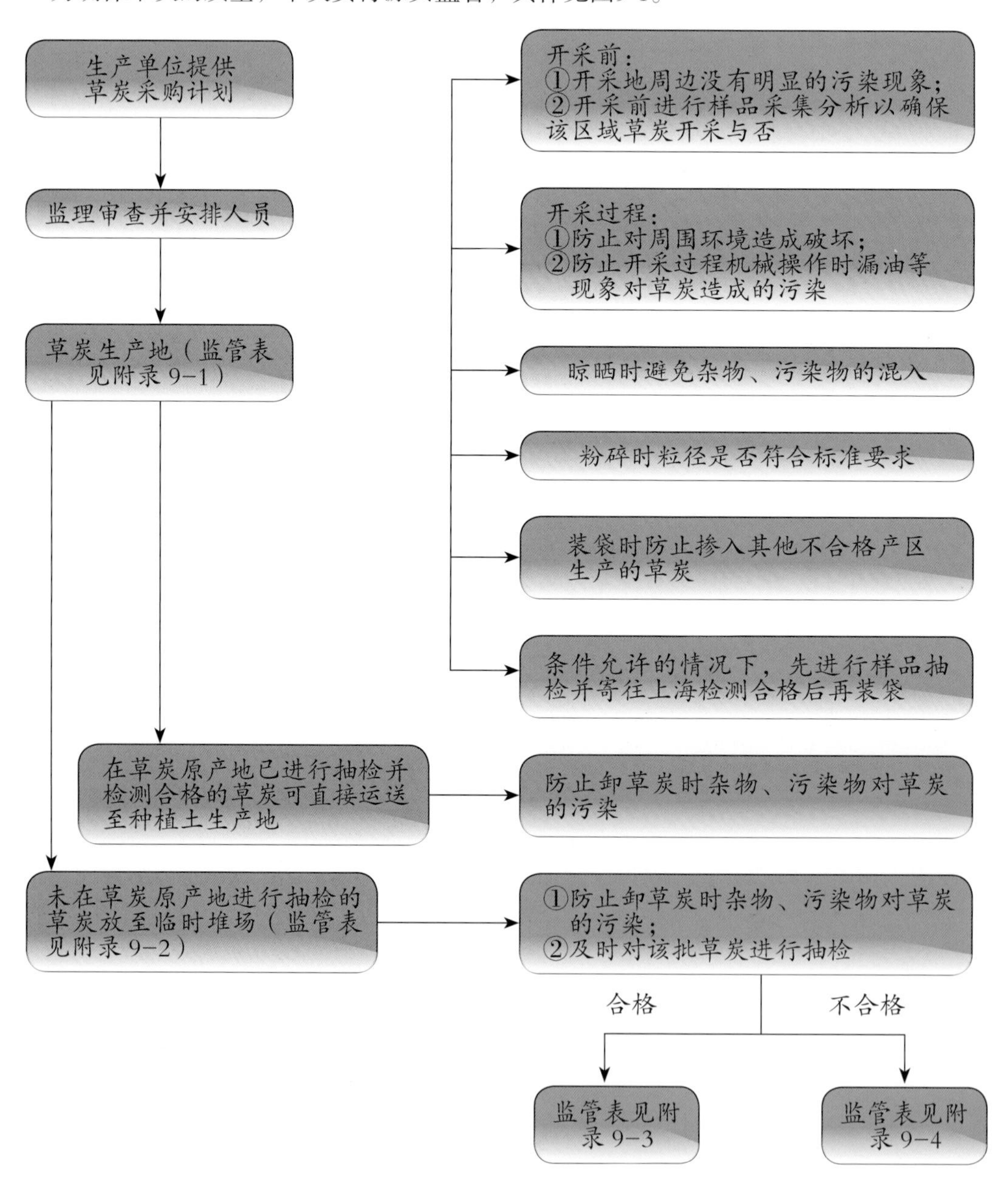

图 9-1　草炭监管流程图

（2）泥（草）炭采购质量及验收标准

① 确定批次

供应总量大于20000 m^{3}的厂家以3000 m^{3}为一个批次进行供应。供应总量在10000~20000 m^{3}的厂家以2000 m^{3}为一个批次供应，供应总量小于10000 m^{3}的厂家以1000 m^{3}为一个批次供应。

② 验收方法

记录运货车辆车牌、确定车辆运输体积与袋数，并由其在记录单上签字。每批次供货总量由跟车负责人进行确认并签字。收货单由收货方进行数量与质量验收核实后进行确认再交与供货方。如体积抽检未达要求，则按实际体积记录交与供货方，不足部分需补齐。

抽样分两种。

A. 当地抽样

每500 m^{3}采样一次，采样过程在装袋之前进行，样品发送回上海检测，检测合格后装袋发货。袋数与体积测量全部达到供应数目，则该500 m^{3}视为合格。

B. 收货现场抽样

测量方法：将供应商提供的1 m^{3}包装泥（草）炭倒入一个体积为1 m×1 m×1 m的测量箱（图9-2）中，如自然状态下体积大于等于0.95 m^3，则体积视为合格。

每1000~2000 m^{3}抽样检测一次。测试方法为目测和理化分析。

抽检体积的同时，看泥（草）炭中是否混有杂质、大颗粒、油污等，如发现此类污染，则该抽检单位内泥（草）炭视为不合格，需由供应方重新发货。

如连续3次抽检合格，则抽检频率降低为每1000 m^{3}检测一次。

每批草炭入场前用量斗量好自然铺放约1 m^{3}所需要草炭包数，然后根据包数就可计算出每批进场草炭的体积。每批进场的草炭按照每立方米需要草炭包数按序统一堆放，每20 m^{3}作为一个堆（图9-3），也方便草炭堆场统计库存。

图 9-2　草炭木质量斗（1 m×1 m×1 m）

图 9-3　草炭现场堆放

③ 指标控制

草炭的主控指标见表7-12，即pH在3.0~7.5之间；EC值＜2.5 mS/cm；有机质≥500g/kg；粒径$W_{d>13\ mm}$=0；$W_{d<5\ mm}$>80%。其中根据C/N将草炭分为三级，分别为：一级：10~14；二级：14~18；三级：18~22。

④ 监督过程

派专人至每个厂家与厂家质量负责人共同负责跟踪生产（开采与晾晒）、装袋与运输、卸货过程。如一个厂家连续3批供应泥（草）炭数量与质量指标达到要求，则监督过程频率降低（每10000 m^{3}监督一次），或改为收货地点验收即可。

A. 生产与装袋

产品开采、晾晒及装袋过程中严禁混入塑料、泥土、石子、新鲜杂草、大块草根、金属、油污等杂质，用于开采加工机械的机油等油污严禁混入泥（草）炭。沾有油污、铁锈的机械需清洗干净后方可用于生产加工。所有开采、晾晒、装袋过程中严禁所有人在操作范围内吸烟，防止烟灰、烟头等杂物混入。混有以上提及的任何类型杂质的泥（草）炭视为废弃。包装规格：99 cm × 60 cm覆膜编织袋，防止脱水减少粉尘。

B. 运输与卸货

运输过程需厂方派专人负责数量与质量。负责运输车辆的货仓需清洗干净后方可用于运输。装车后的泥（草）炭需用油布覆盖，防止雨水淋湿。油布需包扎严实，防止运输过程泄露。卸货时需按照购买方要求卸至指定地点，严禁中途随意中转装卸。运输过程被雨水淋湿或其他污染的泥（草）炭到指定地点需单独堆放并检测，合格后方可与其他泥（草）炭共同使用。

2. 黄砂的监管

（1）黄砂的监管流程

为确保黄砂的质量，也实行源头监管，具体流程见图9–4。

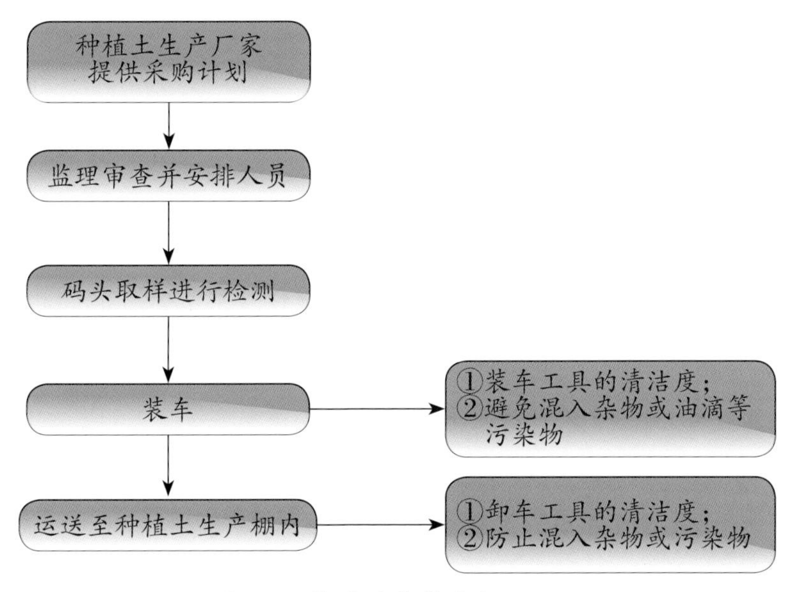

图 9-4　黄砂的监管流程

（2）黄砂加工工艺流程

在前期砂源地勘察、采样及分析的基础上，符合上海国际旅游度假区标准的黄砂加工工艺流程应如下（图9-5）。

图 9-5　黄砂的加工工艺流程

经过对标准砂样的加工工艺分析，其中砂源地的质量控制与码头堆场设置是黄砂稳定供应和质量控制的重点。

（3）砂源地开采稳定性控制

①在前期4次砂源地考察后，最终确定了2个砂源地符合度假区黄砂的质量标准（表9-6）。其中，第2个砂源地的粗砂层可直接用于度假区种植土生产，砂源地的控制成为砂源稳定性控制的首要条件。

表 9-6　筛选黄砂的粒径分布情况

砂源地点	<0.3 mm	0.3~0.4 mm	0.4~0.5 mm	0.5~0.8 mm	0.8~1 mm	1~2 mm	>2 mm	0.4~0.8 mm
1–1	8.8%	19.7%	41.7%	21.3%	3.7%	4.2%	0.7%	63.0%
1–2	6.9%	17.2%	41.3%	24.1%	4.7%	5.6%	0.1%	65.4%
2–1（粗砂样）	3.7%	13.0%	32.1%	40.5%	7.1%	3.2%	0.6%	72.5%
2–2	6.0%	22.5%	42.6%	22.4%	1.9%	1.3%	3.4%	64.9%
2–3	6.8%	23.0%	44.3%	22.8%	2.0%	0.9%	0.2%	67.1%
2–4（水洗）	6.5%	17.9%	35.2%	29.4%	6.1%	4.9%	0.1%	64.6%

②中方派遣质量控制人员对供应商开挖的砂层进行自检，尽量选择粗砂层进行开采，如粒径0.4~0.8 mm>70%且其中0.5~0.8 mm>40%，则可直接用卡车短驳至码头运输至上海。

③如开采的砂层偏细（小于0.3 mm>5%），则短驳至砂源地旁边的水洗池进行水洗，粒径控制在0.3~2 mm，将0.3 mm以下的粒径冲洗干净。

以上三道质量控制生产工艺流程都由种植土生产厂家派专职人员长驻砂源地进行监督，粒径检测因方法较为简便，也在当地自行完成初步的检测。

（4）上海码头质量稳定性控制

①对黄砂供应厂商要求：

A. 必须在上海码头有2万吨的合格砂堆场，能够满足20天生产需求。

B. 所有运输车辆必须清理干净，且无油污及其他杂质污染。

②每批次黄砂运送至码头时，要求检测中心、度假区合作方管理公司一同对船上砂样进行检测，合格后方可堆放至码头或运输至现场。

3. 有机肥的监管

为确保有机肥的质量，也实行源头监管，具体流程见图9-6。只有在现场检验合格的样品才可以进入生产现场。

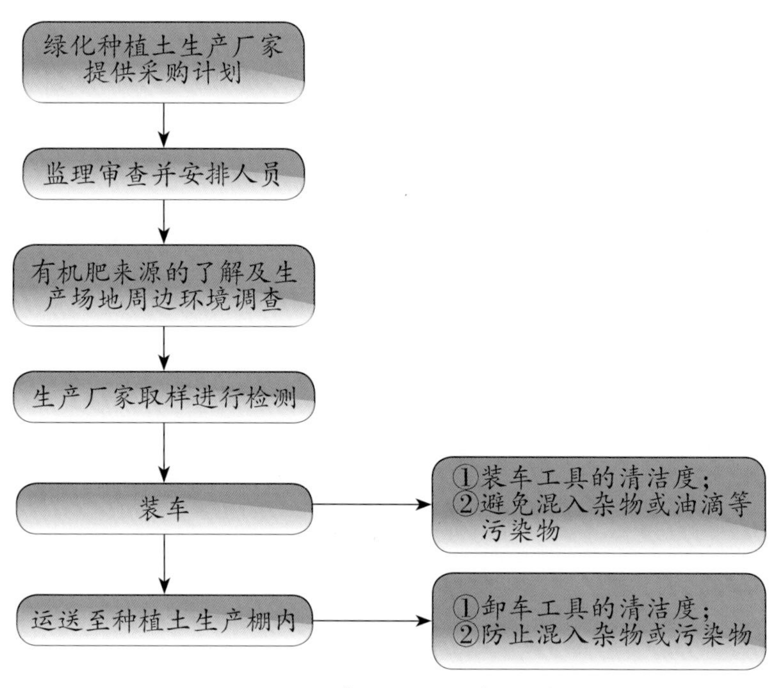

图 9-6　有机肥的监管流程

4. 石膏的监管

为确保石膏的质量，也实行源头监管，具体流程见图9-7。只有在现场检验合格的样品才可以进入生产现场。

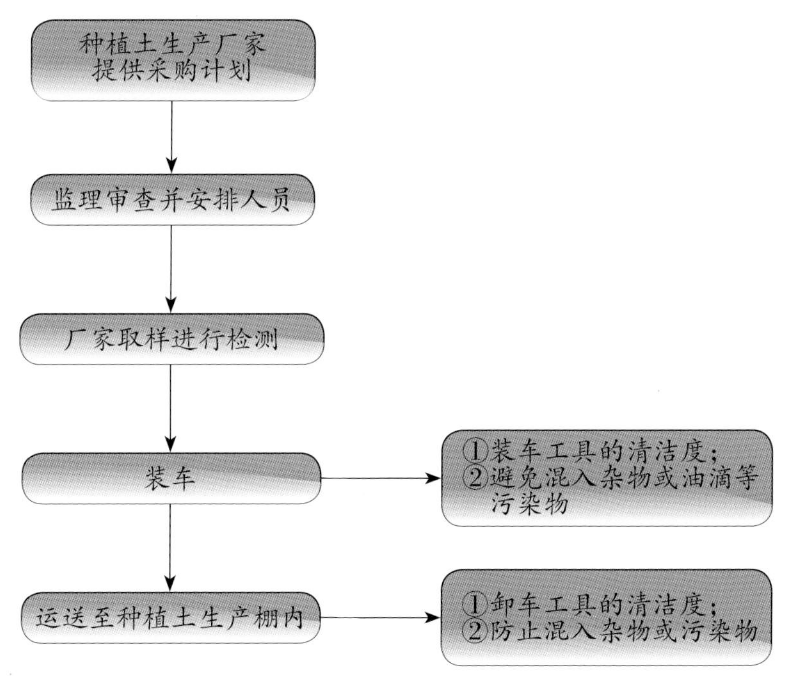

图 9-7　石膏的监管流程

5. 原土的监管

原土的监管流程见图9-8。

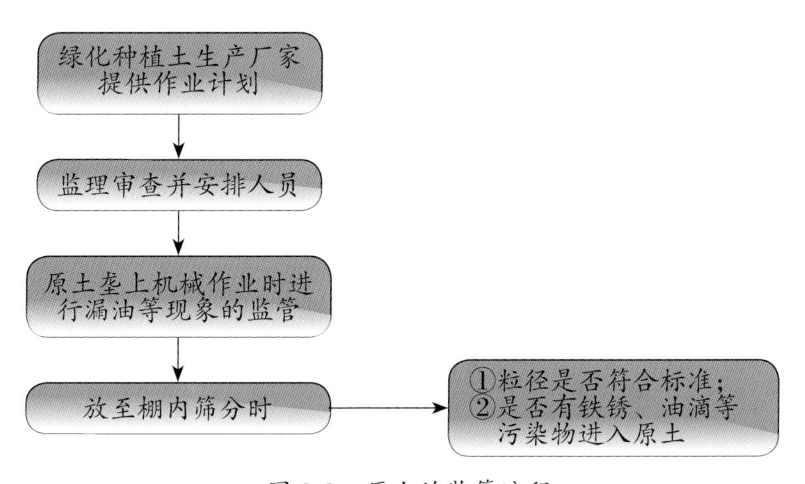

图 9-8　原土的监管流程

（二）检测监管流程图

（1）种植土生产厂家现场负责人提交原料到场计划或生产计划，原料或成品量累计满500 m^3（最初成品100 m^3），向对应采样人员提交《原材料、成品送检表》，表中反映样品名称、批次及数量等信息，准备联系安排采样。

（2）采样人员安排时间并告知原料或产品负责人员落实抽样，抽样过程做好样品种类、编号、来源、采样时间等相关信息记录。

（3）所有采集样品交与检测报告联络人登记样品信息，检测人员根据联络人下发的《上海国际旅游度假区样品流转单》安排检测分析。

（4）上海国际旅游度假区样品检测严格按照第三方专业检测机构规定的操作流程进行样品采集或收样→处理→流转分析→数据审核→报告→留样存放，所有数据由检测中心管理办公室统一对外出具报告。每批检测数据报告分纸质和电子版本两种：其中纸质版本只有经检测中心盖章后才有效，一式4份，3份交委托方，1份由检测中心自行存档；电子版报告由检测中心管理办公室统一汇总至检测报告联络人处，电子版结果随时更新，以方便不合格原料或产品的处理。

（三）生产监管流程图

生产的监管流程见图9-9。

中美双方对产品进行现场视察（图9-10）。

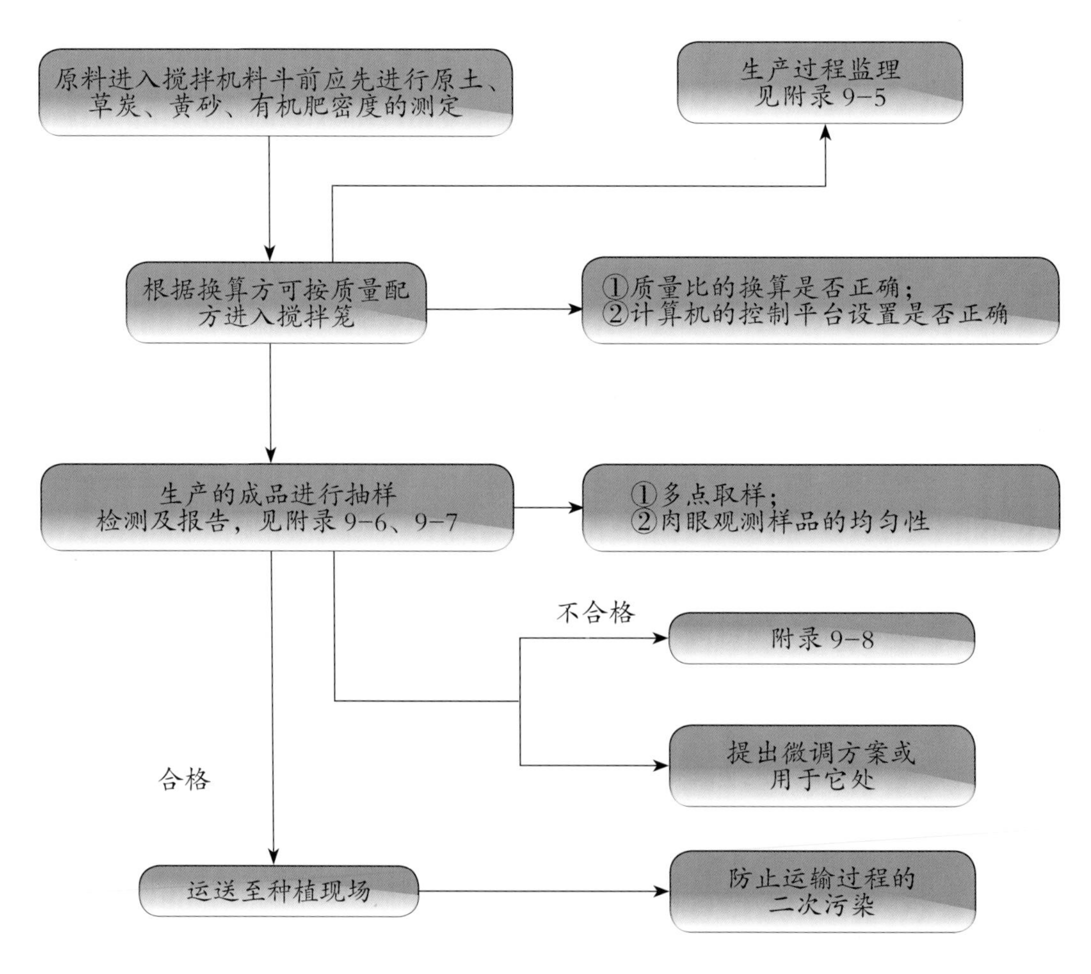

图 9-9　生产监管流程

图 9-10 中美双方视察生产的绿化种植土壤产品

四、生产监管机构

（一）各监理的职责

1. 项目总监

（1）进行项目的总协调、定期召集监理负责人了解工作进度。

（2）布置任务、督促执行。

（3）进行上下级的沟通，与甲方和申迪园林的沟通。

2. 原材料监理

（1）组织审查申迪园林原材料采购计划，要求申迪园林每个原材料产地落实专人负责，并要求其做好原料内部监管计划和记录。

（2）组织安排协调原材料的源头监控与抽样，样品发回上海检测。

（3）收到样品检测合格报告电子版后同意原料产地发货。

（4）发现问题通知业主，协助业主和生产方做好问题分析与处理。

（5）收货现场抽查出不合格原料或与发货地车、数量等不符的情况，通知申迪园林做好不合格原料或不符产品的退货。

3. 生产监理

（1）审核生产方提供的生产计划方案和计划进度，编制分阶段监理细则，向业主提供分周或分月监理报告。

（2）生产前要求生产方提供原料合格报告书，每批生产过程均需提供原料产品合格报告，并详细注明原料来源、车号、现场堆放位置，由生产方确认签字后交与生产监理负责人审核，审核通过后方可同意用于生产。

（3）对生产工序进行监督控制并做好生产过程确认记录单，监督生产方记录原料种类、用量、含水量、体积和操作人员、工作时间及产量和生产质量负责人，每2~3小时进行生产现场巡视，每天要求生产方提供生产过程监控录像。

（4）跟踪验收产品和检测报告，根据进度和产品报告提出生产改进建议，对不按照生产配方要求进行的生产操作立即制止并要求整改。

（5）督促申迪园林按要求编制安全文明生产方案，经业主和监理方审批后实施，并在实施过程中进行严格监督。核查生产现场危险区域，在生产过程中作重点监控，并要求生产方做好安全生产监控记录，定期审查。对安全文明施工实施情况进行检查，出现违背安全操作和文明生产的情况立即记录并制止，要求停止操作并整改，排除安全隐患或不文明生产后方可继续操作。监督生产方节假日安排专人值班，做好防火防盗等安全隐患检查。

（6）根据检测报告对合格的产品进行签证，并督促确保各批产品的区分堆放。

（7）发现问题通知业主，协助业主和生产方做好问题分析与处理。

（8）每日向检测组提供生产情况资料，由检测组根据采样规则，提前一至两个工作日通知度假区合作方，由其监督检测组到现场进行产品采样，检测组将样品带回检测。

（9）进行检测组采样人员、采样时间、采样原料、原料堆放具体位置和采样过程照片记录。

（10）记录监理过程并每周上报给现场总监。

4. 技术负责人

（1）负责原材料和种植土成品检测，并出具检测报告。

（2）对生产过程出现不合格产品的情况进行分析，找出原因，并调整配方。对不合格产品提出处理意见。

（3）对检测结果进行成果提升。

（4）给各方提供各种必要的技术培训。

（5）协作甲方向度假区合作方进行阶段性技术汇报和协调。

5. 任务分工

定期召开监管会议（图9-11），落实监管任务分工（图9-12）。

图 9-11　定期召开监管会议

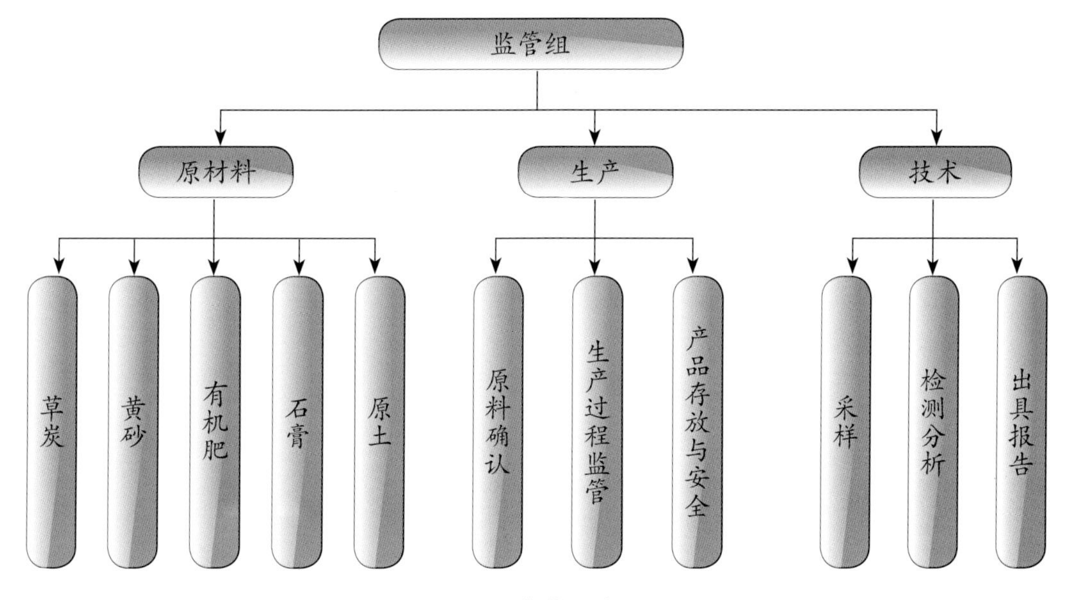

图 9-12 监管任务分工

五、监管控制措施

（一）质量监管措施

从组织和技术两方面进行。

1. 组织措施

（1）建立健全监理组织，完善职责分工及有关质量监督制度，落实质量控制的责任。

（2）落实进度控制的责任，建立进度控制协调制度。

2. 技术措施

（1）协助施工单位完善质量保证体系；严格事前、事中和事后的质量控制措施。

（2）建立施工作业计划体系。

从各种监理手段和方法上进行：

①旁站监理

监理人员在生产单位生产期间，在生产现场对生产单位的生产活动进行跟踪监理。发现问题便及时指令生产单位予以纠正。以减少质量缺陷的发生，保证工程的质量和进度。

②巡视

监理人员对正在施工的部位或工序在现场进行定期或不定期的监督活动。

③指令性文件

监理工程师利用监理合同赋予的指令控制权对施工单位提出书面的批示和要求。

（二）进度监管措施

1. 事前控制

审核施工单位报审的工程总进度计划。明确每月、每周的施工分进度计划，并审核施工单位报审的月、周施工进度计划。

2. 事中控制

（1）建立反映工程进度状况的监理日记。

（2）工程进度的检查。监理工程师深入施工现场，定期进行计划的执行情况检查。

（3）及时进行有关进度方面的签证。

（4）对工程进度进行动态管理。实际进度与计划进度发生差异时，应分析产生的原因，并提出调整结构措施和方案，相应调整进度计划，必要时调整工期目标。

（5）组织现场协调会。

举行工地周例会。在工程进度比较紧张的情况下，可以星期、月为周期，定时举行工地例会。由监理工程师主持，邀请业主参加，会议纪要由项目监理机构负责起草，与会各代表会签。会议内容主要包括：检查上次例会议定事项的落实情况，分析未完事项原因；检查分析进度计划完成情况，提出下一阶段进度目标及其落实措施等。

3. 事后控制

实际工期与计划工期进行对比分析，提出监理意见。

（三）安全文明监管措施

（1）对施工场地的布置、危险区域、特殊工作，监理方应做好调查研究，核查有关人员的资格。找出施工中的安全文明控制的要点及难点，并在施工过程中加以重点监控。

（2）针对施工中的安全文明要点、难点，监理方督促施工企业按要求编制安全文明生产方案经业主和监理方审批后实施，并在实施过程中进行严格监督。

（3）监理方在监理过程中需对安全文明生产提出监理实施细则，并落实、检查、纠正。

（4）对生产过程中存在的不安全文明生产隐患，监理方通过检查发现后需及时发出安全文明通知书，并督促按通知书要求整改。

（5）对于监理方和业主方提出的安全文明生产要求，如若施工企业未进行认真检查、整改，监理方按规定可对施工的分项（直至单位工程）发出停工令，等到排除有关的不安全生产隐患后，经监理方同意审核批准后方可复工。

（6）对已造成的安全文明生产事故原因，监理方需组织督促施工企业认真进行调研、分析事故原因、提出事故处理报告，经监理方及业主方审批实施。

（7）对一定程度的安全事故，可按法律程序进行事故处理。

（8）发生安全文明事故，经按程序进行处理完毕后，监理方须认真总结经验教训，避免同样的事件在后续工作中出现。

六、采样规则与方法

（一）采样规则

样品检测组按照采购方提供的供货计划，提前一至两个工作日以邮件或电话告知度假区合作方，在度假区合作方监督下和采购方、场地负责组一起对原料进行抽检。抽检规则、指标要求按照原材料样品检测要求进行。度假区合作方根据自己需要进行留样抽检。

样品检测报告发送申迪集团，同时抄送采购方、度假区合作方、监理。不合格的原料告知采购方，由其退回供应商，并在现场进行标示，禁止与其他原料混合。

（二）抽样方法

1. 原材料

每500 m^3原料（草炭、沙子、有机肥）进场进行一次抽样，连续3次抽样合格的，采取每1000 m^3采样一次抽检。草炭与有机肥采用每500 m^3采样一次检测。

采样方法：每500 m^3为一个样品，多点采集6～8个样本，搅拌混合后采取四分法去除多余部分，最终样品大于1 kg。每1000 m^3抽检时，每个样品采集样本8～10个。

Gypsum：按照种植土生产总量120万m^3，每立方米使用0.5 kg计算，总量为600吨。每25吨抽检一次，每个样品多点采集6～8个样本，四分法去除多余部分，最终样品大于1 kg。

所有采集样品需做好风干样保存（留样不少于500 g）并做好标记，保存时间为3个月，以备复测。

2. 种植土产品

不同配方生产，最初产品每100 m^3进行一次产品抽检，在连续5个样品通过检测后，测试频率降低为每500 m^3检测。待产品连续生产5天稳定后，测试频率降低为每2000 m^3检测。

采样方法：每个样品采集6～8个样本，搅拌混合后采取四分法去除多余部分，最终样品大于1 kg。

所有采集样品需做好风干样保存（留样不少于500 g）并做好标记，保存时间为3个月，以备复测。

3. 样品处理与检测周期

采集后的样品混匀后使用无污染塑料盘进行风干4～5天。风干后样品经过粉碎后交予各指标检测人员进行测定。有机肥和草炭用于检测粒径的样品需单独风干且检测粒径后不可再用于其他指标检测。

pH、EC 3～4个工作日，含水量、有机质、全氮3～5个工作日，全P、全K4个工作日，Cu、Zn、Cl 3～5个工作日，发芽指数4个工作日，TPH、AB-DTPA、饱和浸提液12～14个工作日，数据整理出具报告1个工作日。

检测时间周期最长的为外包的部分12～14个工作日（其余内部检测项目可在15个工作日内完成），加上样品处理和数据处理5～6个工作日，累计17～20个工作日，所以最后确认所有样品检测报告出具时限为20个工作日。

附录 9-1　原料产地监管单

草炭厂家责任人		种植土生产单位负责人		监理单位负责人		原产地抽样合格与否	
联系方式		联系方式		联系方式			
				负责人签字			
日 期	厂家	发送批次 / 车号	产品外观	草炭厂家	种植土生产单位	监理单位	备注
—							

附录 9-2　原料堆场抽样确认单

厂家责任人			申迪园林责任人				监管单位责任人			度假区合作方		
联系方式			联系方式				联系方式			联系方式		
采样编号日期	厂家	车号 / 箱号进场日期					数 量	堆放地块	外观	申迪园林	监管单位	度假区合作方
—												

附录 9-3　原材料质量报告单

采样编号	厂家	数量	堆放场地	合格与否	具体描述	处置意见	监管单位负责人签字
—							

附录 9-4　不合格原料处置单

采样编号	厂家	数量	堆放场地	处置方式与结果	责任人签字					
					厂家	申迪园林	园林院	度假区合作方	浦发建管	申迪集团
—										

附录 9-5　生产过程确认单

生产批次 / 日期	配比参数	土壤	沙子	草炭	有机肥	Gypsum	总质量 / 体积	申迪园林原料负责	申迪园林生产负责	园林院监管人	度假区合作方	采样日期
—	体积、重量											
	含水量											
	堆号 / 车号											

附录 9-6 种植土产品质量抽检记录单

采样编号	生产批次 / 日期	堆放地块 / 编号	申迪园林生产负责	园林院监管抽样人员	度假区合作方	采样日期
—						

附录 9-7 产品质量报告单

采样编号	生产批次	体积	堆放场地	合格与否	具体描述	处置意见	技术负责人签字
—							

附录 9-8 不合格产品处置记录单

采样编号	生产批次	体积 / 重量	堆放地块	处理方案	申迪园林生产负责	园林院监管负责	度假区合作方
—							

10

结构土应用

结构土是由石块、土壤、有机黏合剂、水分等根据不同绿化工程需求，按照一定比例配制形成的混合物，用于道路、人行道、商业广场、露天停车场等硬质路面和绿化种植土之间的缝接用土。它最早是由美国康奈尔大学Grabosky和Bassuk于20世纪90年代初发明的。根据石块不同来源，结构土有不同名称，上海国际旅游度假区采用的是CU-结构土。

对于上海国际旅游度假区这样定位高端的开发区，其绿化景观要求要远高于一般区域，但占用大量土地用于绿化也不现实，因此道路、广场、停车场等硬质路面绿化就成为增绿不可或缺的重要组成部分。在硬质路面上进行绿化一方面可以有效改善园区景观效果，另一方面种植高大乔灌木在炎炎夏日也是游客遮阴避暑的良好场所，其重要性不容小觑。

但由于硬质路面在施工时机械碾压，且建成后人为践踏严重，导致土壤压实非常严重。而压实是影响城市土壤质量的最主要障碍因子之一，大量研究证实由压实而导致的城市土壤质量退化是不可逆转的。硬质路面上的植物根系生长空间受到严重制约，许多植物在这种环境下不能健康生长，其寿命远远低于它们在自然环境下的生长年份，许多植物根系难以生长或畸形生长容易导致早衰早亡，致使植物难以发挥应有的景观效果。硬质路面种植穴的树木根系由于无法穿透树坑外密实土层而发生畸形生长，畸形生长不仅导致人行道铺装破坏性拱起，还造成对公共设施的破坏和财产的损失。根系畸形生长和分布特性的改变也造成了树木的生长缓慢、根系发育退化、根系过浅等问题，不仅降低了根系吸收深层水分和养分的能力，同时使根系的固着力减弱，一旦遇到大风、暴雨等异常天气容易折断、倒伏而危害建筑设施，并对人的安全构成危害。硬质路面绿化一直是影响许多国家和地区城市绿化景观效果提升的世界性难题。

要提高硬质路面的绿化种植效果，扩大种植穴体积是最简单也是最直接的方法，但受场地限制，要从面上无限扩大种植穴的面积显然不现实，也不能从实质上解决植物生长空间受限的问题，唯一方法只能改善硬质路面的地下环境，从根本上解决硬质路面地下根系的生长生境。度假区合作方在上海国际旅游度假区绿化建设中，提出采用最新的硬质路面绿化技术——结构土。该技术在美国、澳大利亚以及欧洲等发达国家绿化工程中已有很多应用，均取得较好的景观效果和生态效益。在美国，结构土还被用作雨水蓄积器，如美国Ithaca的小镇，结构土被证实能及时蓄存百年难遇的暴雨24小时不间断降雨。结构土的入渗率非常高，在中国之前也只有香港迪士尼才有应用，随着上海国际旅游度假区建设，度假区合作方也将该技术和理念带到中国大陆。

第一节　结构土技术原理和优势

结构土作为针对硬质路面特殊生境的地下新种植技术，不同于常规土壤，具备许多技术优势。

一、结构土技术原理

传统的土壤概念，不管在农业上还是林业上，对土壤中石砾的含量是有限制要求的。如2016年颁布的《绿化种植土壤》（CJ/T 340—2016）标准中就规定绿化种植土壤中无明显的石块，石砾含量（≥2 mm）应≤20%。该技术标准对没有大型机械压实或人为践踏少的非硬质路面绿化种植是正确适用的，但对于硬质路面或者有硬质路面倾向的严重压实地块却未必适用。因为纯的土壤，哪怕土壤原有的质量再好，在严重压实下或在硬质地面覆盖下，其理化性质会发生严重退化，难以满足植物正常生长，因此传统的绿化种植土理念需要更新。

CU-结构土的技术原理是利用石块起到承载重量的作用，能够耐压实，而被填充到石块中间的土壤能为植物提供生长所需要的矿物养分和水分，石块之间的孔隙能为植物根系提供足够的生长空间。

二、结构土的技术优势

结构土是从改善城市硬质路面特殊生境出发，为植物根系提供足够的地下生长空间，并提供植物生长所需营养元素，合理地调节地下土壤的水、肥、气、热，以满足硬质路面绿化植物的健康成长，同时降低植物对城市硬质路面的破坏。结构土主要具有以下几大技术优势：

（一）为植物根系提供足够生长空间

按照上海国际旅游度假区原材料质量要求生产的结构土孔隙大约在45%~55%之间，能够提供足够的土壤和孔隙来满足根系生长空间和对土壤中营养元素的需求，有效解决城市硬质路面种植穴空间狭小的主要障碍，使植物根系能健康地生长发育。

结构土技术还可以将硬质路面种植穴内植物根系与附近公园、林地等公共绿地土壤连接，使植物根系能够到达种植穴外适合其生长的土壤空间，为植物提供更广阔的地下生长水平空间。结构土可大量用于城市休闲绿地，如住宅小区的绿化、城市广场、停车场等，不仅可以大幅度增加城市绿化面积，还可改善硬质路面绿化质量，对提高城市绿化景观有积极作用。

（二）满足承载要求并维护硬质路面平整

传统硬质路面绿化的根系缺少地下生长空间，透水、透气性差，迫使植物根系往地面生长，拱起并破坏硬质路面平整，影响城市整体景观。而结构土只要安装合理，石块与石块间相互挤压满足城市道路、人行道、商业广场、露天停车场等对路面的承载需求，同时石块间缝隙为植物根系生长提供足够空间，植物根系就会在结构土缝隙中生长和延长，一般不会发生根系拱起现象，能保证路面齐整不被破坏，减少硬质路面维护费用。

（三）用作雨水蓄积器

由于结构土石块间具有丰富的大孔隙，在100%最大压实情况下其入渗率仍非常可观。将上海国际旅游度假区生产的结构土按照要求的安装方式进行逐层压实安装（图10-1），在铺设硬质路面时，用入渗仪现场测定的土壤入渗率达1000 mm/h以上（图10-2），能满足任何暴雨的侵蚀，起到雨水蓄积器的作用。结构土技术符合AASHTO（美国公路及运输协会）行业标准荷载要求，其技术受土壤类型、地形、水文、施工场地大小干扰小，适应各种园林绿化植物生长和城市雨洪管理，为我国海绵城市建设提供了一种新方法、新技术。

结构土不仅能增加雨水入渗，而且能蓄积更多雨水，提高硬质路面的持水能力，据美国报道，使用结构土的硬质路面绿化能减少10%~30%的灌溉用水，降低绿化养护成本。

图 10-1　模拟结构土安装现场

图 10-2　结构土入渗率的现场测定

（四）普适性广、无需专门养护

可根据具体绿化需求选择不同的原材料，灵活性大，适用范围广。相比传统的硬质路面绿化，结构土虽然在建设时会额外增加费用，但只要施工质量好，后期几乎不需要额外的养护和维护费用。传统硬质路面绿化虽然前期投入少，但后期由于植物长势不佳、路面易被根系拱起、浇水频繁等会导致各种维护或修缮费用增加。而结构土虽然前期投入多，但建成后就一劳永逸，是一种可持续、低维护的绿化种植模式；从长远来看，结构土的总体投入未必就比传统硬质路面绿化要高，而生态效益却大大提高。

第二节 上海国际旅游度假区结构土生产和安装

为防止结构土在堆放过程中发生质量变化，一般结构土采取边生产边安装。但在结构土生产和安装之前，要结合道路、广场等硬质路面管道的铺设，先确立结构土位置，并进行土方开挖，解决好结构土安装的地形布置。

一、结构土的地形开挖

在市政施工时，应先确立硬质路面绿化的位置。将需要铺设结构土部位的底土挖走，形成凹坑；地形开挖的深度略高于结构土设计铺设的深度，一般在1.5~2.0 m 之间，根据地形、种植植物大小、市政排水管等适当调整；结构土铺设范围根据种植植物大小而定，一般至少在种植穴外围1.5~2.5 m直径范围内，有条件的小广场或者道路可以全部用结构土。地形挖好后，再确定种植穴的位置，在其周边铺设排水管装置，一端连接市政地下排水管，另一端连接白色无纺布包扎的排水管（图10-3）。

对不是在平地上的结构土应用，可以结合其他建筑施工同时，预留结构土应用空间，在地形施工时将结构土安装好（图10-4），并预留种植穴空间，待所有建筑施工完成后再进行绿化种植。

图 10-3 结构土安装前地形开挖

图 10-4 结构土安装和建筑施工同时进行

（一）原材料的选择

结构土的原材料选择没有统一的要求，针对不同的工程绿化需求和经济要求选择的原材料不同，石块建议使用鹅卵石或砂子，土壤建议用农业土壤，并根据树种不同添加火山灰、石灰石或硅酸等材料。而上海国际旅游度假区建设中，度假区合作方对原材料的要求也是最高的。

1. 石块

要求大理石石块，且90%的粒径在2.0~7.6 cm之间（图10-5）。

2. 土壤

土壤要求是黏壤土或壤土（图10-6），还必须满足以下5项指标：

（1）pH在5.5~6.5之间；

（2）盐分含量<1.0 mS/cm；

（3）有机质含量在2%~5%之间；

（4）阳离子交换量>10 cmol（+）/kg；

（5）C/N<33；

（6）养分充足，即与度假区绿化种植土B类标准中大、中、微量元素含量相当。

3. 黏合剂

黏合剂有聚苯烯酸钾和聚苯烯酸钠，度假区结构土使用聚苯烯酸钾。

图 10-5　符合度假区结构土要求的大理石石块

图 10-6　符合度假区结构土要求的酸性黏壤土

4. 其他调理剂

由于结构土原料中，石块和调理剂相对容易筛选，而符合要求的土壤比较难选择，因此可以结合当地土壤资源，尤其淤泥等当地资源，可以作为结构土土壤原料。在原料某些指标不满足要求时，再用一定量的调理剂进行土壤性质的调节。如用于增加土壤肥料的有机肥、复合肥；降低土壤pH可用草炭、过硫酸钙；提高土壤pH可用石灰；用于改善土壤物理性质的有石膏、黄砂等。

（二）结构土生产方法

将符合质量要求的石块铺成约25 cm厚度，将需要添加的土壤和调理剂均匀地铺在石块表层；然后再逐层铺设石块和土壤以及调理剂；一般最高不超过1.5 m，然后利用铲车一边搅拌一边均匀加水（图10-7），确保土壤和石块混合均匀，含水量小于25%。搅拌好的结构土收拢成堆，待用（图10-8）。

生产好的结构土用铲车将其放到可自动卸货的运输车上（图10-9），为防止石块和泥土分离，运输车在运输过程应尽量平缓，低速，运输车到结构土使用现场后自动卸到已经挖好的凹坑内（图10-10）。

图 10-7　结构土生产

图 10-8　生产后结构土收拢成堆

图 10-9　结构土装车

图 10-10　结构土自动卸到结构土安装现场

三、结构土安装

（一）结构土和种植土同时安装

1.分层铺设

为确保结构土安装平整，耐压实，结构土一般分层铺设，每层25~30 cm（图10-11）。

2. 每层压实平整

为确保结构土石块之间排列紧密，一般每层铺设好后用震荡机或碾压机将结构土压实平整（图10-12）。

3. 种植土铺设

种植土层一般固定在铁环内，铁环直径大小与树穴一致。种植穴的中间位置作为中心点放置带有4个挂孔的铁环，在铁环的外侧铺设结构土并压实；然后将铁环垂直拉出结构土；具体过程详见图10-13。

4. 种植穴排水管的铺设

考虑植物根系大部分在地下60 cm以上，因此种植穴中土壤铺设到离地面60 cm就要铺设排水管。一般将排水管固定在铁环内的外侧边沿，并用无纺布垫好；用粒径为2 ~ 4 cm的石子将排水管盖住，然后将无纺布卷起将波纹排水软管和石子一起包扎；再用种植土盖好，再分层铺设结构土，程序同之前一致；具体过程详见图10-14。

5. 完成安装

结构土铺设好，若不直接施工，一般用无纺布、塑料布或者遮阴网覆盖，防止结构土被破坏（图10-15）。结构土在铺设硬质路面前，一般覆盖一薄层小石子，作为缓冲层，确保结构土和硬质路面能衔接更紧密，平整（图10-16）；最后完成硬质路面的铺装（图10-17）。

图 10-11　结构土分层安装

图 10-12　结构土压实平整

图 10-13　种植土分层铺设

（二）结构土和种植土分开安装

结构土和种植土壤分开安装时，一般预留种植穴大小和位置（图10-18），待种植植物用。使用铁环的高度可适当提高，但一般不宜高于1 m（图10-19），否则拿出铁环的时候会影响结构土的紧实度，进而直接影响结构土应用效果。为确保结构土能压实压紧，建成后能路面平整，结构土也是要分层安装，每层30 cm左右。

图 10-14　种植土排水管铺设

图 10-15　结构土铺设好后覆盖保护

图 10-16　结构土在硬质铺装前铺设小石子作为缓冲层

图 10-17　硬质路面铺装

图 10-18　结构土安装后预留种植穴

图 10-19　结构土分层安装

第三节　上海国际旅游度假区结构土应用的效果

上海国际旅游度假区硬质路面应用结构土后，植物普遍长势良好。

一、结构土模拟应用效果图

考虑到上海国际旅游度假区建成后，要破坏硬质路面观察地下植物根系生长有一定难度，因此模拟结构土应用要求，建立了一个小型结构土应用示范效果，具体见图10-20。建成后一年发现这种植物虽然长势较慢，但植物根系已经延伸到结构土中（图10-21）。由于种植时间较短，植物根系生长还需进一步观察。

二、上海国际旅游度假区乐园应用结构土的效果图

上海国际旅游度假区硬质路面应用结构土一年后植物长势见图10-22，总体较好。

图 10-20　结构土模拟示范点的建立

图 10-20　结构土模拟示范点的建立(续图)

图 10-21　植物根系已经长到结构土中

图 10-22　上海国际旅游度假区硬质路面应用结构土后植物长势

图 10-20　结构土模拟示范点的建立(续图)

图 10-21　植物根系已经长到结构土中

图 10-22　上海国际旅游度假区硬质路面应用结构土后植物长势

图 10-22　上海国际旅游度假区硬质路面应用结构土后植物长势(续图)

第四篇

项目技术成果提升

11
绿化种植土壤技术固化和应用

上海国际旅游度假区绿化种植土项目的中方技术团队在参与度假区建设的日夜奋战中，一方面先前制订的土壤相关标准使中方的科研成果在国际合作项目中得到了展示和应用；另一方面通过上海国际旅游度假区这座和国际先进绿化技术直接接轨的平台实践，中方也充分意识到国外土壤技术标准的先进性和高质量要求。如何汲取国际先进的绿化种植土壤标准的精髓，结合中国实际，将国际先进绿化技术固化下来并予以应用，对未来国内园林绿化发展有着积极和深远的意义。

经过度假区绿化种植土项目的边实践边总结，中方项目组经过多年努力，完成了上海国际旅游度假区技术成果的固化。实现了国际知名跨国公司标准的本土化，新制订标准5项，修订标准2项。实现度假区合作方先进核心技术专利化，申请专利6项，2项已经获得授权；实现技术成果应用的市场化，通过上海国际旅游度假区项目建立的绿化种植土质量评价体系不但在上海得以应用，还应用到昆山等国内其他地方。

第一节　度假区合作方国际先进土壤标准的本土化

通过围绕上海国际旅游度假区项目，在园林绿化种植土壤标准和相关的种植技术标准制定和实施，汲取了国际知名跨国公司在理念、检测方法、技术指标和施工等方面的先进经验，并将其上升为技术标准，共新制订标准5项，修订标准2项；制订检测方法5项，并在相关标准中直接引用；通过5项技术标准的制订，充分汲取了国际知名跨国公司关于土壤标准的先进理念和关键技术指标，实现国际先进的土壤技术标准本土化。

一、制订“表土保护”的上海地方和林业行业标准

根据度假区合作方对于表土收集的具体要求，在上海国际旅游度假区表土收集过程中边学习边摸索，边总结边实践，总结了上海国际旅游度假区一期3.9 km^2规划地和二期部分规划地中近40万m^3农田表土的收集经验，形成了表土现场调查、表土质量分类评价、表土收集、表土堆放和表土再利用五大关键步骤。在国内首次制订了表土保护再利用的上海市地方标准《用于绿化的表土保护和再利用技术规范》（DB31/T 661—2012），该标准于2012年11月26日颁布，2013年2月1日正式实施。主要技术内容见附录一。

在上海市地方标准《用于绿化的表土保护和再利用技术规范》基础上，总结国内外表土收集经验和技术要求，将该标准又上升为林业行业标准《绿化用表土保护技术规范》（LY/T 2445—2015），该标准于2015年1月27日发布，2015年5月1日正式实施，该标准考虑到全国的不同土壤质量的差异，各项技术指标比地方标准相对更宽泛，其中重金属基本参照住建部标准《绿化种植土壤》的技术要求，主要技术内容详见附录二。

二、制订“绿化种植土壤”地方标准和修订住建部行业标准

（一）制订上海市地标《园林绿化工程种植土壤质量验收规范》

主要参考了上海国际旅游度假区关于绿化种植土的技术标准，将度假区关于土壤基本理化性质、营养元素（大、中、微量）、物理性质、重金属、有机污染物等30余项技术指标中，与绿化直接相关并可能在上海存在各种障碍的指标予以本土化。将8大重金属和主要养分设置为有效态，是国内首次划分土壤重金属和养分的有效态指标的控制范围，对全国土壤质量评价均有一定参考价值；同时考虑到上海的实情，为便于实施以及降低没有必要的检测，该标准将种植土质量要求划分为基本要求、通用要求、对绿化景观要求较高和存在某种潜在障碍因子四种类型。方便绿化工作者根据工程实际情况，选择适宜各自工地土壤的评价指标和管理对策。《园林绿化工程种植土壤质量验收规范》（DB31/T 769—2013）于2013年12月23日发布，2014年3月1日正式实施，主要技术内容详见附录三。

（二）修订住建部行业标准《绿化种植土壤》

汲取了度假区绿化种植土壤技术指标和检测方法的主要内容，对2011年颁布的住建部标准《绿化种植土壤》进行修订，增加了土壤入渗等关键技术指标以及大、中、微量营养元素的控制指标。但考虑到全国土壤差异性较大，根据度假区确认的重金属有效态含量的划分指标还缺少足够数据积累，因此对重金属有效态含量的指标没有进行区分，还是参照原先标准中的重金属全量的划分指标。另外提出增加除8种重金属之外的其他潜在污染物检测，并要求相关技术参照《展览会用地土壤环境质量评价标准（暂行）》（HJ 350—2007）要求执行。新修订版本（CJ/T 340—2016）已于2016年6月28日颁布，8月1日正式实施，主要技术内容详见附录四。

三、制订“绿化用有机基质”国家标准

在总结林业行业标准《绿化用有机基质》（LY/T 1970—2011）实施5年来的经验得失基础上，将其上升为国家林业标准《绿化用有机基质》。该标准在原有林业标准主要技术指标基础上，主要参考了度假区关于有机改良材料标准的22项技术指标；也参考了度假区关于绿化种植土的31项化学指标，由此推算出相应改良材料的控制指标，如可溶性氯、可溶性钠等。主要技术内容详见附录五。

四、制订“有机覆盖”地方标准

在总结度假区关于有机覆盖物产品质量要求和使用具体规范的基础上，专门制订了《绿化有机覆盖物应用技术规范》的上海市地方标准，主要技术内容详见附录六。

五、制订“绿化用结构土”地方标准

总结上海国际旅游度假区结构土应用的主要技术要领，分别从结构土原材料技术要求、结构土生产规范、结构土现场施工技术规范等几个方面规定了结构土生产和应用的标准，形成了上海市地方标准《硬质路面绿化用结构土生产和应用技术规范》。该标准适用于绿化用结构土的生产以及在人行道、公共广场、商业街、露天停车场等硬质路面上的应用，为我国海绵城市建设以及提升硬质路面绿化景观提供强有力的技术支撑。主要技术内容详见附录七。

六、根据度假区合作方的检测标准，确定5项土壤及其改良材料的检测方法

根据度假区合作方所带来的土壤及其改良材料的检测方法和中国原有的检测标准，确立了5项适宜园林绿化土壤及其改良材料应用的检测方法，并按照检测方法的具体要求细化了每个步骤，作为标准的附录，使之成为一个固定的检测方法。其中浸提方法主要分水饱和浸提和AB-DTPA两种，仪器主要以电感耦合等离子体原子发射光谱仪（ICP）为主。

（一）水饱和浸提-电位法测定土壤及其改良材料的pH

针对我国林业标准 pH检测标准《森林土壤pH值的测定》（LY/T 1239—1999）存在浸提液、液土比、浸提和静置时间以及测定对象不统一，导致测定结果不具可比性；而城市绿化土壤大多为人工合成土壤，含有大量人为添加物质，也影响pH值测定时浸提液、液土比等的选择。鉴于度假区合作方提出的pH饱和浸提法，具有减少浸提液不同的影响以及最接近样品的实际情况或自然状况等优势，通过上海国际旅游度假区项目摸索，细化了饱和浸提法测定土壤及其改良材料所需要的仪器、试剂、测定步骤、测定、结果计算和允许差，并分别在表土保护的上海市地方标准和林业标准（详见附录一的附录D和附录二的附录F）、《绿化用有机基质》（见附录五的附录C）国家标准中作为检测标准在附录中单独列出，作为标准方法在全国范围内明确了该方法具体要求和实施步骤，为我国园林绿

化土壤检测增添了新方法，也进一步丰富土壤学的研究方法。

（二）水饱和浸提-电导率法测定土壤及其改良材料的EC值

由于绿化土壤多为人造土壤，含有大量改良材料，因此采用我国林业标准 EC值检测标准LY/T 1251—1999中5：1的水土比往往不能浸出土壤溶液而影响测定。若采用10:1或20:1等加水量大的水土比例时，又容易导致土壤中易溶盐总量偏高，而不能反映土壤的真实状况。同样，目前尚未有统一的测定泥炭、有机肥、有机基质等土壤改良材料EC的方法，因此大多只能沿用土壤EC的测定方法。由于有机改良材料大多具有高吸水性，因此用LY/T 1251—1999中5：1的水土比往往不能浸出有机改良材料溶液而影响测定结果；而且不同改良材料与水的结合能力不同，即使采用同样的水土比例，测定的数据之间也没有可比性。因此，园林绿化土壤及其改良材料的特殊性造成EC的测定结果混乱，给实际操作带来不便，也不利于科学地评价土壤改良材料的质量，因而有必要寻求一种简便和通用的土壤改良材料EC的测定方法。而饱和浸提法是用蒸馏水浸提，每个样品的EC均在水饱和状态下进行测定，利用该方法测定的EC最接近样品的实际情况或自然状况，减少了不同水土比对测定结果的影响。

上海国际旅游度假区项目细化了饱和浸提法测定土壤及其改良材料所需要的仪器、试剂、测定步骤、测定、结果计算和允许差，并分别在表土保护的上海市地方标准和林业标准（详见附录一的附录E和附录二的附录G）、《绿化用有机基质》（见附录五的附录D）国家标准中作为检测标准在附录中单独列出，作为标准方法在全国范围内明确了该方法具体要求和实施步骤，为我国园林绿化土壤增添了新方法，进一步丰富我国土壤学的研究方法。

（三）AB-DTPA浸提-电感耦合等离子体发射光谱法测定土壤有效态元素

不管是营养元素还是重金属，用有效态元素含量均能比较科学、客观地表示土壤养分的丰缺或者重金属的毒害程度。但是我国土壤养分有效态含量测定一般是一种元素用一种专用的浸提剂，虽然浸提效果较好，但分析速度大大降低。而重金属经典的有Tessier连续提取法，$CaCl_2$-DTPA浸提法是国内应用较多的方法，主要用于中性、石灰性土壤有效锌、铁、铜、锰、镉和汞等的提取，并不适用于P、K、S等非重金属的测定。1999年中国农业科技出版社出版《土壤农业化学分析方法》虽然专门介绍了Soltanpour等在1997年提出的AB-DTPA通用浸提剂的方法，第二届全国测土配方施肥曾经也推广过该方法，但受仪器设备等制约，该方法在全国没有通行。而且利用AB-DTPA通用浸提剂测定的土壤有效态元素含量和我国传统所用的$CaCl_2$-DTPA浸提法存在几倍的差异，因此评价指标也不一致，全国也缺少相应的评价指标。但随着电感耦合等离子体原子发射光谱仪（ICP-OES）等快速分析仪器在我国逐步普及，AB-DTPA浸提剂联合ICP-OES使用极大提高了分析速度，其优越性得到充分体现。其原理是利用DTPA来螯合微量元素，HCO_3^-用来浸提磷，NH_4^+用来提取钾，水溶液用来浸提NO_3^-，联合ICP使用，能一次测定土壤中绝大部分营养元素和重金属有效态含量。

上海国际旅游度假区项目按照标准要求规定了AB-DTPA浸提剂联合ICP测定土壤有效态元素的方法，并分别在表土保护的上海市地方标准和林业标准（详见附录一的附录F和附录二的附录H）作为检测标准在附录中单独列出，适合土壤中有效磷、速效钾、有效硫、有效镁、有效锰、有效锌、有效铜、有效铁、有效钼、有效砷、有效镉、有效铬、有效铅、有效汞、有效镍、有效硼和交换性钠等测定。

（四）水饱和浸提-硝酸银滴定法测定土壤可溶性氯

我国林业标准测定土壤中氯离子含量的检测标准《森林土壤水溶性盐分分析》（LY/T 1251—1999）用的是5：1的水土比，对一般纯土壤的检测问题不大，但和pH、EC测定存在同样问题，由于绿化土壤许多为人造土壤，土壤中含有大量有机改良材料，水土比很难统一。尤其是对于有机改良材料，氯含量容易超标造成土壤盐渍化或植物死亡，氯是有机改良材料的重点控制指标，而用5:1的水土比有可能会浸提不出溶液，若放宽水土比会造成数据缺少可比性。而用饱和浸提方法能减少不同水土比的差异，能更加客观、科学地反映园林绿化土壤及其改良材料中氯的含量。

因此根据上海国际旅游度假区检测方法，对LY/T 1251—1999方法进行修订，前处理是用水饱和浸提，浸提溶液还是同LY/T 1251—1999方法中氯离子测定方法一致，即用硝酸银滴定法。但水饱和浸提测定的氯含量结果为mg/L，而LY/T 1251—1999方法用的是mg/kg。表土保护的上海市地方标准、林业标准（见附录一的附录F和附录二的附录H）和国家标准《绿化用有机基质》（见附录五的附录H）均采用该方法。

（五）水饱和浸提-电感耦合等离子体发射光谱法测定土壤可溶性钠

我国林业标准测定土壤中钠离子含量的检测标准《森林土壤水溶性盐分分析》（LY/T 1251—1999）用的是5：1的水土比浸提溶液用火焰分光光度计测定，对于绿化土壤及其改良材料，也存在用5：1的水土比有可能会浸提不出溶液，若放宽水土比会造成数据缺少可比性。

根据上海国际旅游度假区检测方法，为减少不同水土比的差异，统一用水饱和浸提，和之前介绍的PH、EC、可溶性氯等所用浸提液一致，而仪器也统一用ICP，减化实验程序。表土保护的上海市地方标准和林业标准（见附录一的附录F和附录二的附录H）和国家标准《绿化用有机基质》（见附录五的附录I）均采用该方法。

第二节　度假区合作方土壤核心技术的专利化

度假区合作方带来的表土保护理念和绿化种植土技术，在上海国际旅游度假区项目建设中，结合当地立地条件，形成了以下核心专利技术。

一、根据种植土配方研发了园林植物复合种植土

根据度假区合作方“B类种植土壤”31项指标的技术要求，结合上海当地土壤的实际

以及上海国际旅游度假区绿化种植土技术配方，研发了“园林植物复合种植土”专利技术（201310351502.4）。本发明的种植土具有较佳的广谱性，适用于大部分园林植物种植，且具有较佳的疏水性、保水性和保肥性，养分全面比例适中，可促进植物的生长，在植物长势、花期、植物抗逆性、根系等方面都比传统的基质和种植土有明显的改善。

二、研发了针对城市土壤物理性质改良的专利技术

土壤物理性质退化是导致城市绿地植物死亡的主要原因，也直接影响绿地土壤水分运移和雨水蓄积功能的发挥。根据度假区合作方非常注重土壤物理性质，除了要求绿化种植土要满足31项化学指标的技术要求，也提出土壤必须为砂壤土、入渗率大于25 mm/h等物理性质要求。为此，将绿化植物废弃物、有机肥、石膏等与绿地土壤进行最佳配比，研制出一种能改善土壤物理性质的专利技术（专利号ZL201310041077.9，第1865732）。该技术适用性广，取材方便，对改善土壤结构、降低土壤容重、提高土壤通气性以及提高土壤有效水均有较好的效果，能有效改善城市土壤普遍存在的物理性质退化的现象，该专利技术能提高绿地土壤入渗率8~10倍左右，提高绿地土壤雨水蓄积能力2~3倍，为上海海绵城市建设、进一步发挥上海绿地生态功能提供了关键技术。

三、研发了利用淤泥研制结构土用作雨水蓄积器的专利技术

针对城市扩张导致硬质路面剧增，城市地表径流和洪涝隐患增加，硬质路面绿化植物生长不佳以及我国每年水体清淤产生的大量淤泥也面临处理处置的难题，以上海国际旅游度假区结构土研发的核心技术，根据淤泥具有的黏粒和养分含量高的特点，在我国传统利用淤泥作为肥源的土地利用方式基础上，和碎石砾一起研制出获得专利授权的绿化结构土技术（专利号ZL 2014 1 0311938.5，证书号第1939249），结构土现场安装的核心技术也申请了专利（201610861802.0）。该专利技术不但为我国海绵城市建设提供新技术、新方法，而且有利于改善我国城市硬质路面绿化技术，同时也为淤泥的处置寻找一种处置成本低、工艺简单、易行的再利用方式。

第三节　度假区绿化种植土技术应用和效益

度假区绿化种植土技术固化下来的标准和专利技术，除了在上海国际旅游度假区进行大面积集成示范，通过上海国际旅游度假区的引领，也在上海国际旅游度假区之外的地方得到应用，取得一定效益。

一、用于上海国际旅游度假区土壤总体规划

将上海国际旅游度假区核心区种植土的管理模式用于24.7 km^2的整个上海国际旅游度假区，制订了《上海国际旅游度假区绿化种植土壤质量管理试行办法》，指导整个度假区土壤管理。将上海国际旅游度假区表土保护的技术用于上海国际旅游度假区内表土的现场

踏勘、检测、定界、面积体积估算，确定整个度假区表土面积约2.34 km^2，若按照0.5 m的采样深度，预计总共可以利用的表土将达117万m^3。

二、用于上海市和昆山的绿地土壤调查

通过上海国际旅游度假区项目确定的适宜我国绿化种植土质量评价指标和检测方法，用于上海绿地土壤质量数据库和昆山绿地土壤质量数据库的建立，就上海和昆山分别制订了不同评价指标的上海和昆山绿地土壤质量数字地图。

三、专利技术应用于上海辰山植物园等绿化改造

针对上海辰山植物园建成后存在的压实严重、质地黏重板结、通气透水性不好的主要障碍因子，将上海国际旅游度假区研发的绿化种植土配方以及土壤物理性质的改良专利技术应用于园区改造。另外该技术也应用在上海华东医院大树移植等绿化工程，均取得较好效果。

四、表土保护、有机覆盖等理念在上海和国内绿化工程中推广应用

由于上海国际旅游度假区建设中是全面使用有机覆盖替代传统的绿化密植，在植物种植后二三年植物长势慢慢体现，相比传统密植，植物长势效果更好，因而在上海和国内有机覆盖的应用面也越来越广。而表土保护除了在上海国际旅游度假区得到应用外，在上海长兴岛开发等也得到了应用。另外《中国花卉报》等国内行业媒体也进一步推介上海国际旅游度假区所开展的表土保护项目，让表土保护意识进一步得以增强。

五、表土保护的关键技术被拍成录像辐射到全国

上海国际旅游度假区表土保护的关键技术还被拍成录像，被中国科技部列为全国党员干部现代化远程教育录像的教材，参与培训的党员干部也将是主管我国城市开发的骨干力量，表土保护的理念和核心技术辐射到全国。

六、项目取得的效果

（一）打破了我国传统的土地开发和土壤质量管理模式，实现了“六个化”和四个国内“首次”

1. 跨国公司标准本土化

针对远高于国际上先进土壤质量管理标准的度假区B类种植土标准，结合上海实际，在不降低土壤质量标准的基础上，将度假区B类种植土31项种植土控制指标简化为20项，建立了适宜上海国际旅游度假区建设的土壤质量标准。

2. 国内土地开发和园林建设国际化

为达到度假区技术要求，锻炼了一支从表土现场勘探、施工、土壤改良修复和种植土生产的专业队伍，提高了国内土地开发和园林建设的国际化水准。

3. 表土现场施工数字化

采用高精度现场定位技术确定表土现场分布的数字化地图和土方量的精准估算，在国内首次实现表土数字化现场施工。

4. 表土保护工程化

引进并研发适合现场适用的先进设备，在国内首次实现表土剥离、运输、堆放和再利用整个流程的工程化、机械化操作。

5. 土壤改良修复工厂化

上海国际旅游度假区表土再利用是国内所有绿化工程中前所未有的将绿化种植土作为一个独立工程来实施的，土壤改良修复在国内首次完全参照工业化产品质量标准进行生产控制，建立国内第一条精准计量的土壤生产流水线。

6. 表土保护和绿化种植土生产专业化

无论是技术标准还是现场施工要求，上海国际旅游度假区表土保护和再利用技术工程均是国内目前为止要求最高的，通过标准化示范，达到度假区合作方的要求，并在国内首次构建起更为科学、系统的表土保护—绿化种植土—土壤改良材料的技术标准群。

（二）项目取得的效益

通过整个项目的实施，总共对上海国际旅游度假区核心区一期3.9 km^2规划地中约76.2万m^2（折合约1143亩）农田表土进行收集，折合收集表土约28.64万m^3；另外对上海国际旅游度假区核心区二期2.1 km^2规划地中部分农田表土进行收集，目前已经收集表土10余万m^3，整个项目收集表土约40万m^3。超额完成预定任务。同时通过该标准化项目的实施，一方面使宝贵的肥沃土壤资源得到了保护，另一方面结合土壤改良，实现了废弃物的循环利用，取得了经济、生态和社会效益三者共赢。

1. 经济效益

虽然表土资源从调查到收集的费用比从外地买来的客土高，但收集的表土是肥沃的、表层的熟化土壤，具有良好的物理化学特性，为确保上海国际旅游度假区绿化种植效果提供基础。同时原有土地开发模式由于不进行表土保护，而地形开挖无形中增加外运渣土的量，加上绿化种植时候外进客土，两者相加运输费用非常昂贵，而表土再利用则可减少渣土量和运输费用。

因此，从目前来看，该项目取得的经济效益是可观的。

先计算表土保护费用，如开挖10000 m^3表土的各项费用组成：

（1）表土清表：挖机：1 × 3个台班，约6600~7500元；

（2）表土运输：挖机：1 × 10个台班，约22000~25000元；

卡车：5 × 10=50台班，约75000~90000元；

钢板：50~80块：6000~10000元。

（3）表土堆放：挖机：1 × 13个台班，约26000~32500元；

钢板：20~30块：2400~3600元。

折合费用：总计138000元，折合费用为13.8元/m^3。

因为好的表土费用一般至少在150元左右，根据现场收集的40万m^3表土，该项目直接节省经济效益为40×（150-13.8）= 5448万元。

2. 生态效益

保护表土就是保护自然资源，由于上海国际旅游度假区所开展的大规模的表土保护工程，对上海乃至全国的示范效应非常显著。尤其通过上海国际旅游度假区表土保护的标准化示范项目实施以及以度假区表土保护为案例的全国远程教育录像在全国的进一步辐射，土地开发时进行表土保护的理念进一步深入人心。

本来上海国际旅游度假区绿化种植土项目设计时，计划用有机废弃物堆肥作为有机改良材料进行土壤改良，但由于度假区合作方对有机改良标准要求比较高，而且为控制种植土质量，除了使用部分有机肥，大部分有机改良材料还是使用质量更为稳定的草炭，这也是上海国际旅游度假区项目非常遗憾的地方。但是上海国际旅游度假区项目所带来的投入大量经费采购有机改良材料用于绿化种植土改良的做法，也为以后有机改良材料在绿地土壤改良上的大量应用提供了示范。

优质的土壤资源与有机废弃物土地利用相结合，对改善城市绿地土壤质量，提升城市绿化景观具有良好的作用；而且有机废弃物土地利用对促进城市节能减排、综合提高城市环境生态效益也有积极作用。

3. 社会效益

虽然我国已有几个城市对农田土壤的保护有过研究，但缺少大规模的机械化表土收集和工厂化流水线生产土壤，上海国际旅游度假区项目不但在国内首次制定了表土保护的上海市地方标准和林业标准，制订或修订了与绿化种植土质量及其改良材料的相关标准多项，在国内首次构建起从表土保护—绿化种植土壤—土壤改良材料的标准群。该标准群的建立不但丰富了我国园林绿化标准，提高我国园林绿化标准的量化水准，而且对进一步提升我国园林绿化土壤质量、推动土壤资源保护和质量维护、全面提升我国生态文明建设均有所裨益。

第四节　景观效果

一、绿化景观效果

之前较大篇幅均只是介绍了度假区合作方关于土壤的先进理念、绿化种植土的高标准要求以及如何在上海国际旅游度假区实施的，要验证度假区合作方引进土壤理念、标准以及项目实施的效果，植物长势和绿化景观效果是最简单也是最有效的检验方法，以下介绍的是上海国际旅游度假区绿化样板段从2012年绿化种植前后的效果。

（一）植物根系发根好

研制生产的上海国际旅游度假区绿化种植土的饱和导水率在>25 mm/h，消除了上海土壤质地黏重、通气性差、排水性能不好的最大障碍，有利于土壤排水透气。移栽的广玉兰、银杏等乔木在第一年就开始发根，根系不但多而密，而且颜色白嫩，说明该土壤有利于植物根系生长（图11-1）。

图 11-1　上海国际旅游度假区绿化种植土种植的植物发根好

（二）乔灌草搭配有利于植物群落形成

图 11-2　绿化建设时讲究乔灌草搭配并禁止植物密植
（前期绿化景观效果未必有国内一次成型的景观效果好）

图 11-3 植物生长 1 年后景观效果改善

图 11-4 植物生长 2~3 年后错落有致，取得很好景观效果

（三）有机覆盖植物生长效果

图 11-5 银姬小蜡（左图：种植时用有机覆盖；右图：种植 3 年后效果）

图 11-6　2012 年紫珠小苗种植效果（注：图片最前排植物）

图 11-7　2016 年紫珠生长效果

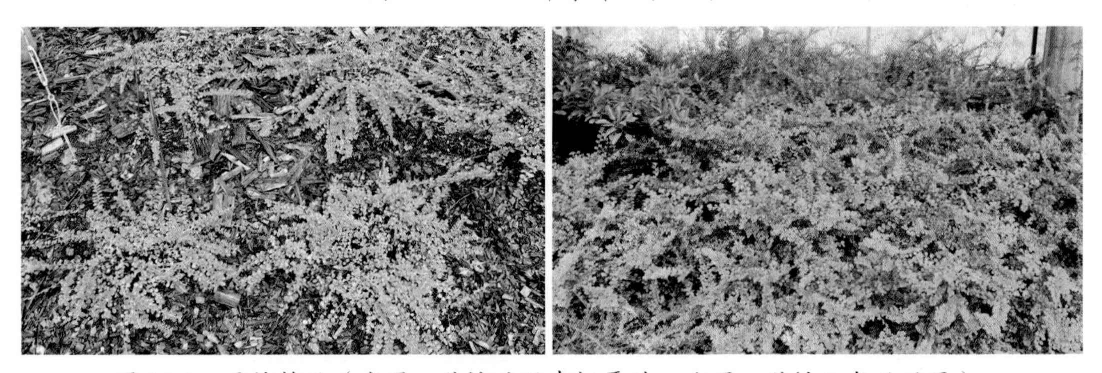

图 11-8　平枝栒子（左图：种植时用有机覆盖；右图：种植 3 年后效果）

图 11-9　澳洲茶（左图：种植时用有机覆盖；右图：种植 2 年后效果）

（四）观果和色叶植物在秋冬生长效果

如果植物能在秋冬取得较好的景观效果，则能充分说明该土壤质量基本能满足植物生长需求，观果植物见图11-10，观叶植物见图11-11。

图 11-10　火棘硕果累累

图 11-11　初冬色叶植物变色

（五）春天百花争艳

有好的土壤呵护，花色更为娇艳，见图11-12。

图 11-12　百花争艳

二、现场景观效果

在上海国际旅游度假区核心区，不管花坛、花境还是路边绿化，所有绿化外围的建筑挡土墙或侧石均比种植土壤高5~10 cm不等（图11-13），因此现场没有出现泥土溢出现象，保持整个园区整洁、干净。

图 11-13　挡土墙高于绿化种植土

附录一

《绿化用表土保护和再利用技术规范》

上海市地方标准（DB31/T 661—2012）

本标准起草单位

上海市园林科学研究所
上海申迪建设有限公司
上海浦发工程建设管理有限公司
上海申迪园林投资建设有限公司
上海市绿化林业工程管理事务站

本标准主要起草人

方海兰　梁　晶　沈烈英　金大成　庞学雷　张勇伟　朱振清　管群飞

本标准参与起草人

郝冠军　周建强　李　瑞　吕子文　陆春晖　柏　营　陈　动　施少华

2012-11-26发布，2013-02-01实施

1 范围

本标准规定了表土的术语和定义以及绿化用表土现场调查、评价、剥离、堆放和回填再利用的技术规范。

本标准适用于绿化用表土的保护、调查与评价、剥离和回填再利用。

其他建设项目表土再利用可参考本标准。

2 规范性引用文件

下列文件对本文件的应用是必不可少的。凡是标注日期的引用文件，仅标注日期的版本适用于本文件，凡是不标注日期的引用文件，其最新版本（包括所有的修改单）适用于本文件。

GB 6682　分析实验室用水规格
GB/T 8170　数值修约规则与极限数值的表示和判定
CJ/T 340—2011　绿化种植土壤
LY/T 1218　森林土壤渗滤率的测定
LY/T 1225　森林土壤颗粒组成（机械组成）的测定
LY/T 1229　森林土壤水解性氮的测定
LY/T 1233　森林土壤有效磷的测定
LY/T 1236　森林土壤速效钾的测定
LY/T 1237　森林土壤有机质的测定及碳氮比的计算
LY/T 1251　森林土壤水溶性盐分分析
LY/T 1258　森林土壤有效硼的测定
LY/T 1265　森林土壤有效硫的测定
LY/T 1970　绿化用有机基质

3 术语和定义

下列术语和定义适用于本标准。

3.1 表土 topsoil

由于耕作、人为改造或天然形成的具有良好结构、肥力尚可的表层土壤。

3.2 表土保护 topsoil protection

采取收集、或堆放、或覆盖、或直接回填或改良后再回填等一系列措施对绿化有再利用价值的表土进行保存与维护的过程。

3.3 表土再利用 topsoil reuse

根据绿化种植土的质量要求将表土直接利用或改良修复后再利用的过程。

3.4 可视杂物 visible sundries

表土中肉眼可辨出的动植物残体、木块、石块、砖块、圬工材料、金属、玻璃、陶瓷、塑料、橡胶等侵入体或不能再利用的杂物。

3.5 表土现场调查 topsoil site investigation

在现场对表土的地界分布、地形坡度、土地利用方式、植物长势、道路状况、地表水、地下水位、土层深度、可视杂物及周边环境进行调查的过程。

3.6 表土质量评价 topsoil quality evaluation

根据表土现场调查的情况及现场采集代表性土壤样品的检测结果，对表土进行质量分类并确认是否具有再利用价值的评判过程。

3.7 有效表土层 effective topsoil layer

根据表土现场调查的情况及现场采集代表性土壤样品的检测结果，评判表土具有再利用价值的土层厚度，单位为厘米（cm）。

3.8 土壤障碍因子 soil constraint factor

土体中妨碍植物正常生长发育的性质或形态特征。

3.9 表土清表 topsoil surface clear

表土剥离前清除地表植被、表土中可视杂物或其他不可利用物质的过程。

3.10 表土剥离 topsoil stripping

在即将改变土地利用形式的开发地块，对有效表土层进行剥离收集的过程。

3.11 表土堆放 topsoil piling

将剥离的表土进行堆置并采取一定有效措施防止表土流失或退化的过程。

3.12 表土回填 topsoil backfilling

根据绿化种植土的质量要求将表土直接或改良后运至绿化种植地的过程。

3.13 土源 topsoil source

能获得表土的区域或地块。

3.14 底土 subsoil

位于表土和未成土的母质层之间的土层，在绿化工程中一般充当表土层的承重土层，其养分和有机质含量较表土低，必要时可和表土一起剥离再利用。

3.15 绿化种植土（土壤） planting soil for greening

用于种植花卉、草坪、地被、灌木、乔木等植物的绿化用土壤，为自然土壤或人工配制土壤。

4 表土现场调查

4.1 准备

4.1.1 现场调查人员应经过专业培训，具备一定野外调查经验。

4.1.2 现场携带的调查器具和技术资料可参照CJ/T 340—2011中附录A.1的有关规定。

4.1.3 制定简单的现场调查方案，可包括时间、地点、人员、采样密度和行走路线等。

4.2 现场调查

4.2.1 根据“表土现场情况调查表”（附录A中附表A.1）的内容，在现场开展各项工作。

4.2.2 根据土源的现场情况，利用GPS对表土的地界分布进行卫星定位，绘制表土分布图；有条件的可制成表土分布数字地图；或根据现场情况，人工标记表土的地界分布，并采用测绘方法记录于地形图上。

4.2.3 根据调查现场的地形特点，在典型地形处开挖土壤剖面直至地下水位为止，记录土壤分布层次和地下水位高度。

4.2.4 对调查现场内植物种类和长势、土地利用方式、地形坡度、可视杂物等情况进行调查记录。

4.3 表土现场取样

表土样品取样可参照CJ/T 340—2011中附录A.3.1的有关规定,也可根据具体情况进行适当调整。一般表土层的采样密度宜控制在每组0.5~1 hm^2；底土的采样密度可适当放宽；对有潜在土壤障碍因子的区域应增加采样密度。

5 表土质量评价

5.1 表土样品检测

根据“表土基本性质检测”（附录B中附表B.1）规定内容，分析表土的基本性质。

5.2 表土质量分类

根据表土现场调查结果和表土基本性质检测结果，按照“表土再利用质量等级分类表”（附录C中附表C.1），对表土可利用价值按照以下四个等级进行分类：

a）I类表土

有完善道路系统，土层深厚，物理结构良好，土壤肥沃，无污染，无明显土壤障碍因子，剥离后可以直接利用或简单改良后就能利用的土壤。

b）II类表土

有道路可通行，有一定土层厚度，土壤物理结构和肥力尚可，局部微量污染，障碍因子通过土壤改良或修复后较易达到绿化种植土要求。

c）III类表土

道路、土层厚度、物理结构或土壤肥力等方面存在一定缺陷，有一定的污染，但通过改良、修复或其他技术能达到绿化种植土要求。

d）IV类表土

在道路、土层厚度、物理结构或土壤肥力等方面存在严重障碍，不具备再利用价值，这类表土一般禁止使用。

5.3 划定表土收集区域

5.3.1 遵循经济性和可操作性原则，明确表土有效分布范围和厚度，在现场或地形图上标记表土收集界限，有条件的制定表土收集分布图。

5.3.2 根据后期土地利用规划，I类、II类表土若后期还作为绿化规划的，要采取保护措施防止在建设过程中被污染；III类表土保护措施根据实际情况而定。

6 表土收集方法

6.1 制定表土收集路线

以最大限度减少对表土碾压破坏为原则，设计适宜表土收集的线路，注意以下事项：

a）根据表土分布现状，充分利用已建成道路；

b）应做到一个地块只有一条碾压表土的通道，有条件的应在道路上铺设钢板，以减少机械的直接碾压，或直接采用挖掘机将通道上表土优先进行剥离、收集、归堆；

c）整个施工期间机械装置应按预设的路线行驶，禁止机械在表土上恣意碾压。

6.2 表土清表

利用人工或者割草机等对表土压实程度低的机械清除表土中可视杂物或其他不可再利用的物体。禁止用推土机作业、焚烧等破坏表土和环境的清表行为。

6.3 表土剥离

6.3.1 设置剥离有效土层

有效土层的设置应遵循：

a）一般控制在0~30 cm之间；

b）可根据现场调查情况进行调整：地势高时可适当增加剥离深度，地势低时可适当减少剥离深度，土壤深耕程度高的地方可适当增加剥离深度；

c）在土壤资源缺乏时，若底土质量尚可，剥离深度可放宽到50~80 cm甚至更深，但应不低于地下水常水位。

6.3.2 剥离注意事项

表土剥离时应注意：

a）剥离机械：应使用挖掘机等对土壤破坏程度小的机械，禁止使用推土机等对土壤压实严重的机械；

b）剥离时间：在土壤适耕性较好时进行，即抓一把土壤可捏成团，土团落地能自然散碎；当土壤处于可塑性时，即用手按压能将土壤中水分挤出或黏结成团时，禁止剥离；禁止在雨雪天或雨雪后立即进行剥离；

c）剥离深度：应严格按照表土设置的拟剥离有效土层。

6.4 表土运输

6.4.1 表土运输所用车辆或者机械工具应先清洗干净，防止油污、建筑垃圾等杂物污染表土。

6.4.2 尽量缩短运输距离，防止表土被过度振动而压实板结。

6.4.3 运输时对表土质量类型应做好记录，防止堆放混乱。

6.5 其他

表土剥离区域应有安全警示标识，无关人员不得进入。表土机械操作人员应持证上岗。

7 表土堆放处置

7.1 堆放位置

7.1.1 剥离的表土优先置于路基两侧占地界内，并采取相应的排水和防尘措施，保护表土免于被破坏并便于表土取用方便，尽可能减少对周边工程施工的干扰。

7.1.2 当断面土方量较大或堆放时间较长时，应集中堆放，宜参考以下因子选择适宜的堆放场地：

a）应优先选择互通区、需复垦的新、旧取土场、拟造新地的地段；

b）堆放场地应考虑地表承载力与周边环境安全，远离构筑物、河道或地下管道等地下压实敏感区域，确保在安全距离之外；

c）堆放场地应清除石块等可视杂物以及油污等污染物，确保场地不会对表土造成破坏；

d）堆放场地的土质不宜太松软，应能承受一定压力。

7.2 堆场建设

7.2.1 为规范表土堆放，防止堆放过程中土壤退化，堆放场地应先规划建设好进出通道、堆放区、排水沟，便于现场操作。其中排水沟可以直接通河道；没有河道的，直接进入集水井，经过多级沉淀池后利用强排的方式排入现有河道或进入现有排水设施。

7.2.2 根据堆放高度计算场地的承载强度要求，并依据当地土质情况复核承载能力，如低于承载强度要求的，应采用圬工材料进行场地加固处理，防止堆场在使用过程中发生严重沉降甚至破坏。

7.3 堆放表土

7.3.1 分类堆放

有条件的宜将表土进行分类堆放，为后续分类改良和再利用提供方便。

7.3.2 堆高方法

表土经车辆运输到达堆放区，卸载时应采用挖掘机或装载机卸车进行堆高，或采用缓慢自卸防止冲击压实表土。

7.3.3 堆放高度

堆放高度<4 m，坡度一般在安息角以内，最大坡度不得超过1：2（竖向：水平），堆体长度宜

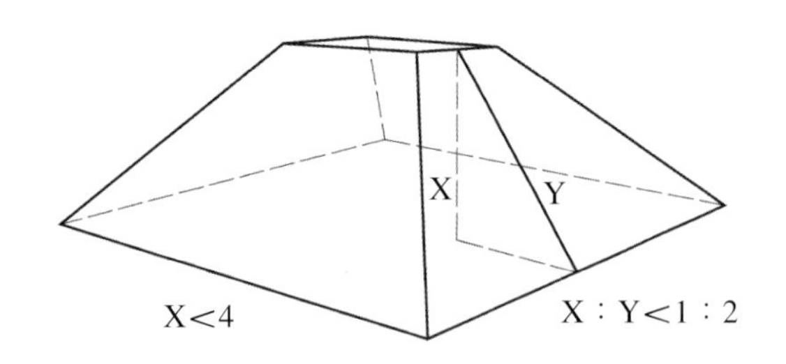

附图 1　表土堆高示意图

<20 m，否则堆土之间应专门设置2 m的隔离带，详见附图1-1。土堆也可设置为圆锥形。

7.4 土堆保护

为防止表土在堆放过程中退化，宜在表土堆放过程中进行覆盖。覆盖分绿化植被覆盖和防水材料覆盖两种方法：

a）绿化植被覆盖

种植有利于改善土壤肥力或理化性质的植物，将整个土堆进行绿化，必要时采用施肥、喷水等方法维护表土肥力，防止表土退化。

b）防水材料覆盖

用油布等防水材料封闭覆盖，布接缝采用重叠搭接法或插入少量竹签连接好，土堆下部用石块或土块等重物压实避免风吹，避免受到污染物、杂草侵入或雨水冲刷。

7.5 现场维护

7.5.1 标识

整个土堆堆放过程中应有醒目的标识，如表土类型、场地位置、堆放时间等。

7.5.2 专人负责日常管理

日常管理主要有：

a）清理杂草和排水沟、更换破损的覆盖层；

b）为便于统计表土收集的工作量，应对进入现场车辆进行登记，或做好施工记录和台账，以备核查追溯。根据现场土堆的实测数据计算表土的收集量；

c）恶劣天气前应做好防风、防台风、防汛准备工作，确保排水通畅，做好覆盖防风，防止土体被冲刷。

7.5.3 在车辆卸土过程中，在排水明沟上铺设钢板或者走道板，以保护周围的排水明沟不被破坏。

7.5.4 所有进入堆放现场的车辆必须服从现场管理，在指定区域进行卸车；完成后，应及时清理周围场地或修复排水沟，以保证场地的清洁和排水系统的完好性。

7.5.5 堆放时禁止车辆对堆放土堆进行碾压。

8 表土再利用

8.1 表土晾晒

在天气晴好时去除堆放表土上的覆盖层，让表土进行自然风干。

8.2 表土粉碎

8.2.1 粉碎时间

表土粉碎应在表土晾晒至土壤适耕性较好时进行，即抓一把土壤可捏成团，土团落地自然散碎。

8.2.2 粉碎机械

量少可人工过筛，量大应采用筛分机械过筛。

8.3 表土改良或修复

8.3.1 根据表土的质量等级，确定主要障碍因子，制定相应的表土改良或修复方案。

8.3.2 根据配方生产出的种植土经检测应符合附表1-1中绿化种植土的质量要求，否则应重新进行改良修复。

8.3.3 少量种植土生产时可用人工搅拌，大量生产时宜采用机械搅拌或自动化流水线搅拌。

8.4 表土改良或修复用材料

表土改良或修复用材料宜用有机基质，其相关质量要求应符合LY/T 1970—2011中4条技术要求的规定。

8.5 表土回填

表土能满足或改良修复后符合附表1-1中绿化种植土质量要求的，可直接运至待种植绿地，供植物种植使用。

附表1-1 绿化种植土的质量要求

<table>
<tr><th colspan="4">项目</th><th colspan="2">质量指标</th></tr>
<tr><td rowspan="5">主控指标</td><td rowspan="2">1</td><td colspan="2" rowspan="2">pH</td><td>一般植物</td><td>6.5~8.0</td></tr>
<tr><td>特殊要求</td><td>使用单位提供要求在设计中说明</td></tr>
<tr><td>2</td><td colspan="2">EC/（mS/cm）</td><td colspan="2">0.5~2.5</td></tr>
<tr><td>3</td><td colspan="2">有机质/（g/kg）</td><td colspan="2">15~60</td></tr>
<tr><td>4</td><td colspan="2">质地</td><td colspan="2">壤质土</td></tr>
<tr><td rowspan="10">营养指标</td><td>1</td><td colspan="2">水解性氮（N）/（mg/kg）</td><td colspan="2">40~150</td></tr>
<tr><td>2</td><td colspan="2">有效磷（P）/（mg/kg）</td><td colspan="2">8~40</td></tr>
<tr><td>3</td><td colspan="2">速（有）效钾（K）/（mg/kg）</td><td colspan="2">60~250</td></tr>
<tr><td>4</td><td colspan="2">有效硫（S）/（mg/kg）</td><td colspan="2">25~500</td></tr>
<tr><td>5</td><td colspan="2">有效镁（Mg）/（mg/kg）</td><td colspan="2">50~250</td></tr>
<tr><td>6</td><td colspan="2">有效锰（Mn）/（mg/kg）</td><td colspan="2">0.6~15</td></tr>
<tr><td>7</td><td colspan="2">有效锌（Zn）/（mg/kg）</td><td colspan="2">1~10</td></tr>
<tr><td>8</td><td colspan="2">有效铜（Cu）/（mg/kg）</td><td colspan="2">0.3~8</td></tr>
<tr><td>9</td><td colspan="2">有效铁（Fe）/（mg/kg）</td><td colspan="2">24~300</td></tr>
<tr><td>10</td><td colspan="2">有效钼（Mo）/（mg/kg）</td><td colspan="2">0.05~2</td></tr>
<tr><td rowspan="12">障碍因子指标</td><td>1</td><td>潜在毒害</td><td>发芽指数（GI）/（%）</td><td colspan="2">>80</td></tr>
<tr><td rowspan="3">2</td><td rowspan="3">盐害</td><td>可溶性氯（Cl）/（mg/L）</td><td colspan="2"><150</td></tr>
<tr><td>交换性钠（Na）/（mg/kg）</td><td colspan="2"><100</td></tr>
<tr><td>钠吸附比（SAR）</td><td colspan="2"><3</td></tr>
<tr><td>3</td><td>硼害</td><td>硼（B）/（mg/L）</td><td colspan="2"><1</td></tr>
<tr><td rowspan="6">4</td><td rowspan="6">重金属污染</td><td>有效砷（As）/（mg/kg）</td><td colspan="2"><1</td></tr>
<tr><td>有效镉（Cd）/（mg/kg）</td><td colspan="2"><1</td></tr>
<tr><td>有效铬（Cr）/（mg/kg）</td><td colspan="2"><10</td></tr>
<tr><td>有效铅（Pb）/（mg/kg）</td><td colspan="2"><30</td></tr>
<tr><td>有效汞（Hg）/（mg/kg）</td><td colspan="2"><1</td></tr>
<tr><td>有效镍（Ni）/（mg/kg）</td><td colspan="2"><5</td></tr>
<tr><td>5</td><td>排水不畅</td><td>入渗率（K/λ）（mm/h）</td><td colspan="2">25~500</td></tr>
</table>

（续）

项目					质量指标
障碍因子指标	6	石砾含量（质量分数，%）	总含量（粒径≥2 mm）		≤ 10
			不同粒径	草坪（粒径≥20 mm）	≤ 0
				其他（粒径≥30 mm）	≤ 0

9 取样及检测方法

9.1 取样方法

9.1.1 表土

按4.3的规定。

9.1.2 表土生产的绿化种植土

取样要有代表性，采样频率可根据实际情况而定。首次采样时，每10 m^3~50 m^{3}取1个混合样品，由3~5个取样点组成；3次合格后可放宽到100 m^3~500 m^{3}取1个混合样品，由5~8个取样点组成；当配方或工艺确定后，可放宽到500 m^3~1500 m^{3}取1个混合样品，由8~10个取样点组成。

9.2 检测方法

表土或以表土生产的绿化种植土检测分析方法应按附表1-2执行。

附表1–2　检测分析方法

序号	项目	测定方法	方法来源
1	可视杂物		目测/筛分法
2	有效土层	米尺测定（读数精确到1.0 cm）	—
3	pH	电位法（水饱和浸提）	见附录D
4	EC	电导率法（水饱和浸提）	见附录E
5	有机质	重铬酸钾氧化-外加热法	LY/T 1237
6	质地	密度计法	LY/T 1225
7	水解性氮	碱解-扩散法	LY/T 1229
8	有效磷	钼锑抗比色法/AB-DTPA浸提 /等离子体光谱法	LY/T 1233/见附录F
9	速（有）效钾	火焰光度法/AB-DTPA浸提/等离子体光谱法	LY/T 1236/见附录F
10	有效硫	AB-DTPA浸提/等离子体光谱法	见附录F
11	有效镁	AB-DTPA浸提/等离子体光谱法或原子吸收分光光度法	见附录F
12	有效锰	AB-DTPA浸提/等离子体光谱法或原子吸收分光光度法	见附录F
13	有效锌	AB-DTPA浸提/等离子体光谱法或原子吸收分光光度法	见附录F
14	有效铜	AB-DTPA浸提/等离子体光谱法或原子吸收分光光度法	见附录F
15	有效铁	AB-DTPA浸提/等离子体光谱法或原子吸收分光光度法	见附录F
16	有效钼	AB-DTPA浸提/等离子体光谱法或原子吸收分光光度法	见附录F
17	发芽指数	生物毒性法	CJ/T 340
18	可溶性氯*	水饱和浸提/硝酸银滴定法	LY/T 1251（仅采用硝酸银滴定法）
19	交换性钠	AB-DTPA浸提/等离子体光谱法或原子吸收分光光度法	见附录F
20	钠吸附比*	水饱和浸提/等离子体光谱法或原子吸收分光光度法	见附录F

（续）

序号	项目	测定方法	方法来源
21	可溶性硼*	水饱和浸提/甲亚胺比色法	LY/T 1258（仅采用甲亚胺比色法）
		水饱和浸提/等离子体光谱法	见附录F
22	有效砷	AB-DTPA浸提/等离子体光谱法或原子荧光分光光度法	见附录F
23	有效镉	AB-DTPA浸提/等离子体光谱法或原子吸收分光光度法	见附录F
24	有效铬	AB-DTPA浸提/等离子体光谱法或原子吸收分光光度法	见附录F
25	有效铅	AB-DTPA浸提/等离子体光谱法或原子吸收分光光度法	见附录F
26	有效汞	AB-DTPA浸提/等离子体光谱法或原子荧光分光光度法	见附录F
27	有效镍	AB-DTPA浸提/等离子体光谱法或原子吸收分光光度法	见附录F
28	入渗率	渗滤法或环刀法	LY/T 1218
29	石砾含量	筛分法	CJ/T 340
*水饱和浸提液方法同附录E中E.3.1的有关规定。			

10 检验规则

10.1 本标准中质量指标合格判断，采用GB/T 8170中“修约值比较法”。

10.2 表土或以表土为主生产的绿化种植土的检测应由有资质的专业实验室进行。

10.3 表土

附表B.1中pH、EC、有机质、质地和发芽指数5个必检指标是指表土质量评价或剥离前应检测的指标；选检指标是指根据实际情况确定是否要选择的检测指标；障碍因子指标是指在表土现场踏勘或资料调查时，若发现可能存在该指标的潜在障碍时才进行检测的指标，否则无需进行检测。

10.4 绿化种植土

一般绿化种植土质量要求按照附表1-2中pH、EC、有机质、质地4项主控指标是必检指标，检测结果应100%符合标准要求，否则该表土视为不合格，应重新进行改良。

当绿化种植土对养分要求比较高时，除检测4项主控指标外，应根据实际情况选择附表1-2中水解性氮、有效磷、速（有）效钾、有效硫、有效镁、有效锰、有效锌、有效铜、有效铁和有效钼10项营养指标中的部分或全部指标进行检测；营养指标的检测结果至少80%符合标准要求，且超幅在标准值的±20%以内；否则该土壤视为不合格，应重新进行改良或修复。

当绿化种植土可能存在某种潜在障碍因子时，必须增加附表1-1中相关的障碍因子指标的检测，且障碍因子指标应100%符合标准要求，否则该土壤视为不合格，应重新进行改良或修复。

附录A

（规范性附录）

表土现场情况调查表

附表A.1　表土现场情况调查表

<table>
<tr><td>序号</td><td colspan="2">基本概况</td><td>实际情况描述/测定/选项（√）</td></tr>
<tr><td>1</td><td colspan="2">土源位置（定位）</td><td></td></tr>
<tr><td>2</td><td colspan="2">地形坡度</td><td>1）平地；2）缓坡地；3）陡坡；4）其他：</td></tr>
<tr><td rowspan="2">3</td><td colspan="2">现有土地利用形式</td><td>1）林地；2）水田；3）果园；4）菜地；5）其他：</td></tr>
<tr><td colspan="2">地面平整度</td><td></td></tr>
<tr><td rowspan="3">4</td><td rowspan="3">地表概况</td><td>植物长势</td><td></td></tr>
<tr><td>道路</td><td></td></tr>
<tr><td>地表水</td><td></td></tr>
<tr><td>5</td><td colspan="2">地下水位（cm）</td><td></td></tr>
<tr><td>6</td><td colspan="2">有效土层厚度（cm）</td><td></td></tr>
<tr><td>7</td><td colspan="2">可视杂物</td><td></td></tr>
<tr><td>8</td><td colspan="2">其他</td><td></td></tr>
</table>

附录B

（规范性附录）

表土基本性质检测

附表B.1　表土基本性质检测

<table>
<tr><td colspan="4">项　目</td><td>质量指标</td></tr>
<tr><td rowspan="5">必检指标</td><td>1</td><td colspan="2">pH</td><td></td></tr>
<tr><td>2</td><td colspan="2">EC/（mS/cm）</td><td></td></tr>
<tr><td>3</td><td colspan="2">有机质/（g/kg）</td><td></td></tr>
<tr><td>4</td><td colspan="2">质地</td><td></td></tr>
<tr><td>5</td><td colspan="2">发芽指数（GI）/（%）</td><td></td></tr>
<tr><td rowspan="10">选检指标</td><td>1</td><td colspan="2">水解性氮（N）/（mg/kg）</td><td></td></tr>
<tr><td>2</td><td colspan="2">有效磷（P）/（mg/kg）</td><td></td></tr>
<tr><td>3</td><td colspan="2">速（有）效钾（K）/（mg/kg）</td><td></td></tr>
<tr><td>4</td><td colspan="2">有效硫（S）/（mg/kg）</td><td></td></tr>
<tr><td>5</td><td colspan="2">有效镁（Mg）/（mg/kg）</td><td></td></tr>
<tr><td>6</td><td colspan="2">有效锰（Mn）/（mg/kg）</td><td></td></tr>
<tr><td>7</td><td colspan="2">有效锌（Zn）/（mg/kg）</td><td></td></tr>
<tr><td>8</td><td colspan="2">有效铜（Cu）/（mg/kg）</td><td></td></tr>
<tr><td>9</td><td colspan="2">有效铁（Fe）/（mg/kg）</td><td></td></tr>
<tr><td>10</td><td colspan="2">有效钼（Mo）/（mg/kg）</td><td></td></tr>
<tr><td rowspan="3">障碍因子指标</td><td rowspan="3">1</td><td rowspan="3">盐害</td><td>可溶性氯（Cl）/（mg/L）</td><td></td></tr>
<tr><td>交换性钠（Na）/（mg/kg）</td><td></td></tr>
<tr><td>钠吸附比（SAR）</td><td></td></tr>
</table>

（续）

项　目					质量指标
障碍因子指标	2	硼害	硼（B）/（mg/L）		
	3	重金属污染	有效砷（As）/（mg/kg）		
			有效镉（Cd）/（mg/kg）		
			有效铬（Cr）/（mg/kg）		
			有效铅（Pb）/（mg/kg）		
			有效汞（Hg）/（mg/kg）		
			有效镍（Ni）/（mg/kg）		
	4	排水不畅	入渗率（K_{fs}）（mm/h）		
	5	石砾含量（质量分数，%）	总含量（粒径≥2 mm）		
			不同粒径	草坪（粒径≥20 mm）	
				其他（粒径≥30 mm）	

附录C

（规范性附录）

表土再利用质量等级分类表

附表C.1　表土再利用质量等级分类表

评价因子	I类表土	II类表土	III类表土	IV类表土
地形坡度（°）	平地或缓坡（≤10）	缓坡地（≤10）	陡坡（≤15）	陡坡（≥25）
地面平整度	田块平整，无塌陷	田块较平整，有少量塌陷	田块不平整，有塌陷	田块塌陷
道路条件	有完善道路系统	有道路但未形成道路系统	有道路但道路状况差	无道路
地下水位（cm）	≥80	≥70	≥50	≤50
有效土层厚（cm）	≥50	≥30	≥25	≤25
可视杂物	无或易清除	局部较多但可清除	较多但能清除	多且难清除
土壤质地	壤质土	壤质土	黏土、砂土	砾石>20%
土壤有机质（g/kg）	≥20	≥20	≥10	≤10
发芽指数（%）	≥90	≥85	≥80	<80
毒害污染物	不超标	局部微量污染	轻微污染	中度污染
是否存在障碍因子	无或轻微能修正	轻微能修正	有但能修复	较难修复

附录D

（规范性附录）

pH测定　水饱和浸提电位法

D.1 仪器

a）酸度计：测量范围0~14；精度：±0.1；

b）电极：玻璃电极；饱和甘汞电极；pH复合电极；

c）天平：感量0.01 g。

D.2 试剂

D.2.1 pH 4.01标准缓冲液：购买仪器供应商标液、购买带CMC标识标准缓冲液或自行配制。

D.2.2 pH 7.00标准缓冲液：购买仪器供应商标液、购买带CMC标识标准缓冲液或自行配制。

D.2.3 pH10.01标准缓冲液：购买仪器供应商标液、购买带CMC标识标准缓冲液或自行配制。

D.2.4 蒸馏水：去离子水，符合中国实验室用水国家标准（GB 6682）。

D.3 测定步骤

D.3.1 待测液的制备

称取一定量通过2 mm筛孔的风干土样于250 mL高型烧杯中，加入适量的水，用刮勺搅动混成水分饱和的土壤糊状物，至没有游离水出现并在光下有光亮现象，室温静置1 h（其中绿化用基质等有机改良材料应室温静置>4 h或室温静置过夜）待测pH。在放置过程中糊状物有显著变硬或失去光泽现象，应添加水重新混合；若在放置过程中样品表面有游离水出现，或糊状物太潮湿则应添加风干样品重新混合。

D.3.2 仪器的校正

用pH的标准缓冲液分别校正仪器，使标准缓冲液的值与仪器标度上的值相一致。待标定结束仪器稳定后，用校准好的仪器对标准缓冲液进行回测，使测得值与标准值控制在误差范围内，如超过规定允许差，则需检查仪器、仪器电极或标准溶液是否有问题。当仪器校准无误且仪器稳定后，方可进行样品测定。

D.3.3 测定

在与上述相同的条件下，把pH电极插入糊状物中，测pH值。每份样品测完后，即用水冲洗电极，并用干滤纸将水吸干。

D.4 结果计算

一般pH可直接读数，不需换算。

D.5 允许差

pH值两次称样平行测定结果允许差为±0.1。

附录E

（规范性附录）

EC测定　水饱和浸提电导率法

E.1 仪器

a）电导仪：测量范围0~2000 mS/cm；精度：±0.1；

b）布氏漏斗；

c）真空抽滤泵或电动吸引器。

E.2 试剂

标准KCl溶液。

E.3 测定步骤

E.3.1 待测液的制备

称取一定量通过2 mm筛孔的风干土样于250 mL高型烧杯中，加入适量的水，用刮勺搅动混成水分饱和的土壤糊状物，至没有游离水出现并在光下有光亮现象，室温静置1 h（其中绿化用基质等有机改良材料应室温静置>4 h或室温静置过夜）。在放置过程中糊状物有显著变硬或失去光泽现象，应添加水重新混合；若在放置过程中样品表面有游离水出现,或糊状物太潮湿则应添加风干样品重新混合。之后用真空抽滤泵或电动吸引器抽取滤液待测EC值。

E.3.2 仪器的校正

用EC的标准缓冲液分别校正仪器，使标准缓冲液的值与仪器标度上的值相一致。待标定结束仪器稳定后，用校准好的仪器对标准缓冲液进行回测，使测得值与标准值控制在误差范围内，如超过规定允许差，则需检查仪器、仪器电极或标准溶液是否有问题。当仪器校准无误且仪器稳定后，方可进行样品测定。

E.3.3 测定

在与上述相同的条件下，把EC电导电极插入滤液中，测EC值。每份样品测完后，即用水冲洗电极，并用干滤纸将水吸干。

E.4 结果计算

一般EC可直接读数，不需换算。

E.5 允许差

EC值两次称样平行结果允许相对偏差为 ± 15%。

附录F

（规范性附录）

有效态磷、钾、硫、镁、锰、锌、铜、铁、钼、砷、镉、铬、铅、汞、镍、硼和交换性钠及钠吸附比的测定

F.1 仪器

a）原子吸收分光光度计或电感耦合等离子体发射光谱仪；

b）天平：感量0.01 g；

c）温控振荡器。

F.2 试剂

F.2.1 AB-DTPA浸提液：pH7.6 的1.0 mol/L碳酸氢铵/ 0.005 mol/L二乙三胺五乙酸（DTPA）提取液（在约800 mL蒸馏水中加1∶1氨水2 mL，然后加入1.97 g DTPA，待大部分DTPA溶解后，加入79.06 g碳酸氢铵，轻轻搅拌至溶解，在pH计上用氨水或盐酸（1∶1）调节pH至7.6后，定容到1L容量瓶，摇匀后待用）。碳酸氢铵和二乙三胺五乙酸均为优级纯。

F.2.2 蒸馏水：实验室二级水，符合中国实验室用水国家标准（GB 6682）。

F.3 测定步骤

F.3.1 待测液的制备

F.3.1.1 土壤AB-DTPA待测液

F.3.1.1.1 称取10 g（精确到0.01 g）过2 mm的风干土置于三角瓶中，加入20 mL浸提液25℃下振荡15 min（180 r/min），然后用中速滤纸过滤并收集滤液。

F.3.1.1.2 在三角瓶中加0.25 mL浓HNO_3再小心加入2.5 mL滤液或待测元素的标准溶液，振荡15 min（不加塞）以驱除CO_2。

F.3.1.2 水饱和浸提待测液：有效态硼、交换性钠和钠吸附比的待测液方法同附录中E.3.1的规定。

F.3.2 标准曲线的配置：按照相应的浓度配置混合标准曲线进行测定。

F.3.3 吸取待测样适量，分别选择适宜的仪器进行测定。

F.3.3.1 磷、钾、硫、镁、锰、锌、铜、铁、钼、砷、镉、铬、铅、汞、镍、硼、钠等元素的测定可采用电感耦合等离子体发射光谱仪（ICP）进行测定。

F.3.3.2 钾、镁、锰、锌、铜、铁、钼、镉、铬、铅、镍、钠等金属元素可选择原子吸收分光光度计进行测定。

F.4 结果计算

F.4.1 元素含量

$$W_{**}=C\times V\times t_s / m\times k \qquad \text{(F.1)}$$

式中：

W_{**}—有效态或交换性元素的浓度，单位为毫克每千克（mg/kg）；

C—待测液中元素浓度，单位为毫克每升（mg/L）；

V—浸提液体积，单位为毫升（mL）；

m—样品质量，单位为千克（kg）；

t_s—分取倍数［（吸取的滤液体积+加入的浓HNO_3体积）/吸取的滤液体积］；

k—将风干土换算到烘干土的水分换算系数。

F.4.2 钠吸附比计算

$$SAR=\frac{C_{Na^+}}{\sqrt{\frac{C_{Ca^{2+}}+C_{Mg^{2+}}}{2}}} \qquad \text{(F.2)}$$

式中：

SAR—钠吸附比；

C_{Na^+}—待测滤液中钠离子浓度，单位为毫摩尔每升（mmol/L）；

$C_{Ca^{2+}}$—待测滤液中钙离子浓度，单位为毫摩尔每升（mmol/L）；

$C_{Mg^{2+}}$—待测滤液中镁离子浓度，单位为毫摩尔每升（mmol/L）。

F.5 允许差

两次称样平行测定结果允许相对偏差为±15%。

附录二

《绿化用表土保护技术规范》

林业行业标准（LY/T 2445—2015）

本标准起草单位

上海市园林科学研究所
上海申迪建设有限公司
上海申迪园林投资建设有限公司
上海申迪项目管理有限公司
上海市绿化和市容（林业）工程管理站
重庆市风景园林科学研究院

本标准主要起草人

方海兰　梁　晶　金大成　张勇伟　庞学雷　郝冠军　吕子文
周建强　徐　忠　朱振清　朱　丽　柏　营　徐福银　伍海兵

2015-01-27发布，2015-05-01实施

1 范围

本标准规定了表土的术语和定义以及绿化用表土现场调查、评价、剥离、堆放和再利用的技术规范。

本标准适用于绿化用表土的调查与评价、剥离和再利用。

其他涉及表土保护和再利用的项目可参考本标准。

2 规范性引用文件

下列文件对本文件的应用是必不可少的。凡是标注日期的引用文件，仅标注日期的版本适用于本文件，凡是不标注日期的引用文件，其最新版本（包括所有的修改单）适用于本文件。

GB/T 6682　　分析实验室用水规格和试验方法
GB/T 8170　　数值修约规则与极限数值的表示和判定
GB/T 17136　　土壤质量 总汞的测定 冷原子吸收分光光度法
GB/T 17137　　土壤质量 总铬的测定 火焰原子吸收分光光度法
GB/T 17138　　土壤质量 铜、锌的测定 火焰原子吸收分光光度法
GB/T 17139　　土壤质量 镍的测定 火焰原子吸收分光光度法
GB/T 17140　　土壤质量 铅、镉的测定 KI-MIBK萃取原子吸收分光光度法
GB/T 17141　　土壤质量 铅、镉的测定 石墨炉原子吸收分光光度法
GB/T 22105.2　　土壤质量 原子荧光法 第2部分：土壤中总砷的测定
CJ/T 340—2011　　绿化种植土壤
LY/T 1218　　森林土壤渗滤率的测定
LY/T 1225　　森林土壤颗粒组成（机械组成）的测定
LY/T 1229　　森林土壤水解性氮的测定
LY/T 1233　　森林土壤有效磷的测定
LY/T 1236　　森林土壤速效钾的测定
LY/T 1237　　森林土壤有机质的测定及碳氮比的计算
LY/T 1251　　森林土壤水溶性盐分分析
LY/T 1258　　森林土壤有效硼的测定
LY/T 1970　　绿化用有机基质

3 术语和定义

下列术语和定义适用于本标准。

3.1 表土 topsoil

能满足植物健康生长的土壤，分为自然表土和人工表土。其中，自然表土是指土壤剖面上层结构良好、肥力尚可的土壤，是自然界化学的、物理的、生物的和环境等因素综合作用的产物；人工表土是矿物质和有机质混合而成的材料，具有自然表土同样的功能。

3.2 表土保护 topsoil protection

对有利用价值的表土进行保存与维护的过程。

3.3 可视杂物 visible sundries

土壤中肉眼可辨认的侵入体。如金属物体、塑料、处理的木材、纺织物、玻璃和陶瓷的锋利碎片等。

3.4 表土现场调查 topsoil site investigation

在现场对表土进行调查的过程。包括地界分布、地形坡度、土地利用方式、植物长势、道路状况、地表水、地下水位、土层深度、可视杂物及周边环境等。

3.5 表土质量评价 topsoil quality evaluation

根据表土现场调查情况和现场采集代表性土壤样品的检测结果，对表土进行质量分类并确认是否具有再利用价值的评判过程。

3.6 有效表土层 effective topsoil layer

根据表土现场调查及现场采集代表性土壤样品的检测结果，评判表土具有再利用价值的土层厚度。单位为厘米（cm）。

3.7 土壤障碍因子 soil constraint factor

土体中妨碍植物正常生长发育的性质或形态特征。

3.8 表土清表 topsoil surface clearing

表土剥离前清除地表植被、可视杂物的过程。

3.9 表土剥离 topsoil stripping

对有效表土层进行剥离收集的过程。

3.10 表土堆放 topsoil piling

将剥离的表土进行堆置并采取一定有效措施防止表土流失或退化的过程。

3.11 土源 topsoil source

能获得表土的区域或地块。

3.12 绿化种植土（土壤） planting soil for greening

用于种植花卉、草坪、地被、灌木、乔木等植物的绿化用土壤，为自然土壤或人工配制土壤。

4 表土现场调查

4.1 准备

4.1.1 现场调查人员应经过专业培训，具备野外调查经验。

4.1.2 现场携带的调查器具和技术资料可参照CJ/T 340—2011中附录A.1的有关规定。

4.1.3 制定简单的现场调查方案，可包括时间、地点、人员、采样密度和行走路线等。

4.2 现场调查

4.2.1 根据“表土现场情况调查表”（附录A中表A.1）的内容，在现场开展各项工作。

4.2.2 根据土源的现场情况，利用卫星定位，绘制表土分布图；有条件的可制成表土分布数字地图；或根据现场情况，人工标记表土的地界分布，并采用测绘方法记录于地形图上。

4.2.3 根据调查现场的地形特点，在典型地形处开挖土壤剖面直至地下水位为止，记录土壤分布层次和地下水位高度。

4.2.4 对调查现场内土地利用方式、地形坡度、可视杂物和植物种类和长势等情况进行调查和详细记录。

4.3 表土现场取样

表土样品取样可参照CJ/T 340—2011中附录A.3.1的有关规定，也可根据具体情况进行适当调整。表土的平面采样密度宜控制在每组0.5 hm^2~1 hm^2，对有潜在土壤障碍因子或成土条件差异较大的区域应增加采样密度；每个待开发地块至少要采集一个土壤剖面，成土条件不一致的地块应分别采集有代表性的土壤剖面，每个土壤剖面根据现场观测结果，只采集土壤结构发育良好的土层进行分析。

5 表土质量评价

5.1 表土样品检测

根据“表土质量检测指标”（附录B中表B.1）规定项目。所有样品必须进行必检指标检测，每块土源至少对一个代表性样品进行全指标分析，其他样品可以根据需要选择指标进行分析。

5.2 表土质量分类

根据表土现场调查情况和表土检测数据，参照附录C中表C.1 的有关要求进行表土质量分类。

5.3 划定表土收集区域

5.3.1 遵循经济性和可操作性原则，明确表土有效分布的范围和剥离厚度，在现场和地形图上标记表土收集界限，有条件的可制定表土收集分布图。

5.3.2 后期用作绿化的I类、II类表土需要采取保护措施防止在建设过程中被污染；III类表土保护措施根据实际情况而定；IV类土可不采取保护措施。

6 表土收集方法

6.1 制定表土收集路线

以最大限度减少对表土碾压破坏为原则，设计适宜表土收集的线路，注意以下事项：

——根据表土分布现状，充分利用已建成道路；

——应做到一个地块只有一条碾压表土的通道，可在道路上铺设钢板，或先将通道上表土优先进行剥离、收集和归堆，以减少机械的直接碾压；

——整个施工期间机械装置应按预设的路线行驶，禁止机械在表土上恣意碾压；

——定期清理铺设的钢板及收集设备带来的铁锈、油污、淤泥等污染源。

6.2 表土清表

清除表土中可视杂物。禁止用推土机、焚烧等破坏表土和环境的行为。

6.3 表土剥离

6.3.1 设置剥离有效土层

剥离深度应结合现场调查和表土检测数据进行确定。一般控制在0~30 cm之间；若土壤符合质量要求，剥离深度可放宽到50 cm~80 cm甚至更深，但应在地下水常水位以上。

6.3.2 剥离注意事项

表土剥离时应注意以下事项：

——剥离机械：应使用挖掘机等对土壤破坏程度小的机械，禁止使用推土机等对土壤压实严重的机械；

——剥离时间：在土壤适耕性较好时进行，即抓一把土壤可捏成团，土团落地能自然散碎；当土壤处于可塑性时，即用手按压能将土壤中水分挤出或黏结成团时，禁止剥离；禁止在雨雪天或雨雪后立即进行剥离。

6.4 表土运输

6.4.1 表土运输所用机械或工具应清洗干净。

6.4.2 尽量缩短运输距离，防止表土被过度振动而压实板结。

6.4.3 运输时对表土质量类型做好记录，防止堆放混乱。

6.5 其他

表土剥离区域应有安全警示标识。表土机械操作人员应持证上岗，无关人员不得进入。

7 表土堆放处置

7.1 堆放位置

7.1.1 剥离的表土优先置于路基两侧占地界内，并采取相应的排水和防尘措施，保护表土免于被破坏并便于表土取用方便，尽可能减少对周边工程施工的干扰。

7.1.2 当断面土方量较大或堆放时间较长时，应集中堆放，选择适宜的堆放场地：

a）应优先选择互通区、需复垦的新、旧取土场、拟造新建地段；

b）堆放场地应考虑地表承载力与周边环境安全，远离建（构）筑物、河道、地下管道和基坑等地下压实敏感区域，确保在安全距离之外；

c）确保场地不会对表土造成污染或破坏。

7.2 堆场建设

7.2.1堆放场地应包括进出通道、堆放区和排水沟。

7.2.2场地承载力应满足堆高要求，若不满足应加固处理。

7.3 堆放表土

7.3.1 堆放要求

宜将表土进行分类堆放，尽量避免表土被压实。

7.3.2 堆体尺度

土堆可设置为台体或圆锥体。堆放高度应<4 m，最大坡度不得超过1∶2（竖向∶水平）（见图1），堆体边长或直径宜<20 m，堆体之间应专门设置2 m的隔离带。

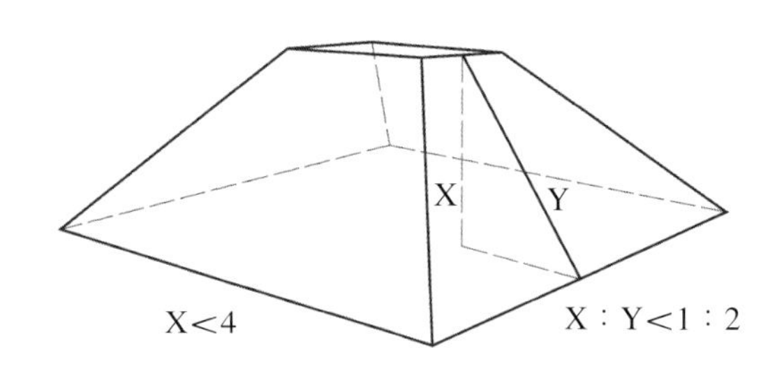

图1 表土堆高示意图

7.3.3 堆放时间

为防止表土在堆置过程中退化或流失，尽量减少堆放时间，其中I类土以直接利用为宜。

7.4 土堆保护

表土堆放过程中应防止表土流失和扬尘，宜采用绿化植被或土工布等材料进行覆盖。

7.5 现场维护

7.5.1 标识

整个土堆堆放过程中应有醒目的标识，如场地位置、表土类型或来源、堆放时间等。

7.5.2 日常管理

日常管理主要有：

a）清理杂草，修复排水沟，确保场地的清洁和排水系统完好；

b）对进入现场车辆进行登记，做好施工记录和台账；

c）做好防风、防台、防汛准备工作；

d）卸土车辆机械禁止直接在排水明沟上行走，确需行走的应铺设钢板或走道板加以保护。

e）堆放时禁止车辆对堆放土堆进行碾压。

8 表土再利用

8.1 直接利用

符合附录D表D.1绿化种植土质量要求的表土，可直接运至待种植绿地，供植物种植使用。

8.2 改良利用

8.2.1 改良利用原则

根据表土的质量等级，确定主要障碍因子，制定相应的表土改良或修复方案。

8.2.2 改良或修复后种植土要求

根据改良或修复方案生产出的种植土应符合附录D附表D.1绿化种植土的质量要求，否则应重新进行改良修复；植物园、公园、花坛等对绿化景观要求较高的园林绿化种植土壤，其有机质应在20 g/kg~80 g/kg之间。

8.2.3 改良或修复材料

宜用有机基质，质量要求应符合LY/T 1970中的技术要求规定。

8.2.4 改良或修复后种植土取样

生产初始，每10 m^3~50 m^3取1个混合样品，由3~5个取样点组成；3次合格后可放宽到100 m^3 ~500 m^3取1个混合样品，由5~8个取样点组成；待生产稳定后，可放宽到500 m^3 ~1500 m^3取1个混合样品，由8~10个取样点组成。

9 检测方法

表土或以表土改良的绿化种植土检测分析方法应按附录E中表E.1执行。

10 检验规则

10.1 检测结果判断

本标准中质量指标合格与否判断，采用GB/T 8170中“修约值比较法”。

10.2 表土检测规则

附表B.1中pH、EC、有机质、质地和发芽指数5个必检指标是指表土质量评价或剥离前必须检测的指标；选检指标是指根据实际情况确定是否需选择的检测指标；障碍因子指标是指在表土现场踏勘或资料调查时，若发现可能存在该指标的潜在障碍时才进行检测的指标，否则无需进行检测。

10.3 绿化种植土检测规则

10.3.1一般绿化种植土质量要求：附表B.1中pH、EC、有机质、质地4项主控指标是必检指标，检测结果应100%符合附表D.1的标准要求，否则该表土视为不合格，应重新进行改良。

10.3.2当绿化种植土对养分要求比较高时：附表B.1中pH、EC、有机质、质地4项主控指标是必检指标，除pH、EC和质地检测结果应100%符合附表D.1的标准要求外，有机质含量应在20~80 g/kg之间；另外还应根据实际情况选择附表B.1中选检指标，即选择水解性氮、有效磷、速（有）效钾、有效硫、有效镁、有效锰、有效锌、有效铜、有效铁和有效钼10项选检指标中的部分或全部指标进行检测，且选检指标的检测结果至少80%符合附表D.1中营养标准的技术要求，且超幅在标准值的±20%以内；否则该土壤视为不合格，应重新进行改良或修复。

10.3.3当绿化种植土可能存在某种潜在障碍因子时：必须增加附表B.1中相关的障碍因子指标的检测，且障碍因子指标应100%符合附表D.1的标准要求，否则该土壤视为不合格，应重新进行改良或修复；其中重金属含量根据种植绿化与人接触的密切程度，符合CJ/T 340—2011中4.3.1条和表3的有关规定。

附录A

（规范性附录）

表土现场情况调查表

附表A.1　表土现场情况调查表

<table>
<tr><td>序号</td><td colspan="2">基本概况</td><td>实际情况描述/ 测定/ 选项（√）</td></tr>
<tr><td>1</td><td colspan="2">土源位置（定位）</td><td></td></tr>
<tr><td>2</td><td colspan="2">地形坡度</td><td>1）平地；2）缓坡地；3）陡坡；4）其他：</td></tr>
<tr><td>3</td><td colspan="2">现有土地利用形式</td><td></td></tr>
<tr><td>4</td><td colspan="2">地面平整度</td><td></td></tr>
<tr><td rowspan="2">6</td><td rowspan="2">地表概况</td><td>植物长势</td><td></td></tr>
<tr><td>地表水</td><td></td></tr>
<tr><td>7</td><td colspan="2">地下水位（cm）</td><td></td></tr>
<tr><td>8</td><td colspan="2">土层厚度（cm）</td><td></td></tr>
<tr><td>9</td><td colspan="2">可视杂物</td><td></td></tr>
<tr><td>10</td><td colspan="2">其他</td><td></td></tr>
</table>

附录B

（规范性附录）

表土质量检测指标

附表B.1　表土质量检测指标

<table>
<tr><td colspan="4">项　目</td><td>质量指标</td></tr>
<tr><td rowspan="5">必检指标</td><td>1</td><td colspan="2">pH</td><td></td></tr>
<tr><td>2</td><td colspan="2">EC/（mS/cm）（水饱和浸提）</td><td></td></tr>
<tr><td>3</td><td colspan="2">有机质/（g/kg）</td><td></td></tr>
<tr><td>4</td><td colspan="2">质地</td><td></td></tr>
<tr><td>5</td><td colspan="2">发芽指数（GI）/（%）</td><td></td></tr>
<tr><td rowspan="10">选检指标</td><td>1</td><td colspan="2">水解性氮（N）/（mg/kg）</td><td></td></tr>
<tr><td>2</td><td colspan="2">有效磷（P）/（mg/kg）</td><td></td></tr>
<tr><td>3</td><td colspan="2">速效钾（K）/（mg/kg）</td><td></td></tr>
<tr><td>4</td><td colspan="2">有效硫（S）/（mg/kg）</td><td></td></tr>
<tr><td>5</td><td colspan="2">有效镁（Mg）/（mg/kg）</td><td></td></tr>
<tr><td>6</td><td colspan="2">有效锰（Mn）/（mg/kg）</td><td></td></tr>
<tr><td>7</td><td colspan="2">有效锌（Zn）/（mg/kg）</td><td></td></tr>
<tr><td>8</td><td colspan="2">有效铜（Cu）/（mg/kg）</td><td></td></tr>
<tr><td>9</td><td colspan="2">有效铁（Fe）/（mg/kg）</td><td></td></tr>
<tr><td>10</td><td colspan="2">有效钼（Mo）/（mg/kg）</td><td></td></tr>
<tr><td rowspan="3">障碍因子指标</td><td rowspan="3">1</td><td rowspan="3">盐害</td><td>可溶性氯（Cl）/（mg/L）</td><td></td></tr>
<tr><td>交换性钠（Na）/（mg/kg）</td><td></td></tr>
<tr><td>钠吸附比（SAR）</td><td></td></tr>
</table>

（续）

<table>
<tr><td colspan="5">项　目</td><td>质量指标</td></tr>
<tr><td rowspan="15">障碍因子指标</td><td>2</td><td>硼害</td><td colspan="2">硼（B）/（mg/L）</td><td></td></tr>
<tr><td>3</td><td>排水不畅</td><td colspan="2">入渗率（K_{fs}）（mm/h）</td><td></td></tr>
<tr><td rowspan="3">4</td><td rowspan="3">石砾含量（质量分数，%）</td><td colspan="2">总含量（粒径≥2 mm）</td><td></td></tr>
<tr><td rowspan="2">不同粒径</td><td>草坪（粒径≥20 mm）</td><td></td></tr>
<tr><td>其他（粒径≥30 mm）</td><td></td></tr>
<tr><td rowspan="8">5</td><td rowspan="8">重金属总量</td><td colspan="2">镉（Cd）/（mg/kg）</td><td></td></tr>
<tr><td colspan="2">汞（Hg）/（mg/kg）</td><td></td></tr>
<tr><td colspan="2">铅（Pb）/（mg/kg）</td><td></td></tr>
<tr><td colspan="2">铬（Cr）/（mg/kg）</td><td></td></tr>
<tr><td colspan="2">砷（As）/（mg/kg）</td><td></td></tr>
<tr><td colspan="2">镍（Ni）/（mg/kg）</td><td></td></tr>
<tr><td colspan="2">锌（Zn）/（mg/kg）</td><td></td></tr>
<tr><td colspan="2">铜（Cu）/（mg/kg）</td><td></td></tr>
</table>

附录C

（规范性附录）

表土再利用质量等级分类表

附表C.1　表土再利用质量等级分类表

评价因子	I类表土[a]	II类表土[b]	III类表土[c]	IV类表土[d]
地形坡度（°）	平地或缓坡（≤10）	缓坡地（≤10）	陡坡（≤15）	陡坡（≥25）
地面平整度	田块平整，无塌陷	田块较平整，有少量塌陷	田块不平整，有塌陷	田块塌陷
地下水位（cm）	≥80	≥70	≥50	≤50
有效土层厚（cm）	≥30	≥30	≥25	≤25
可视杂物	无或易清除	局部较多但可清除	较多但能清除	多且难清除
土壤质地	壤质土	壤质土	黏土、砂土	砾石>20%或重黏土
土壤有机质（g/kg）	≥20	≥20	≥10	≤10
发芽指数（%）	≥90	≥85	≥80	<80
毒害污染物	不超标	局部微量污染	轻微污染	中度污染
是否存在障碍因子	无或轻微能修正	轻微能修正	有但能修复	较难修复

[a] I类土剥离后直接利用或简单改良后再利用；
[b] 80%指标符合II类土时，障碍因子较宜通过土壤改良或修复后达到绿化种植土要求；
[c] 70%指标符合III类土时，通过改良、修复或其他技术能达到绿化种植土要求；
[d] 至少有2项以上指标符合IV类土时，不具备利用价值，禁止使用。

附录D

（规范性附录）

绿化种植土的质量要求

附表D.1 绿化种植土的质量要求

<table>
<tr><th colspan="5">项 目</th><th colspan="2">质 量 指 标</th></tr>
<tr><td rowspan="5">主控指标</td><td>1</td><td colspan="3" rowspan="2">pH（水饱和浸提）</td><td>一般植物</td><td>6.5~8.0</td></tr>
<tr><td></td><td>特殊要求</td><td>使用单位提供要求在设计中说明</td></tr>
<tr><td>2</td><td colspan="3">EC/（mS/cm）（水饱和浸提）</td><td colspan="2">0.35~2.5</td></tr>
<tr><td>3</td><td colspan="3">有机质/（g/kg）</td><td colspan="2">12~80</td></tr>
<tr><td>4</td><td colspan="3">质地</td><td colspan="2">壤土类</td></tr>
<tr><td rowspan="10">营养指标</td><td>1</td><td colspan="3">水解性氮（N）/（mg/kg）</td><td colspan="2">40~200</td></tr>
<tr><td>2</td><td colspan="3">有效磷（P）/（mg/kg）</td><td colspan="2">8~60</td></tr>
<tr><td>3</td><td colspan="3">速效钾（K）/（mg/kg）</td><td colspan="2">60~300</td></tr>
<tr><td>4</td><td colspan="3">有效硫（S）/（mg/kg）</td><td colspan="2">25~500</td></tr>
<tr><td>5</td><td colspan="3">有效镁（Mg）/（mg/kg）</td><td colspan="2">50~280</td></tr>
<tr><td>6</td><td colspan="3">有效锰（Mn）/（mg/kg）</td><td colspan="2">0.6~20</td></tr>
<tr><td>7</td><td colspan="3">有效锌（Zn）/（mg/kg）</td><td colspan="2">1~12</td></tr>
<tr><td>8</td><td colspan="3">有效铜（Cu）/（mg/kg）</td><td colspan="2">0.3~10</td></tr>
<tr><td>9</td><td colspan="3">有效铁（Fe）/（mg/kg）</td><td colspan="2">4~350</td></tr>
<tr><td>10</td><td colspan="3">有效钼（Mo）/（mg/kg）</td><td colspan="2">0.04~2.0</td></tr>
<tr><td rowspan="10">障碍因子指标</td><td>1</td><td>潜在毒害</td><td colspan="2">发芽指数（GI）/（%）</td><td colspan="2">>80</td></tr>
<tr><td rowspan="3">2</td><td rowspan="3">盐害</td><td colspan="2">可溶性氯（Cl）/（mg/L）</td><td colspan="2"><180</td></tr>
<tr><td colspan="2">交换性钠（Na）/（mg/kg）</td><td colspan="2"><120</td></tr>
<tr><td colspan="2">钠吸附比（SAR）</td><td colspan="2"><3</td></tr>
<tr><td>3</td><td>硼害</td><td colspan="2">硼（B）/（mg/L）</td><td colspan="2"><1.0</td></tr>
<tr><td>4</td><td>排水不畅</td><td colspan="2">入渗率（K_{fs}）（mm/h）</td><td colspan="2">10~300</td></tr>
<tr><td rowspan="3">5</td><td rowspan="3">石砾含量(质量分数，%)</td><td colspan="2">总含量（粒径≥2 mm）</td><td colspan="2">≤ 20</td></tr>
<tr><td rowspan="2">最大粒径（mm）</td><td>草坪（≥20 mm）</td><td colspan="2">0</td></tr>
<tr><td>其他（≥30 mm）</td><td colspan="2">0</td></tr>
<tr><td>6</td><td colspan="3">重金属总量</td><td colspan="2">根据绿地与人接触的密切程度，符合CJ/T 340—2011中4.3.1条和表3的有关规定。</td></tr>
</table>

附录E

（规范性附录）

检测分析方法

附表E.1 检测分析方法

序号	项目	测定方法	方法来源
1	可视杂物		目测/筛分法
2	有效土层	米尺测定（读数精确到1 cm）	
3	pH	电位法（水饱和浸提）	见附录F
4	EC	电导率法（水饱和浸提）	见附录G
5	有机质	重铬酸钾氧化-外加热法	LY/T 1237
6	质地	密度计法	LY/T1225
7	水解性氮	碱解-扩散法	LY/T 1229
8	有效磷	钼锑抗比色法	LY/T 1233
		AB-DTPA浸提等离子体光谱法	见附录H
9	速效钾	火焰光度法	LY/T 1236
		AB-DTPA浸提—等离子体光谱法	见附录H
10	有效硫	AB-DTPA浸提—等离子体光谱法	见附录H
11	有效镁	AB-DTPA浸提—等离子体光谱法或原子吸收分光光度法	见附录H
12	有效锰	AB-DTPA浸提—等离子体光谱法或原子吸收分光光度法	见附录H
13	有效锌	AB-DTPA浸提—等离子体光谱法或原子吸收分光光度法	见附录H
14	有效铜	AB-DTPA浸提—等离子体光谱法或原子吸收分光光度法	见附录H
15	有效铁	AB-DTPA浸提—等离子体光谱法或原子吸收分光光度法	见附录H
16	有效钼	AB-DTPA浸提—等离子体光谱法或原子吸收分光光度法	见附录H
17	发芽指数	生物毒性法	CJ/T 340
18	可溶性氯[a]	水饱和浸提—硝酸银滴定法	LY/T 1251（仅采用硝酸银滴定法）
19	交换性钠	AB-DTPA浸提—等离子体光谱法或火焰光度法	见附录H
20	钠吸附比[a]	水饱和浸提—等离子体光谱法或火焰光度法/原子吸收分光光度法	见附录H
21	可溶性硼[a]	水饱和浸提—甲亚胺比色法	LY/T 1258（仅采用甲亚胺比色法）
		水饱和浸提—等离子体光谱法	见附录H
22	入渗率	渗滤法或环刀法	LY/T 1218
23	石砾含量	筛分法	CJ/T 340
24	总镉	KI-MIBK萃取原子吸收分光光度法	GB/T 17140
25	总汞	石墨炉原子吸收分光光度法	GB/T 17141
		冷原子吸收分光光度法	GB/T 17136
26	总铅	石墨炉原子吸收分光光度法	GB/T 17141
27	总铬	KI-MIBK萃取原子吸收分光光度法	GB/T 17140
		火焰原子吸收分光光度法	GB/T 17137
28	总砷	原子荧光法	GB/T 22105.2

（续）

序号	项目	测定方法	方法来源
29	总镍	火焰原子吸收分光光度法	GB/T 17139
30	总锌	火焰原子吸收分光光度法	GB/T 17138
31	总铜	火焰原子吸收分光光度法	GB/T 17138
[a]水饱和浸提液方法同附录G中G.3.1的有关规定。			

附录F

（规范性附录）

pH测定 水饱和浸提电位法

F.1 仪器

F.1.1 酸度计：测量范围0~14；精度：0.01级。

F.1.2 电极：玻璃电极；饱和甘汞电极；pH复合电极。

F.1.3 天平：感量0.01 g。

F.2 试剂

F.2.1 pH 4.01标准缓冲液。

F.2.2 pH 7.00标准缓冲液。

F.2.3 pH10.01标准缓冲液。

F.2.4 蒸馏水：符合GB/T 6682的要求。

F.3 测定步骤

F.3.1 待测液的制备

称取一定量通过2 mm筛孔的风干土样于250 mL高型烧杯中，加入适量的水，用刮勺搅动混成水分饱和的土壤糊状物，至没有游离水出现并在光下有光亮现象，室温静置1 h（其中绿化用基质等有机改良材料应室温静置>4 h或室温静置过夜）待测pH。在放置过程中糊状物有显著变硬或失去光泽现象，应添加水重新混合；若在放置过程中样品表面有游离水出现，或糊状物太潮湿则应添加风干样品重新混合。

F.3.2 仪器的校正

用pH的标准缓冲液分别校正仪器，使标准缓冲液的值与仪器标度上的值相一致。待标定结束仪器稳定后，用校准好的仪器对标准缓冲液进行回测，使测得值与标准值控制在误差范围内，如超过规定允许差，则需检查仪器、仪器电极或标准溶液是否有问题。当仪器校准无误且仪器稳定后，方可进行样品测定。

F.3.3 测定

在与上述相同的条件下，把pH电极插入糊状物中，测pH值。每份样品测完后，即用水冲洗电极，并用干滤纸将水吸干。

F.4 结果计算

一般pH可直接读数，不需换算。

F.5 允许差

pH值两次称样平行测定结果允许差为±0.1pH。

附录G

（规范性附录）

EC测定 水饱和浸提电导率法

G.1 仪器

G.1.1 电导仪：测量范围0 mS/cm~2000 mS/cm；精度：1.0级。

G.1.2 布氏漏斗。

G.1.3 真空抽滤泵或电动吸引器。

G.2 试剂

标准KCl溶液。

G.3 测定步骤

G.3.1 待测液的制备

称取一定量通过2 mm筛孔的风干土样于250 mL高型烧杯中，加入适量的水，用刮勺搅动混成水分饱和的土壤糊状物，至没有游离水出现并在光下有光亮现象，室温静置4 h（其中绿化用基质等有机改良材料应室温静置过夜）。在放置过程中糊状物有显著变硬或失去光泽现象，应添加水重新混合；若在放置过程中样品表面有游离水出现或糊状物太潮湿则应添加风干样品重新混合。之后用真空抽滤泵或电动吸引器抽取滤液待测EC值。

G.3.2 仪器的校正

用EC的标准缓冲液分别校正仪器，使标准缓冲液的值与仪器标度上的值相一致。待标定结束仪器稳定后，用校准好的仪器对标准缓冲液进行回测，使测得值与标准值控制在误差范围内，如超过规定允许差，则需检查仪器、仪器电极或标准溶液是否有问题。当仪器校准无误且仪器稳定后，方可进行样品测定。

G.3.3 测定

在与上述相同的条件下，把EC电导电极插入滤液中，测EC值。每份样品测完后，即用水冲洗电极，并用干滤纸将水吸干。

G.4 结果计算

一般EC可直接读数，不需换算。

G.5 允许差

EC值两次称样平行结果允许相对偏差为±15%。

附录H

（规范性附录）

有效磷、有效钾、有效硫、有效镁、有效锰、有效锌、有效铜、有效铁、有效钼、可溶性硼和交换性钠及钠吸附比的测定

H.1 仪器

H.1.1 原子吸收分光光度计和电感耦合等离子体发射光谱仪。

H.1.2 天平：感量0.01 g。

H.1.3 温控振荡器。

H.2 试剂

H.2.1 AB-DTPA浸提液：pH7.6 的1.0 mol/L碳酸氢铵—0.005 mol/L二乙三胺五乙酸（DTPA）提取液（在约800 mL蒸馏水中加1:1氨水2mL，然后加入1.97gDTPA，待大部分DTPA溶解后，加入79.06g碳酸氢铵，轻轻搅拌至溶解，在pH计上用氨水或硝酸（1:1）调节pH至7.6后，定容到1L容量瓶，摇匀后待用）。碳酸氢铵、二乙三胺五乙酸、氨水和硝酸均为优级纯。

H.2.2 蒸馏水：实验室二级水，中国实验室用水国家标准（GB/T 6682—2008）。

H.3 测定步骤

H.3.1 待测液的制备

F.3.1.1 土壤AB-DTPA待测液

H.3.1.1.1 称取10g（精确到0.01g）过2 mm的风干土置于三角瓶中，加入20 mL浸提液25℃下振荡15 min（180 r/min），然后用中速滤纸过滤并收集滤液（弃去最初的几毫升）。

H.3.1.1.2 在三角瓶中加0.25 mL浓HNO_3再小心加入2.5 mL滤液或待测元素的标准溶液，振荡15 min（不加塞）以驱除CO_2。

H.3.1.2 水饱和浸提待测液：有效态硼和钠吸附比待测液制备的方法同附录F.3.1的规定。

H.3.2 混合标准曲线的制作

H.3.2.1 混合标准贮存液（100mg/L）的配置：取适当体积的标准元素制备液（高纯金属或高浓度溶液）于容量瓶中，用酸化的AB-DTPA稀释至100 mL。将混合标准液转入预先准备好的氟化乙丙稀瓶（聚乙烯或者聚丙烯瓶）中储存，为了避免储存过程中的浓度变化，宜现配现用。

H.3.2.2 标准曲线的配制：移取适量的混合标准贮存液至100 mL容量瓶中，用酸化的AB-DTPA稀释至100 mL，待测。

H.3.3 样品测定

吸取待测样适量，分别选择适宜的仪器进行测定；当样品含量超过标准曲线时，将待测样稀释后再测定。

H.3.3.1 磷、钾、硫、镁、锰、锌、铜、铁、钼、硼、钠、钙等元素的测定采用电感耦合等离子体发射光谱仪（ICP）进行测定。

H.3.3.2 镁、锰、锌、铜、铁、钼、钙等金属元素可选择原子吸收分光光度计进行测定。

H.4 结果计算

H.4.1 元素含量

元素含量以毫克每千克（mg/kg）表示，按式（H.1）计算：

$$W_{**}=\frac{C\times V\times t_s}{m\times k} \qquad \cdots\cdots\cdots\cdots\cdots\cdots\cdots\cdots\cdots\cdots\cdots\cdots\cdots\cdots（H.1）$$

式中：

W_{**}—有效态或交换性元素的浓度，单位为毫克每千克（mg/kg）；

C—待测液中元素浓度，单位为毫克每升（mg/L）；

V—浸提液体积，单位为毫升（mL）；

m—样品质量，单位为千克（kg）；

t_s—分取倍数［（吸取的滤液体积+加入的浓HNO_3体积）/吸取的滤液体积］；

k—将风干土换算到烘干土的水分换算系数。

H.4.2 钠吸附比计算

钠吸附比按式（H.2）计算：

$$SAR = \frac{C_{Na^+}}{\sqrt{\frac{C_{Ca^{2+}} + C_{Mg^{2+}}}{2}}} \quad \cdots\cdots \text{(H.2)}$$

式中：

SAR—钠吸附比；

C_{Na^+}—待测滤液中钠离子浓度，单位为毫摩尔每升（mmol/L）；

$C_{Ca^{2+}}$—待测滤液中钙离子浓度，单位为毫摩尔每升（mmol/L）；

$C_{Mg^{2+}}$—待测滤液中镁离子浓度，单位为毫摩尔每升（mmol/L）。

H.5 允许差

两次称样平行测定结果允许相对偏差为 ± 15%。

附录三

《园林绿化工程种植土壤质量验收规范》

上海市地方标准（DB31/T 769—2013）

本标准起草单位

上海市绿化林业工程管理事务站
上海市园林科学研究所

本标准主要起草人

管群飞　方海兰　沈烈英　徐　忠　朱振清　陈　动　尹伯仁　奚有为

本标准参与起草人

郝冠军　周建强　梁　晶　黄懿珍　赵晓艺　朱　丽　周艺烽　周　敏
张　南　王安明　陈惠明　陆正祥

2013-12-23发布，2014-03-01实施

1 范围

本标准规定了园林绿化工程种植土壤的术语和定义、质量要求、取样送样及检测方法和检验规则以及验收步骤。

本标准适用于园林绿化工程建设、验收和养护管理中的种植土壤质量评价和检验、检测管理。

2 规范性引用文件

下列文件对本文件的应用是必不可少的。凡是注日期的引用文件，仅注日期的版本适用于本文件，凡是不注日期的引用文件，其最新版本（包括所有的修改单）适用于本文件。

GB 6682　分析实验室用水规格
GB/T 1250　极限数值的表示方法和判定方法
CJ/T 340　绿化种植土壤
CJJ 82—2012　园林绿化工程施工及验收规范
HJ 350—2007　展览会用地土壤环境质量评价标准（暂行）
LY/T 1215　森林土壤水分-物理性质的测定
LY/T 1218　森林土壤渗滤率的测定
LY/T 1225　森林土壤颗粒组成（机械组成）的测定
LY/T 1229　森林土壤水解性氮的测定
LY/T 1233　森林土壤有效磷的测定
LY/T 1236　森林土壤速效钾的测定
LY/T 1237　森林土壤有机质的测定
LY/T 1251　森林土壤水溶性盐分分析
LY/T 1258　森林土壤有效硼的测定
LY/T 1265　森林土壤有效硫的测定
LY/T 1970—2011　绿化用有机基质
DB 31/T 661　绿化用表土保护和再利用技术规范

3 术语和定义

下列术语和定义适用于本标准。

3.1 园林绿化工程种植土壤 planting soil in landscapes engineering

园林绿化工程中用于种植花卉、草坪、地被、灌木、乔木、藤本等植物所使用的自然土壤或人工配制土壤。

3.2 可视杂物 visible sundries

土壤中肉眼可辨认的动植物残体、塑料、建筑垃圾等不可再利用的侵入体。

3.3 有效土层 effective soil layer

能满足植物根系正常生长发育所需的土壤厚度，单位为米（m）。

3.4 壤土类 loamy soil

介于砂土和黏土之间的一种土壤质地类别，土壤颗粒组成中的砂粒、粉粒和黏粒的含量适中，具砂土和黏土优点。

注：按具体颗粒组成可划分为砂质壤土、粉砂壤土、壤土、砂质黏壤土、粉砂质黏壤土和黏壤土。

3.5 土壤障碍因子 soil constraint factor

土体中妨碍植物正常生长发育的性质或形态特征。

3.6 干密度 dry density

土壤在自然结构状态下，单位体积内烘干土重，单位为兆克每立方米（Mg/m^3）。

3.7 最大湿密度 maximum wet density

土壤在最大持水量状态下，单位体积内的湿土重，单位为兆克每立方米（Mg/m^3）。

3.8 石砾 gravel

有效粒径大于2 mm的石粒。

3.9 田间持水量 field capacity

田间条件下重力水排除后土壤保持的最大含水量，单位为克每千克（g/kg）。

3.10 稳定凋萎含水量 permanent wilting water content

植物发生永久凋萎并不能复原时的土壤水分含量，单位为克每千克（g/kg）。

3.11 取样 sampling

按有关技术标准、规范的规定，从检验（测）对象中抽取试验样品的过程。

3.12 送样 sample delivery

将取样后将试样从现场移交给有检测资质的检测机构承检的全过程。

3.13 见证取样送样 witness sampling and sample delivery

在建设单位或监理单位人员见证下，由施工人员或专业试验室取样人员在现场取样，并一同送至专业试验室进行检测的过程。

3.14 检测单元 monitoring unit

根据园林绿化工程种植土壤改良情况、面积大小、拟种植植物种类等情况划分的检测区域范围。

3.15 土壤取样点 soil sampling site

检测单元绿地内实施检测取样的地点。

3.16 客土 soils from other places

非当地原生的、由别处移来的外来土壤。

3.17 土壤混合样 composite soil sample

在每个检测单元的种植层根据需要布置5~20个土壤取样点，然后进行等量的取样并混合均匀后的土壤样品。

4 种植土壤质量要求

4.1 基本要求

4.1.1 园林绿化工程种植土壤应具备常规土壤的外观，有一定疏松度，无明显可视杂物，常规土色，无明显异味。

4.1.2 园林绿化工程种植土壤有效土层应满足CJJ 82—2012中表4.1.1规定的相关土层厚度要求。

4.1.3 除有地下空间顶板绿化或屋顶绿化的特殊地带，园林绿化工程种植土壤有效土层下应无大面积的不透水层，否则应打碎或钻孔，使土壤种植层和地下水能有效贯通。

4.1.4 污泥、淤泥等不应直接作为园林绿化工程种植土壤，应清除建筑垃圾。

4.2 技术指标

4.2.1 通用要求

园林绿化工程种植土质量应满足表1中pH、全盐量、有机质和质地4项主控指标的技术要求。

表1　园林绿化工程种植土壤主控指标技术要求

主控指标				技术要求
1	pH[a]	基本种植		6.5~8.0
		特殊要求		特殊植物或种植所需并在设计中说明
2	全盐量（两者选一）	EC值[a]（mS/cm）（非盐碱地）		0.35~2.5
		质量法（g/kg）（适用于盐碱土）	基本种植	≤ 1.0
			盐碱地耐盐植物种植	≤ 1.8
3	有机质（g/kg）			12~80
4	质地			壤土类（部分植物可用砂土类）
[a]饱和浸提液测定。				

4.2.2 土壤肥力相关要求

植物园、公园、花坛等对绿化景观要求较高的园林绿化工程种植土壤，除符合表1中pH、全盐量和质地3项主控指标外；有机质应符合表2的规定；其他养分指标宜根据实际情况满足表2中水解性氮、有效磷、速效钾、有效硫、有效镁、有效锰、有效锌、有效铜、有效铁和有效钼10项指标中的部分或全部指标。

表2　园林绿化种植土壤养分技术要求

养分控制指标		技 术 要 求
1	有机质（g/kg）	20~80
2	水解性氮（N）/（mg/kg）	40~200
3	有效磷（P）/（mg/kg）	8~60
4	速效钾（K）/（mg/kg）	60~300
5	有效硫（S）/（mg/kg）	25~500
6	有效镁（Mg）/（mg/kg）	50~280
7	有效锰（Mn）/（mg/kg）	0.6~25
8	有效锌[*]（Zn）/（mg/kg）	1~10
9	有效铜[*]（Cu）/（mg/kg）	0.3~8
10	有效铁（Fe）/（mg/kg）	4~350
11	有效钼（Mo）/（mg/kg）	0.04~2
[*]：铜、锌若作为重金属控制指标，对应的指标要求参见表3。		

4.2.3 土壤障碍因子

当园林绿化工程种植土壤可能存在某种潜在障碍因子时，该障碍因子应符合表3的规定：

a）当种植土壤存在压实时，其土壤密度和非毛管孔隙度应符合表3的规定；

b）当种植土壤石块含量多时，其石砾含量应符合表3的规定；

c）当种植土壤存在水分障碍时，其含水量和入渗率应满足表3的技术要求；

d）当种植土壤下有构筑物时，其干密度、最大湿密度应满足表3的技术要求；

e）当种植土壤存在潜在毒害时，其发芽指数应满足表3的技术要求；

f）当种植土壤存在盐害时，其可溶性氯、交换性钠和钠吸附比应满足表3的技术要求；

g）当种植土壤存在硼害时，其可溶性硼应满足表3的技术要求。

4.2.4 土壤环境质量要求

4.2.4.1 根据与人群接触的密切程度和对绿地环境质量的要求，应采用不同重金属控制指标。具体规定如下：

a）水源涵养林等属于自然保育的绿（林）地，其重金属含量应在表3中I级范围内；

b）植物园、公园、学校、居住区等与人接触较密切的绿（林）地，其重金属含量应在表3中II级范围内；

c）道路绿化带、工厂附属绿地等有潜在污染源的绿（林）地或防护林等与人接触较少的绿（林）地，废弃矿地、污染土壤修复等重金属潜在污染严重或曾经受污染的绿（林）地，根据需要选择检测项目，其重金属含量一般控制在表3中III级范围内。

表3 园林绿化工程种植土壤潜在障碍因子控制指标技术要求

潜在障碍因子控制指标				技术要求
压实		密度（Mg/m^3）（有地下构筑物除外）		<1.35
		非毛管孔隙度（%）		5~25
石砾含量（除排水或通气等特殊要求）		总含量（粒径≥2 mm）（质量分数，%）		≤20
		不同粒径	草坪（粒径）	最大粒径≤20 mm
			其他	最大粒径≤30 mm
水分障碍		最大含水量		<田间持水量
		最小含水量		>稳定凋萎含水量
		入渗率（K/λ）（mm/h）		10~360
种植土壤下构筑物承重		干密度（Mg/m^3）		≤0.5
		最大湿密度（Mg/m^3）		≤0.8
潜在毒害		发芽指数（GI）/（%）		>80
盐害		可溶性氯[a]（Cl）/（mg/L）		<180
		交换性钠（Na）/（mg/kg）		<120
		钠吸附比[a]（SAR）		<3
硼害		有效硼[a]（B）/（mg/L）		<1
重金属污染	I级	有效砷（As）/（mg/kg）		<1
		有效镉（Cd）/（mg/kg）		<0.8
		有效铬（Cr）/（mg/kg）		<10
		有效铅（Pb）/（mg/kg）		<30
		有效汞（Hg）/（mg/kg）		<1
		有效镍（Ni）/（mg/kg）		<5
		有效锌（Zn）/（mg/kg）		<8
		有效铜（Cu）/（mg/kg）		<6
	II级	有效砷（As）/（mg/kg）		<1.2
		有效镉（Cd）/（mg/kg）		<1.0
		有效铬（Cr）/（mg/kg）		<15
		有效铅（Pb）/（mg/kg）		<35
		有效汞（Hg）/（mg/kg）		<1.2
		有效镍（Ni）/（mg/kg）		<8
		有效锌（Zn）/（mg/kg）		<12
		有效铜（Cu）/（mg/kg）		<12

（续）

潜在障碍因子控制指标			技术要求
重金属污染	III级	有效砷（As）/（mg/kg）	<1.8
		有效镉（Cd）/（mg/kg）	<1.2
		有效铬（Cr）/（mg/kg）	<25
		有效铅（Pb）/（mg/kg）	<50
		有效汞（Hg）/（mg/kg）	<1.5
		有效镍（Ni）/（mg/kg）	<12
		有效锌（Zn）/（mg/kg）	<20
		有效铜（Cu）/（mg/kg）	<20
[a]：水饱和浸提。			

4.2.4.2 当绿地可能存在重金属之外的潜在污染时，应根据HJ 350—2007相关技术要求开展其他项目检测。

4.3 不合格种植土壤的改良

当园林绿化种植土壤检测不合格后，确定主要障碍因子，应制定相应的种植土壤改良或修复方案，其中改良修复用材料宜用有机基质，其相关质量要求应符合LY/T 1970—2011中的技术要求。

5 取样送样及检测方法

5.1 取样送样

园林绿化工程种植土壤检测应实行见证取样送样制度，取样送样应符合附录A的规定。

5.2 检测方法

园林绿化工程种植土壤检测分析方法应按表4执行。

表4 检测分析方法

序号	项目	测定方法	方法来源
1	外观		感观法
2	有效土层	米尺测定（读数精确到1.0 cm）	挖样洞，用米尺测定
3	pH值	电位法（水饱和浸提）	DB31/T 661
4	全盐量	质量法/电导率法（土水质量比1：5）	LY/T 1251
5	EC值	电导率法（水饱和浸提）	DB31/T 661
6	有机质	重铬酸钾氧化-外加热法	LY/T 1237
7	质地	密度计法	LY/T 1225
8	水解性氮	碱解-扩散法	LY/T 1229
9	有效磷	钼锑抗比色法/	LY/T 1233
		AB-DTPA浸提—等离子体光谱法	DB31/T 661
10	速效钾	火焰光度法	LY/T 1236
		AB-DTPA浸提—等离子体光谱法	DB31/T 661
11	有效硫	比浊法	LY/T 1265
		AB-DTPA浸提—等离子体光谱法	DB31/T 661
12	有效镁	AB-DTPA浸提—等离子体光谱法或原子吸收分光光度法	DB31/T 661

（续）

序号	项目	测定方法	方法来源
13	有效锰	AB-DTPA浸提—等离子体光谱法或原子吸收分光光度法	DB31/T 661
14	有效锌	AB-DTPA浸提—等离子体光谱法或原子吸收分光光度法	DB31/T 661
15	有效铜	AB-DTPA浸提—等离子体光谱法或原子吸收分光光度法	DB31/T 661
16	有效铁	AB-DTPA浸提—等离子体光谱法或原子吸收分光光度法	DB31/T 661
17	有效钼	AB-DTPA浸提—等离子体光谱法或原子吸收分光光度法	DB31/T 661
18	土壤密度	环刀法	LY/T 1215
19	非毛管孔隙度	环刀法	LY/T 1215
20	石砾含量	筛分—质量法	CJ/T 340的附录B
21	田间持水量	环刀法	LY/T 1215
22	稳定凋萎含水量	饱和硫酸钾法	LY/T 1216/LY/T 1217
23	入渗率	渗滤法或环刀法	LY/T 1218
24	干密度	环刀法	LY/T 1215
25	最大湿密度	环刀法	LY/T 1215
26	发芽指数	生物毒性法	CJ/T 340
27	可溶性氯	水饱和浸提—硝酸银滴定法	LY/T 1251 （仅采用硝酸银滴定法）
28	交换性钠	AB-DTPA浸提—等离子体光谱法或原子发射法	DB31/T 661
29	钠吸附比	水饱和浸提—等离子体光谱法或原子发射法	DB31/T 661
30	可溶性硼	水饱和浸提—甲亚胺比色法	LY/T 1258 （仅采用甲亚胺比色法）
		水饱和浸提—等离子体光谱法	DB31/T 661
31	有效砷	AB-DTPA浸提—等离子体光谱法或原子荧光分光光度法	DB31/T 661
32	有效镉	AB-DTPA浸提—等离子体光谱法或原子吸收分光光度法	DB31/T 661
33	有效铬	AB-DTPA浸提—等离子体光谱法或原子吸收分光光度法	DB31/T 661
34	有效铅	AB-DTPA浸提—等离子体光谱法或原子吸收分光光度法	DB31/T 661
35	有效汞	AB-DTPA浸提—等离子体光谱法或原子荧光分光光度法	DB31/T 661
36	有效镍	AB-DTPA浸提—等离子体光谱法或原子吸收分光光度法	DB31/T 661

6 检验规则

6.1 数值修约方法

本标准中质量指标合格判断，采用GB/T 1250中“修约值比较法”。

6.2 种植土壤检测

园林绿化工程种植土壤应委托有土壤检测资质的专业检测机构进行检测。

6.3 种植土壤的质量评定

6.3.1 通用要求：表1中pH、全盐量、有机质和质地4个主控指标是园林绿化工程必测指标，检测结果须100%符合标准要求，若有一项指标不符合标准要求则该土壤视为不合格。

6.3.2 土壤肥力相关要求：植物园、公园、花坛等对绿化景观要求较高的园林绿化工程种植土壤，除pH、全盐量和质地符合表1的规定外；有机质应符合表2的规定；另水解性氮、有效磷、速（有）效钾、有效硫、有效镁、有效锰、有效锌、有效铜、有效铁和有效钼10项营养指标中的部分或全部指标至少80%样品符合规定，未达到标准值要求的检测值应控制在标准值的±20%范围内；否则，该土壤视为不合格。

6.3.3 土壤障碍因子：当绿化种植土壤可能存在某种潜在障碍因子时，应进行表3中该障碍因子的检测，且检测结果应100%符合技术要求；若有一项指标不符合技术要求，该土壤视为不合格。

6.3.4 土壤环境质量要求

6.3.4.1 重金属：根据绿地与人群接触密切程度的不同，其重金属含量应控制在表3中相应的级别范围内，若有一项指标不符合，该土壤视为不合格；但对重金属潜在污染严重或曾经受污染的绿（林）地，砷、镉、铬、铅和汞五大毒害重金属含量应控制在表3中III级范围内，镍、铜和锌的含量可适当放宽，但最大值不应超过表3中III级最大值的20%。

6.3.4.2 其他污染控制指标：当绿化工程建设地或者客土来源有其他潜在污染时，相关指标应符合HJ 350—2007相关要求，若有一项指标不符合，该土壤视为不合格。

7 种植土壤验收

7.1 园林绿化工程在验收前应提供合格的土壤质量检测报告，其中改良后复测才合格的应提供改良材料的合格检测报告，具体检查内容参照附录B相关内容逐项进行。

7.2 现场检查

园林绿化工程种植土壤现场检查主要根据4.1内容进行，其中行道树树穴的有效土层应提供施工的现场照片。

7.3 合格评判

7.3.1 检测报告的有效性

有效的检测报告必须由有资质的检测机构出具，检测样品为见证取样的样品或第三方检测机构现场采集的样品，报告的日期应在施工有效期内。

7.3.2 施工单位单方送检的种植土壤样品的检测结果不作为验收参考依据。

7.3.3 种植土壤的现场检查只要有一项不符合4.1的技术要求，则判为验收不合格；技术指标参照6.3种植土壤的质量评定要求。

附录A
（规范性附录）
种植土壤取样送样

A.1 准备

A.1.1 人员准备

A.1.1.1 一般要求

园林绿化工程种植土壤检测应实行见证取样送样制度，每个园林绿化工程应配备取样员和见证员。

A.1.1.2 取样员

取样人员应接受过专业培训，有一定野外调查经验，持有取样员资格证书。

A.1.1.3 见证员

见证员的基本要求和职责有：

a） 见证员的基本要求

1）必须具备见证人员资格：

（1）见证人员应是本工程建设单位或监理单位人员；

（2）必须具备相应的绿化施工的专业知识；

（3）必须经培训考核合格，取得“见证人员证书”。

2）必须具有建设单位的见证人书面授权书。

3）必须向工程质量监督部门和检测机构递交见证人书面授权书。

4）见证人员的基本情况由相关管理单位备案。

b）见证人员的职责

1）取样时，见证人员必须在现场进行见证。

2）见证人员必须对试样进行监护。

3）见证人员必须和相关人员一起将试样送至检测单位。

4）见证人员必须在检验委托单上签字，并出示“见证人员证书”。

5）见证人员对试样的代表性和真实性负有法定责任。

A.1.2 取样器具准备

取样器具一般有：

a）工具类：铁锹、铁铲、土钻、削土刀、竹片以及适合特殊取样要求的工具，对长距离或大规模取样需车辆等运输工具。

b）器材类：GPS、罗盘、照相机、标本盒、卷尺、标尺、环刀、铝盒、样品袋、样品箱以及其他特殊仪器。

c）文具类：样品标签、记录表格、文件夹、铅笔等。

d）安全防护用品：工作服、工作鞋、工作帽、常用药品等。

A.1.3 技术准备

技术准备一般有：

a）各种图件：交通图、施工图、土壤分布图、地形图等。

b）各种技术文件：项目施工方案（含土壤改良措施、拟种植植物种类等）、进度计划等。

A.2 土壤取样点确立

A.2.1 根据施工现场种植土壤改良现状、面积大小、拟种植植物种类等情况，确定土壤样品检测单元。

A.2.2 根据检测单元内改良方式、面积大小、拟种植植物种类等因子，确定土壤取样点个数。

A.2.3 每个检测单元取一个混合样，根据取样面积大小设置8~15个取样点，取样一般用蛇形法（见图A.1）。

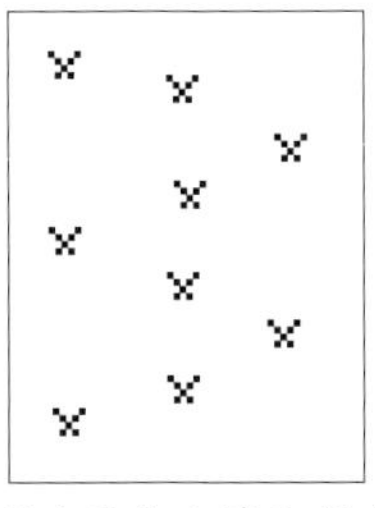

图 A.1 蛇形法混合土壤取样点布设示意图

A.3 取样密度

A.3.1 一般绿地

取样密度大小主要根据绿化面积，一般每2000 m^2采一个样；小于2000 m^2按一个样品计；绿化面积>50000 m^2可以根据现场实际情况适当放宽采样密度。

A.3.2 客土为主的绿地

应根据客土的来源和客土的量确定采样点数，不同来源的客土应分别取样，一般100~200 m^3取1个混合样品，由5~10个取样点组成。

A.3.3 不同绿化形式

根据不同绿化形式，取样密度遵循：

a）生产绿地、草坪等绿地：取样密度同一般绿地。

b）花坛、花境：50 m^2~100 m^2取1个混合样品，由5~10个取样点组成。

c）树坛或树穴：每30棵树分二层或三层各取一个混合样品，取样区域不满30棵时按30棵计。

d）若有特殊要求，增加取样密度。

A.4 取样方法

A.4.1 在确定的土壤取样点上，用小土钻（湿润、不含石砾且疏松的土壤）或用小土铲（干燥、含石砾且坚硬的土壤）垂直向下切取一片上下厚度（至少2 cm~3 cm）相同的土块，见图A.2。

A.4.2 每个土壤取样点等量采集后土块均匀混合在一起，然后根据图A.3所示的四分法去掉多余的土壤，依此方法直至最后保留1 kg左右的土壤混合样。

A.4.3 物理性质测定时用环刀取原状土，表层土至少要做3~5次重复。

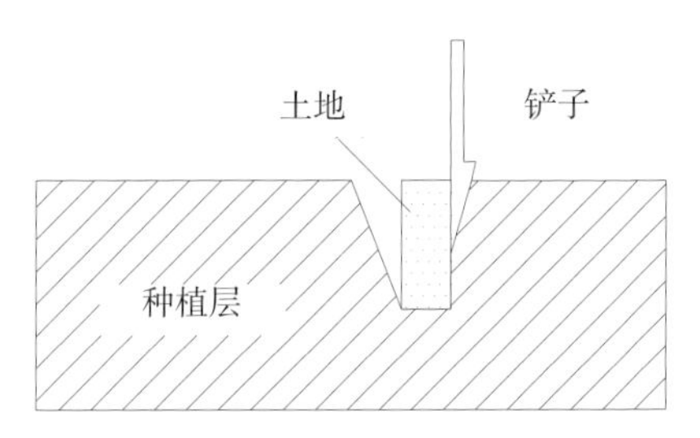

附图 A.2 土壤取样图

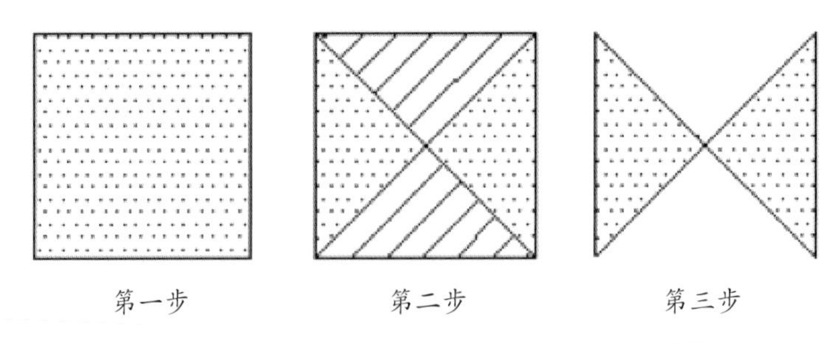

附图 A.3 四分法取样步骤图

A.5 取样深度

A.5.1 一般情况：分层取样组成土壤混合样，即不同取样点同一层次取的样品混合后作为该层次的土壤混合样；如果土壤0.30 m以下取样困难或差异不大，可以选择一个有代表性取样点组成该层的混合样。

A.5.2 绿化植物种植前的绿地本底调查：种植草本植物或小灌木的绿地取0 m~0.30 m一层；种高大乔灌木的绿地取0 m~0.30 m和0.30 m~0.60 m两层；必要时根据需要取更深的层次。

A.5.3 已种植绿化植物的：可以根据检测的实际需要确定取样的深度或是否需要分层取样。花坛、花境、草坪、保护地取0 m~0.30 m一层；中小乔木和灌木取0 m~0.30 m、0.30 m~0.60 m两层；高大乔灌木取0 m~0.30 m、0.30 m~0.90 m两层或0 m~0.30 m、0.30 m~0.60 m和0.60 m~0.90 m三层；必要时根据需要取更深的层次。

A.6 现场记录

A.6.1 对取好的混合样应标明样品名称、取样地点、取样深度和时间。

A.6.2 对取样点种植植物等情况进行描述，有图纸的将取样点标识到图纸中，有条件时可进行GPS定位并做好记录。

A.7 取样时间

A.7.1 取样应避开暴雨后或炽热阳光，宜在土壤干湿度适宜时进行。

A.7.2 取样宜在种植的15天或土壤改良后1~4周内进行，不合格及时改良修复，直至改良修复合格后才可进行绿化种植。

A.7.3 若作为绿地养护质量评价，应错开施肥季节。

A.8 样品保护与送样

A.8.1 现场取好的混合样应放在干净的塑料袋、纸袋或瓶子中封存，避免日晒雨淋或被污染破坏，在见证员的见证下护送至检测机构。

A.8.2 避免用含有待测组分或对测试有干扰的材料制成的器具或容器进行采样和保存样品；进行重金属检测，整个取样和送样过程应避免使用金属器具；进行有机污染物检测，整个取样和送样过程应避免使用聚乙稀等有机器具，应用玻璃容器装样品。

附录B

（规范性附录）

园林绿化工程种植土壤质量验收检查评定表

园林绿化工程种植土壤质量验收检查评定见附表B.1。

表B.1 园林绿化工程种植土壤质量验收检查评定表

台账编号： 编号：

<table>
<tr><td>工程名称</td><td colspan="3"></td></tr>
<tr><td>施工单位</td><td colspan="3"></td></tr>
<tr><td>项目负责人</td><td colspan="3"></td></tr>
<tr><td rowspan="2">检查项目</td><td colspan="3">监理（建设）单位验收记录合格与否评判</td></tr>
<tr><td colspan="2">根据现场检查情况打“√”</td><td>备注（描述或补充）</td></tr>
<tr><td rowspan="5">种植土壤检测报告</td><td colspan="2">检测机构是否有资质： 是： 否：</td><td></td></tr>
<tr><td colspan="2">报告是否在施工期有效期内： 是： 否：</td><td></td></tr>
<tr><td colspan="2">检测样品是否为见证取样： 是： 否：</td><td></td></tr>
<tr><td colspan="2">样品抽查密度是否符合规定： 是： 否：</td><td></td></tr>
<tr><td colspan="2">检测结果是否符合质量要求： 是： 否：</td><td></td></tr>
<tr><td rowspan="5">改良材料的检测报告</td><td colspan="2">检测机构是否有资质： 是： 否：</td><td></td></tr>
<tr><td colspan="2">报告是否在施工期有效期内： 是： 否：</td><td></td></tr>
<tr><td colspan="2">检测样品是否为见证取样： 是： 否：</td><td></td></tr>
<tr><td colspan="2">样品抽查密度是否符合规定： 是： 否：</td><td></td></tr>
<tr><td colspan="2">检测结果是否符合质量要求： 是： 否：</td><td></td></tr>
<tr><td rowspan="5">现场检测（依据4.1）</td><td colspan="2">外观是否符合要求： 是： 否：</td><td></td></tr>
<tr><td rowspan="2">有效土层</td><td>是否符合表1要求 是： 否：</td><td></td></tr>
<tr><td>证明材料 有： 无：</td><td></td></tr>
<tr><td colspan="2">有无不透水层： 有： 无：</td><td></td></tr>
<tr><td colspan="2">有无污泥/淤泥/建筑/市政垃圾： 有： 无：</td><td></td></tr>
<tr><td>施工单位检查评定结论</td><td colspan="2">项目专业质量检查员 年 月 日</td><td></td></tr>
<tr><td>监理（建设）单位验收结论</td><td colspan="2">监理工程师（建设单位项目专业技术负责人） 年 月 日</td><td></td></tr>
</table>

附录四

《绿化种植土壤》

住房和建设部行业标准（CJ/T 340—2016）

本标准起草单位

上海市园林科学规划研究院
上海市绿化和市容（林业）工程管理站
北京市园林科学研究院
广州市林业和园林科学研究院

本标准主要起草人

方海兰　徐　忠　张　浪　朱振清　王艳春　郝冠军　伍海兵
周建强　陈　动　周艺烽　梁　晶　王若男　朱　丽　阮　琳

本标准代替CJ/T 340—2011《绿化种植土壤》

2016-06-28发布，2016-08-01实施

1 范围

本标准规定了绿化种植土壤的术语和定义、质量要求、取样送样及检测方法、检验规则、改良修复和质量维护。

本标准适用于一般绿化种植土壤或绿化养护用土壤。

2 规范性引用文件

下列文件对本文件的应用是必不可少的。凡是注日期的引用文件，仅注日期的版本适用于本文件。凡是不注日期的引用文件，其最新版本（包括所有的修改单）适用于本文件。

GB/T 6682	分析实验室用水规格
GB/T 8170—2008	数值修约规则与极限数值的表示和判定
GB/T 17136	土壤质量 总汞的测定 冷原子吸收分光光度法
GB/T 17138	土壤质量 铜、锌的测定 火焰原子吸收分光光度法
GB/T 17139	土壤质量 镍的测定 火焰原子吸收分光光度法
GB/T 17140	土壤质量 铅、镉的测定 KI-MIBK萃取原子吸收分光光度法
GB/T 17141	土壤质量 铅、镉的测定 石墨炉原子吸收分光光度法
GB/T 22105.2	土壤质量 总汞、总砷、总铅的测定 原子荧光法 第2部分：土壤中总砷的测定
GB/T 31755—2015	绿化植物废弃物处置和应用技术规程
CJJ 82—2012	园林绿化工程施工及验收规范
HJ 350—2007	展览会用地土壤环境质量评价标准（暂行）
HJ 491	土壤 总铬的测定 火焰原子吸收分光光度法
LY/T 1215	森林土壤水分-物理性质的测定
LY/T 1216	森林土壤最大吸湿量的测定
LY/T 1217	森林土壤稳定凋萎含水量的测定
LY/T 1218	森林土壤渗滤率的测定
LY/T 1225	森林土壤颗粒组成（机械组成）的测定
LY/T 1228	森林土壤氮的测定
LY/T 1232	森林土壤磷的测定
LY/T 1234	森林土壤钾的测定
LY/T 1237	森林土壤有机质的测定
LY/T 1239	森林土壤pH值的测定
LY/T 1243	森林土壤阳离子交换量的测定及碳氮比的计算
LY/T 1251	森林土壤水溶性盐分分析
LY/T 1258	森林土壤有效硼的测定
LY/T 1265	森林土壤有效硫的测定
LY/T 1970	绿化用有机基质
LY /T 2445—2015	绿化用表土保护技术规范

3 术语和定义

下列术语和定义适用于本文件。

3.1 绿化种植土壤 planting soil for greening

用于种植花卉、草坪、地被、灌木、乔木、藤本等植物所使用的自然土壤或人工配制土壤。

3.2 可视杂物 visible sundries

土壤中肉眼可辨认的动植物残体、塑料、建筑垃圾等不可再利用的侵入体。

3.3 有效土层 effective soil layer

能满足植物根系正常生长发育所需的土壤厚度，单位为米（m）。

3.4 土壤消毒 soil disinfection

使用物理、化学等方法处理土壤达到杀死其中病原菌及有害昆虫或破坏其中含有的毒性物质的措施。

3.5 土壤酸碱度 soil acidity and alkalinity

土壤酸碱性简称，用氢离子活度的负对数表示，即pH值＝$-\lg[H^+]$。

注：<4.5为强酸性； 4.5~5.5之间为酸性；5.5~6.5之间为微酸性；6.5 ~ 7.5之间为中性；在7.5~8.5之间为碱性；>8.5为强碱性。

3.6 土壤含盐量 soil salt content

土壤中可溶性盐的总量。

注：检测方法主要分质量法和电导法，质量法单位为克每千克（g/kg）；电导法直接用电导率即EC值表示，单位为毫西门子每厘米（mS/cm）。

3.7 土壤有机质 soil organic matter

土壤中所有含碳的有机物质，包括土壤中各种动、植物残体、微生物体及其分解和合成的各种有机物质，单位为克每千克（g/kg）。

3.8 土壤质地 soil texture

土壤中不同粗细的土粒（黏粒、粉粒、砂粒）组成比例的综合度量。

注：通常有砂土、壤土和黏土3种类型。

3.9 壤土类 loamy soil

介于砂土和黏土之间的一种土壤质地类别，土壤颗粒组成中的砂粒、粉粒和黏粒的含量适中，具砂土和黏土优点。

注：按具体颗粒组成可划分为砂质壤土、粉砂壤土、壤土、砂质黏壤土、粉砂质黏壤土和黏壤土。

3.10 土壤入渗（渗透）率 soil infiltration rate

土壤水饱和或近饱和条件下单位时间内通过土壤截面向下渗漏的水量，又称土壤渗透速率。用饱和导水率（K_{fs}）来表示，单位为毫米每小时（mm/h）。

3.11 阳离子交换量 cation exchange capacity

每千克土壤或胶体，吸附或代换周围溶液中的阳离子的厘摩尔数，单位为厘摩尔每千克［cmol（+）/kg］。

3.12 水解性氮 hydrolyzable nitrogen

土壤中较易矿化和被植物吸收的氮，又称土壤碱解氮，包括无机的矿物态氮（铵态氮、硝态氮）和易水解的有机态氮（氨基酸、酰胺和易水解的蛋白质氮），单位为毫克每千克（mg/kg）。

3.13 有效磷 available phosphorus

土壤中可被植物吸收的磷，一般包括土壤溶液中的离子态磷酸根，以及一些易溶的无机磷化合物和吸附态磷，单位为毫克每千克（mg/kg）。

3.14 速效钾 available potassium

易被植物吸收利用的钾，包括交换性钾和水溶性钾，单位为毫克每千克（mg/kg）。

3.15 土壤障碍因子 soil constraint factor

土体中妨碍植物正常生长发育的性质或形态特征。

3.16 土壤密度 soil density

单位容积土壤的质量，又称土壤容重，单位为兆克每立方米（Mg/m^3）或克每立方厘米（g/cm^3）。

3.17 非毛管孔隙度 non-capillary porosity

土壤中直径大于0.1 mm的孔隙占总空隙的比例，用百分率（%）表示。

注：这类孔隙没有毛管作用，充满空气，称非毛管孔隙，又称通气空隙。

3.18 石砾 gravel

有效粒径大于2 mm的石粒。

3.19 田间持水量 field capacity

田间条件下重力水排除后土壤保持的最大含水量，单位为克每千克（g/kg）。

3.20 稳定凋萎含水量 permanent wilting water content

植物发生永久凋萎并不能复原时的土壤含水量，单位为克每千克（g/kg）。

3.21 最大湿密度 maximum wet density

土壤在最大持水量状态下，单位体积内的湿土重，单位为兆克每立方米（Mg/m^3）。

3.22 绿化用有机基质 greening organic media

以城乡有机废弃物为主要原料，可少量添加自然生成或人工固体物质，具有固定植物、保水保肥、透气良好、性质稳定、无毒性、质地轻、离子交换量高、有适宜的碳氮比、pH易于调节，适合绿化植物生长的固体物质。

注：按不同绿化用途分改良基质、扦插或育苗用基质以及栽培基质三种类型。

3.23 有机覆盖物 organic mulch

以各种有机生物体为原料直接铺设或经初步加工后铺设于土表，具有调温、保水、增肥、防草、滞沉、防止土壤板结及美化等功能的均匀片状、条状、碎块或颗粒物质。

3.24 取样 sampling

按有关技术标准、规范的规定，从检验（测）对象中抽取试验样品的过程。

3.25 送样 sample delivery

将取样后试样从现场移交给有检测资质的检测机构承检的全过程。

3.26 见证取样送样 witness sampling and sample delivery

在建设单位或监理单位人员见证下，由施工人员或专业试验室取样人员在现场取样，并一同送至专业检测机构进行检测的过程。

3.27 检测单元 monitoring unit

根据土壤类型、面积大小、植被、地貌、质地、成土母质等情况划分的检测区域范围。

3.28 土壤取样点 soil sampling site

检测单元绿地内实施检测取样的地点。

3.29 土壤混合样 soil mixture sample

在每个检测单元的种植层根据需要布置5~20个土壤取样点，然后进行等量的取样并混合均匀后的土壤样品。

3.30 客土 soils from other places

非当地原生的、由别处移来的外来土壤。

4 质量要求

4.1 基本要求

4.1.1 绿化种植土壤应具备常规土壤的外观，有一定疏松度、无明显可视杂物、常规土色、无明显异味。

4.1.2 绿化种植土壤有效土层应符合CJJ 82—2012中表4.1.1规定的相关土层厚度要求。

4.1.3 除有地下空间、屋顶绿化等特殊地带，绿化种植土壤有效土层下应无大面积的不透水层，否则应打碎或钻孔，使土壤种植层和地下水能有效贯通。

4.1.4 污泥、淤泥等不应直接作为绿化种植土壤，应清除建筑垃圾。

4.1.5 花坛用土或用于种植对土壤病虫害敏感植物的绿化土壤宜先将其进行消毒处理后再使用。

4.2 技术指标

4.2.1 通用要求

用于一般绿化种植的土壤应符合表1中pH、含盐量、有机质、质地和入渗率5项主控指标的规定。

表1 绿化种植土壤主控指标的技术要求

<table>
<tr><th colspan="4">主控指标</th><th>技术要求</th></tr>
<tr><td rowspan="3">1</td><td rowspan="3">pH</td><td rowspan="2">一般植物</td><td>2.5:1水土比</td><td>5.0~8.3</td></tr>
<tr><td>水饱和浸提</td><td>5.0~8.0</td></tr>
<tr><td colspan="2">特殊要求</td><td>特殊植物或种植所需并在设计中说明</td></tr>
<tr><td rowspan="4">2</td><td rowspan="4">含盐量</td><td rowspan="2">EC值（mS/cm）（适用于一般绿化）</td><td>5:1水土比</td><td>0.15~0.9</td></tr>
<tr><td>水饱和浸提</td><td>0.30~3.0</td></tr>
<tr><td rowspan="2">质量法（g/kg）（适用于盐碱土）</td><td>基本种植</td><td>≤ 1.0</td></tr>
<tr><td>盐碱地耐盐植物种植</td><td>≤ 1.5</td></tr>
<tr><td>3</td><td colspan="3">有机质（g/kg）</td><td>12~80</td></tr>
<tr><td>4</td><td colspan="3">质地</td><td>壤土类（部分植物可用砂土类）</td></tr>
<tr><td>5</td><td colspan="3">土壤入渗率（mm/h）</td><td>≥5</td></tr>
</table>

4.2.2 土壤肥力相关要求

生物滞留池种植土层或植物园、公园、花坛等对绿化景观质量要求较高的绿化种植土壤，除符合表1中pH、含盐量、质地和入渗率4项主控指标外；阳离子交换量和有机质应符合表2的规定；其他养分指标宜根据实际情况满足表2中水解性氮、有效磷、速效钾、有效硫、有效镁、有效钙、有效铁、有效锰、有效铜、有效锌、有效钼和可溶性氯12项指标中的部分或全部指标。

表2 绿化种植土壤肥力的技术要求

养分控制指标	技术要求
阳离子交换量（CEC）/［cmol（+）/kg］	≥ 10
有机质（g/kg）	20~80
水解性氮（N）/（mg/kg）	40~200
有效磷（P）/（mg/kg）	5~60
速效钾（K）/（mg/kg）	60~300
有效硫（S）/（mg/kg）	20~500
有效镁（Mg）/（mg/kg）	50~280
有效钙（Ca）/（mg/kg）	200~500

（续）

养分控制指标	技 术 要 求
有效铁（Fe）/（mg/kg）	4~350
有效锰（Mn）/（mg/kg）	0.6~25
有效铜[a]（Cu）/（mg/kg）	0.3~8
有效锌[a]（Zn）/（mg/kg）	1~10
有效钼（Mo）/（mg/kg）	0.04~2
可溶性氯[b]（Cl）/（mg/L）	>10

[a] 铜、锌若作为重金属污染控制指标，对应的指标要求见表4。

[b] 水饱和浸提，若可溶性氯作为盐害指标，对应的指标要求见表3。

4.2.3 土壤入渗要求

用于一般绿化种植，其表层土壤入渗率（0 cm~20 cm）应达到表1中不小于5 mm/h 的规定；若绿地用于雨水调蓄或净化，其土壤入渗率应在10 mm/h~360 mm/h 之间。

4.2.4 土壤障碍因子

绿化种植土壤存在某种潜在障碍因子时，该障碍因子应符合表3的规定：

a）当种植土壤存在压实时，其土壤密度和非毛管孔隙度应符合表3的规定；

b）当种植土壤石块含量多时，其石砾含量应符合表3的规定；

c）当种植土壤存在水分障碍时，其入渗率应满足4.2.3的技术要求，含水量应符合表3的规定；

d）当种植土壤下有构筑物时，其密度、最大湿密度应符合表3的规定；

e）当种植土壤存在潜在毒害时，其发芽指数应符合表3的规定；

f）当种植土壤存在盐害时，其可溶性氯、交换性钠和钠吸附比应符合表3的规定；

g）当种植土壤存在硼害时，其可溶性硼应符合表3的规定。

表3 绿化种植土壤潜在障碍因子的技术要求

潜在障碍因子控制指标			技术要求
压实	密度（Mg/m^3） （有地下构筑物或特殊设计要求的除外）		<1.35
	非毛管孔隙度（%）		5~25
石砾含量（除排水或通气等特殊要求）	总含量（粒径≥2 mm）（质量分数，%）		≤ 20
	不同粒径	草坪（粒径）（mm）	最大粒径≤20
		其他（mm）	最大粒径≤30
水分障碍	含水量（g/kg）		在稳定凋萎含水量和田间持水量之间
种植土壤下构筑物承重	密度（Mg/m^3）		≤ 0.5
	最大湿密度（Mg/m^3）		≤ 0.8
潜在毒害 盐害	发芽指数（GI）/（%）		>80
	可溶性氯[a]（Cl）/（ mg/L）		<180
	交换性钠（Na）/（mg/kg）		<120
	钠吸附比[a]（SAR）		<3
硼害	可溶性硼[a]（B）/（mg/L）		<1

[a] 水饱和浸提。

4.2.5 土壤环境质量要求

4.2.5.1 根据绿地与人群接触的密切程度，应采用不同含量的重金属控制指标。具体规定如下：

a）水源涵养林等属于自然保育的绿（林）地，其重金属含量应在表4中I级范围内；

b）植物园、公园、学校、居住区等与人接触较密切的绿（林）地，其重金属含量应在表4中II级范围内；

c）道路绿化带、工厂附属绿地等有潜在污染源的绿（林）地或防护林等与人接触较少的绿（林）地，其重金属含量应在表4中III级范围内；

d）废弃矿地、污染土壤修复等重金属潜在污染严重或曾经受污染的绿（林）地，其重金属含量应在表4中IV级范围内。

表4 绿化种植土壤重金属含量的技术要求

单位：毫克每千克（mg/kg）

序号	控制项目	I级	II级		III级		IV级	
			pH<6.5	pH >6.5	pH <6.5	pH >6.5	pH <6.5	pH >6.5
1	总镉 ≤	0.40	0.60	0.80	1.0	1.2	1.5	2
2	总汞 ≤	0.40	0.60	1.2	1.2	1.5	1.8	2
3	总铅 ≤	85	200	300	350	450	500	530
4	总铬 ≤	100	150	200	250	250	300	400
5	总砷 ≤	30	35	30	40	35	55	45
6	总镍 ≤	40	50	80	100	150	200	220
7	总铜 ≤	40	150	300	350	400	500	600
8	总锌 ≤	150	250	350	450	500	600	800

4.2.5.2 当绿地可能存在除表4中8种重金属之外的潜在污染时，应根据HJ 350的规定开展其他污染物的检测。

5 取样送样及检测方法

5.1 取样送样

绿化种植土壤的取样送样应符合附录A的规定。

5.2 检测方法

绿化种植土壤检测分析方法应按表5执行。

表5 检测分析方法

序号	项目	测定方法	方法来源
1	外观	—	目视法
2	有效土层	米尺测定（读数精确到0.1 cm）	—
3	pH值	电位法（2.5:1水土比）	LY/T 1239
		电位法（水饱和浸提）	LY/T 2445—2015附录F
4	含盐量	质量法/电导率法（水土比5：1）	LY/T 1251
		电导率法（水饱和浸提）	LY/T 2445—2015附录G
5	有机质	重铬酸钾氧化-外加热法	LY/T 1237
6	质地	密度计法	LY/T 1225
7	土壤入渗率	渗滤法或环刀法	LY/T 1218

（续）

序号	项目	测定方法	方法来源
8	阳离子交换量	乙酸铵交换法（酸性和中性土壤）	LY/T 1243
		氯化铵-乙酸铵交换法（石灰性土壤）	
9	水解性氮	碱解-扩散法	LY/T 1228
10	有效磷	钼锑抗比色法/	LY/T 1232
		AB-DTPA浸提—电感耦合等离子体发射光谱法	LY/T 2445—2015附录H
11	速效钾	火焰光度法	LY/T 1234
		AB-DTPA浸提—电感耦合等离子体发射光谱法	LY/T 2445—2015附录H
12	有效硫	比浊法	LY/T 1265
		AB-DTPA浸提—电感耦合等离子体发射光谱法	LY/T 2445—2015附录H
13	有效镁	AB-DTPA浸提—电感耦合等离子体发射光谱法或原子吸收分光光度法	LY/T 2445—2015附录H
14	有效钙	AB-DTPA浸提—电感耦合等离子体发射光谱法或原子吸收分光光度法	LY/T 2445—2015附录H
15	有效铁	AB-DTPA浸提—电感耦合等离子体发射光谱法或原子吸收分光光度法	LY/T 2445—2015附录H
16	有效锰	AB-DTPA浸提—电感耦合等离子体发射光谱法或原子吸收分光光度法	LY/T 2445—2015附录H
17	有效铜	AB-DTPA浸提—电感耦合等离子体发射光谱法或原子吸收分光光度法	LY/T 2445—2015附录H
18	有效锌	AB-DTPA浸提—电感耦合等离子体发射光谱法或原子吸收分光光度法	LY/T 2445—2015附录H
19	有效钼	AB-DTPA浸提—电感耦合等离子体发射光谱法或原子吸收分光光度法	LY/T 2445—2015附录H
20	可溶性氯	水饱和浸提—硝酸银滴定法	LY/T 1251（仅采用硝酸银滴定法）
21	密度	环刀法	LY/T 1215
22	非毛管孔隙度	环刀法	LY/T 1215
23	石砾含量	筛分—质量法	附录B
24	田间持水量	环刀法	LY/T 1215
25	稳定凋萎含水量	饱和硫酸钾法	LY/T 1216或LY/T 1217
26	最大湿密度	环刀法	LY/T 1215
27	发芽指数	生物毒性法	附录C
28	交换性钠	AB-DTPA浸提—电感耦合等离子体发射光谱法或原子发射法	LY/T 2445—2015附录H
29	钠吸附比	水饱和浸提—电感耦合等离子体发射光谱法或原子吸收分光光度法-原子发射法	LY/T 2445—2015附录H
30	可溶性硼	水饱和浸提—甲亚胺比色法	LY/T 1258（仅采用甲亚胺比色法）
		水饱和浸提—电感耦合等离子体发射光谱法	LY/T 2445—2015附录H
31	总镉	KI-MIBK萃取原子吸收分光光度法	GB/T 17140
		石墨炉原子吸收分光光度法	GB/T 17141
		酸消解—等离子体光谱法	HJ 350—2007附录A
32	总汞	冷原子吸收分光光度法	GB/T 17136

（续）

序号	项目	测定方法	方法来源
33	总铅	KI-MIBK萃取原子吸收分光光度法	GB/T 17140
		石墨炉原子吸收分光光度法	GB/T 17141
		酸消解—等离子体光谱法	HJ 350—2007附录A
34	总铬	火焰原子吸收分光光度法	HJ 491
35	总砷	原子荧光法	GB/T 22105.2
		酸消解—等离子体光谱法	HJ 350—2007 附录A
36	总镍	火焰原子吸收分光光度法	GB/T 17139
		酸消解—等离子体光谱法	HJ 350—2007 附录A
37	总铜	火焰原子吸收分光光度法	GB/T 17138
		酸消解—等离子体光谱法	HJ 350—2007 附录A
38	总锌	火焰原子吸收分光光度法	GB/T 17138
		酸消解—等离子体光谱法	HJ 350 附录A

6 检验规则

6.1 本标准中质量指标合格判断，应符合GB/T 8170—2008中修约值比较法的规定。

6.2 绿化种植土壤检验应由有检测资质的专业检测机构进行检测。

6.3 判定规则

6.3.1 通用要求

一般绿化种植土壤pH、含盐量、有机质、质地和入渗率5个主控指标是必测指标，须100%符合技术要求，若有一项指标不符合技术要求则该土壤视为不合格。

6.3.2 土壤肥力相关要求

生物滞留池种植土层或植物园、公园、花坛等对绿化景观质量要求较高的绿化种植土壤，除pH、含盐量、质地和入渗率符合表1的规定外；有机质应符合表2的规定；阳离子交换量、水解性氮、有效磷、速效钾、有效硫、有效镁、有效钙、有效铁、有效锰、有效铜、有效锌、有效钼和可溶性氯13项指标中的部分或全部至少80%样品符合规定，未达到技术要求的检测值应控制在标准值的±20%范围内，否则，该土壤视为不合格。

6.3.3 土壤入渗要求

用于雨水调蓄的绿地其土壤入渗率是必测指标，数值应在10 mm/h~360 mm/h之间，否则视为不合格。

6.3.4 土壤障碍因子

当绿化种植土壤可能存在某种潜在障碍因子时，应进行表3中该障碍因子的检测，且检测结果应100%符合技术要求；若有一项指标不符合技术要求，该土壤视为不合格。

6.3.5 土壤环境质量要求

6.3.5.1 重金属

根据绿地与人群接触密切程度的不同，其重金属含量应控制在表4中相应的级别范围内，若有一项指标不符合，该土壤视为不合格；但对重金属潜在污染严重或曾经受污染的绿（林）地，砷、镉、铬、铅和汞五大毒害重金属含量应控制在表4中IV级范围内，镍、铜和锌的含量可适当放宽，但最大值不应超过表4中IV级最大值的20%。

6.3.5.2 其他污染控制指标

8种重金属之外的其他污染物含量应符合HJ 350中的相关规定，若有一项指标不符合，该土壤视为不合格。

7 土壤改良修复和质量维护

7.1 不合格土壤的改良和修复

当绿化种植土壤检测不合格后，确定主要障碍因子，制定相应的种植土壤改良或修复方案，其中改良修复用材料宜用绿化用有机基质，其质量应符合LY/T 1970中的规定。

7.2 宜用有机覆盖维护土壤质量

为维护绿化种植土壤质量，宜用有机覆盖物覆盖防止裸土见天和植物密植，其中有机覆盖物可用树皮、树枝粉碎物或核桃壳等植物性材料，其质量应满足GB/T 31755 —2015中表1 的规定，覆盖方法应符合GB/T 31755—2015中附录A的相关规定。

附录A
土壤的取样送样（同附录三中附录A,略）
（规范性附录）

附录B
石砾含量测定 筛分法
（规范性附录）

B.1 仪器

B.1.1 实验筛：孔径为2 mm、20 mm、30 mm的筛子，附筛子盖和底盘。

B.1.2 天平：感量0.01 g。

B.2 分析步骤

称取风干土壤200 g，精确到0.01 g，记录试样重（$W_{总}$）；放在规定孔径的筛子上，进行人工筛分，最后将留在筛孔上的样品进行称重（做3个重复）。

B.3 分析结果计算

不同粒径含量以质量百分数（%）表示，按式（B.1）或（B.2）或（B.3）计算，所得结果保留2位小数。

$$d_{>2mm}=(W_{>2mm}/W_{总})\times 100\% \quad (B.1)$$

或 $$d_{>20mm}=(W_{>20mm}/W_{总})\times 100\% \quad (B.2)$$

或 $$d_{>30mm}=(W_{>30mm}/W_{总})\times 100\% \quad (B.3)$$

式中：

$d_{>2mm}$— 土壤中粒径大于2 mm的质量百分数，单位为质量百分比（%）；

$d_{>20mm}$— 土壤中粒径大于20 mm的质量百分数，单位为质量百分比（%）；

$d_{>30mm}$— 土壤中粒径大于30 mm的质量百分数，单位为质量百分比（%）；

$W_{总}$— 土壤的总质量，单位为克（g）；

$W_{>2mm}$— 未通过2 mm筛孔的土壤质量，单位为克（g）；
$W_{>20mm}$— 未通过20 mm筛孔的土壤质量，单位为克（g）；
$W_{>30mm}$— 未通过30 mm筛孔的土壤质量，单位为克（g）。

B.4 允许差

B.4.1 取3个重复平行测定结果的算术平均值作为测定结果。

B.4.2 平行测定结果的绝对差值不应大于0.5%。

附录C
种子发芽指数实验方法
（规范性附录）

C.1 实验用品

实验用品包括：

a）恒温培养箱；

b）培养皿；

c）振荡机；

d）滤纸。

C.2 试剂

水：去离子水应符合GB/T 6682的规定。

C.3 试验步骤

C.3.1 配制土壤样品滤液，按土（风干样）：水质量比=1：2浸提，160 rpm振荡1 h后过滤，滤液即为土壤样品过滤液。

C.3.1 吸取5 ml滤液于铺有滤纸的培养皿中，滤纸上放置10颗水芹或白菜种子，25℃下避光培养48 h后，测定种子的发芽率和平均根长，上述试验设置5组重复，同时用去离子水做空白对照。

C.4 分析结果计算

土壤发芽指数以质量百分数（%）表示，按式（C.1）计算：

$$F=(A_1\times A_2)/(B_1\times B_2)\times 100\% \qquad (C.1)$$

式中：

F— 种子发芽指数；

A_1—土壤滤液培养种子的发芽率，单位质量百分数（%）；

A_2—土壤滤液培养种子的根长，单位毫米（mm）；

B_1—去离子水培养种子的发芽率，单位质量百分数（%）；

B_2—去离子水培养种子的根长，单位毫米（mm）。

附录五

《绿化用有机基质》

国家标准报批稿

本标准起草单位

上海市园林科学规划研究院
上海辰山植物园
上海临港漕河泾生态环境建设有限公司
重庆市风景园林科学研究院

本标准主要起草人

方海兰　郝冠军　周建强　伍海兵　陈国霞　梁　晶　彭红玲　王宝华
徐福银　王若男　朱　丽　王贤超　赵晓艺　刘明星　胡佳麒

1 范围

本标准规定了绿化用有机基质的术语和定义、产品质量要求、应用要求、检测方法、检验规则、标识以及包装、运输和贮存。

本标准适用于以农林、餐厨、食品和药品加工等有机废弃物为主要原料，可添加少量畜禽粪便等辅料，经堆置发酵等无害化处理后，粉碎、混配形成的绿化用有机基质。

2 规范性引用文件

下列文件对本文件的应用是必不可少的。凡是注日期的引用文件，仅注日期的版本适用于本文件，凡是不注日期的引用文件，其最新版本（包括所有的修改单）适用于本文件。

GB/T 6682 分析实验室用水规格和试验方法
GB 7959—2012 粪便无害化卫生要求
GB/T 8170 数值修约规则与极限数值的表示和判定
GB 8569 固体化学肥料包装
GB/T 8576 复混肥料中游离水含量的测定 真空烘箱法
GB/T 17136 土壤质量 总汞的测定 冷原子吸收分光光度法
GB/T 17138 土壤质量 铜、锌的测定 火焰原子吸收分光光度法
GB/T 17139 土壤质量 镍的测定 火焰原子吸收分光光度法
GB/T 17141 土壤质量 铅、镉的测定 石墨炉原子吸收分光光度法
GB 18382 肥料标识 内容和要求
GB/T 22105.2 土壤质量 总汞、总砷、总铅的测定 原子荧光法 第2部分：土壤中总砷的测定
GB/T 23486 城镇污水处理厂污泥处置 园林绿化用泥质
HJ 491 土壤 总铬的测定 火焰原子吸收分光光度法
LY/T 1228 森林土壤氮的测定
LY/T 1234 森林土壤钾的测定
LY/T 1239 森林土壤pH值的测定
LY /T 1246 森林土壤交换性钾和钠的测定
LY/T 1251 森林土壤水溶性盐分分析
NY 525—2012 有机肥料
NY/T 496 肥料合理使用准则 通则

3 术语和定义

下列术语和定义适用于本文件。

3.1 有机改良基质 organic amelioration media

以有机成分为主的用于改善土壤物理和（或）化学性质，及（或）生物活性且无副作用的有机物料。

3.2 绿化用有机基质 organic media for greening

以农林、餐厨、食品和药品加工等有机废弃物为主要原料，可少量添加自然生成或人工固体物质，能固定植物、保水保肥、透气良好、性质稳定、无毒性、质地轻、离子交换量高、有适宜的碳氮比、pH值易于调节，适合绿化植物生长的固体物质。

3.3 农林有机废弃物 organic wastes from agricultural and forestry

农业和林业生产、加工中产生的废弃植物、核桃壳、木屑、椰糠、蔬菜果皮、糠皮、麦麸、稻壳、玉米芯、花生壳、作物秸秆、芦苇末等植物性物质。

3.4 食品和药品加工有机废弃物 organic wastes from food and pharmaceutical processing

食品和药品加工厂在生产过程中产生的蔗渣、糟渣、醋渣、糖渣、中药渣等有机的固体下脚料。

3.5 干密度 dry bulk density

单位体积绿化基质的烘干重，单位为兆克每立方米（Mg/m^3）。

3.6 湿密度 wet bulk density

绿化基质在饱和持水状态下，单位体积基质重量，单位为兆克每立方米（Mg/m^3）。

3.7 非毛管孔隙度 non-capillary porosity（通气孔隙度 aeration porosity）

绿化基质中直径大于0.1 mm的孔隙占基质总体积的比例，用百分率（%）表示。

3.8 杂物 sundries

绿化基质中残留的玻璃、塑料、金属、橡胶、石块、织物、建筑垃圾等不易分解的物质。

4 绿化用有机基质分类

绿化用有机基质主要用途是作为栽培基质或改良绿化土壤，部分或全部替代泥炭或自然土壤用于绿化植物种植。根据不同的绿化用途，绿化用有机基质可分为3种类型：

a） 作为土壤改良用的有机改良基质；

b） 作为扦插或育苗用基质；

c） 作为盆栽、花坛、屋顶、绿地或林地用的栽培基质。

5 产品质量要求

5.1 一般要求

绿化用有机基质一般应经过堆肥发酵等无害化处理，性质应稳定。

5.2 外观和嗅觉

绿化用有机基质应质地疏松、无结块、无明显异臭味和可视杂物，颜色一般应为棕色或褐色。

5.3 技术指标

不同绿化用途的有机基质应符合表1的规定。

表1 不同绿化用途有机基质的技术指标

项目		不同用途			
		有机改良基质	扦插或育苗基质	栽培基质	
				盆栽、花坛、屋顶用	绿地、林地用
粒径（质量分数）/（%）		$W_{d\le15\ mm}\ge 80$	$W_{d\le5\ mm}\ge95$	$W_{d\le15\ mm}\ge 90$	$W_{d\le15\ mm}\ge 80$
杂物（质量分数）/（%）	石块	$W_{z>2\ mm}\le 5$、$W_{z>5\ mm}=0$	$W_{z>2\ mm}\le 2$、$W_{z>5\ mm}=0$	$W_{z>2\ mm}\le 3$、$W_{z>5\ mm}=0$	$W_{z>2mm}\le 5$、$W_{z>5\ mm}=0$
	塑料	$W_{z>2\ mm}\le0.5$	$W_{z>2\ mm}\le0.1$	$W_{z>2\ mm}\le 0.1$	$W_{z>2\ mm}\le 0.5$
	玻璃、金属等	$W_{z>2\ mm}\le2$	$W_{z>2\ mm}\le 0.5$	$W_{z>2\ mm}\le 1$	$W_{z>2\ mm}\le 2$
pH	水饱和浸提	可在4.0~9.5内内调整	4.5 ~ 7.8	4.5 ~ 8.0	可在4.0~9.5内调整
	10:1水土比法	可在4.0~9.5内调整	5.0 ~ 7.6	4.5 ~ 7.8	可在4.0~9.5内调整

（续）

<table>
<tr><th colspan="3" rowspan="3">项目</th><th colspan="4">不同用途</th></tr>
<tr><th rowspan="2">有机改良基质</th><th rowspan="2">扦插或育苗基质</th><th colspan="2">栽培基质</th></tr>
<tr><th>盆栽、花坛、屋顶用</th><th>绿地、林地用</th></tr>
<tr><td rowspan="2">EC值[a]/（mS/cm）</td><td colspan="2">水饱和浸提法</td><td>≤ 12.0</td><td>≤ 2.5</td><td>≤ 10.0</td><td>≤ 12.0</td></tr>
<tr><td colspan="2">10:1水土比法</td><td>0.5~3.5</td><td>≤ 0.65</td><td>0.30~1.5</td><td>0.30~3.0</td></tr>
<tr><td colspan="3">含水量（质量分数）/ %</td><td>≤ 40</td><td>≤ 40</td><td>≤ 40</td><td>≤ 40</td></tr>
<tr><td colspan="3">有机质（质量分数）/ %</td><td>≥ 35</td><td>-</td><td>≥ 30</td><td>≥ 25</td></tr>
<tr><td rowspan="4">养分（以干基计）</td><td colspan="2">总养分[b]（总氮+总磷+总钾）（质量分数）/ %</td><td>≥ 2.5</td><td>-</td><td>≥ 1.8</td><td>≥ 1.5</td></tr>
<tr><td rowspan="3">速效养分[c]/(mg/kg)</td><td>水解性氮</td><td>≤3000</td><td>≤500</td><td>≤ 1500</td><td>≤2000</td></tr>
<tr><td>有效磷</td><td>≤ 1200</td><td>≤ 400</td><td>≤ 800</td><td>≤ 1000</td></tr>
<tr><td>速效钾</td><td>≤ 4000</td><td>≤ 1000</td><td>≤ 2000</td><td>≤3000</td></tr>
<tr><td colspan="3">干密度/（Mg/m^3）</td><td>0.1~ 1.2[d]</td><td>< 0.5</td><td>0.1~ 1.0[d]
（屋顶绿化用< 0.5）</td><td>0.1~ 1.0</td></tr>
<tr><td colspan="3">湿密度/（Mg/m^3）</td><td>≤ 1.3</td><td>≤ 0.8</td><td>≤ 1.2
（屋顶绿化用< 0.8）</td><td>≤ 1.3</td></tr>
<tr><td colspan="3">非毛管孔隙度/（%）</td><td>≥ 15</td><td>≥ 20</td><td>≥ 20</td><td>≥ 15</td></tr>
<tr><td colspan="3">发芽指数/（%）</td><td>-</td><td>≥ 95</td><td>≥ 80</td><td>≥ 65</td></tr>
</table>

[a] 小苗或对盐分敏感的植物根系周围EC值：水饱和浸提法宜小于2.5 mS/cm；10:1水土比法宜小于0.65 mS/cm。

[b] 总养分：总氮以N计；总磷以P_2O_5计；总钾以K_2O计；总养分（$N + P_2O_5 + K_2O$）> 4 %时，有机基质用量不应超过20%（体积比）。

[c] 速效养分：水解氮以N计；有效磷以P计；速效钾以K计。

[d] 若种植高大乔灌木，应控制有机基质用量以确保其固定土层的干密度大于等于1.0 Mg/m^3，而对一般的花卉或小灌木的短期种植可以提高有机基质使用比例或全部用有机基质种植。

5.4 安全指标

5.4.1 卫生防疫

绿化用有机基质应用于与人群接触比较多的绿地、涵养水源地、生态敏感区域时，其卫生防疫安全指标应符合表2的规定。

表2 绿化用有机基质卫生防疫安全指标

控制项目	指标
蛔虫卵死亡率/%	≥ 95
粪大肠菌群菌值	≥ 10^{-2}
沙门氏菌	不得检出

5.4.2 潜在毒害元素

绿化用有机基质潜在毒害元素含量应符合表3的规定。

表3　绿化用有机基质潜在毒害元素含量限值

控制项目	指标
可溶性氯*/（mg/L）	≤1500
可溶性钠*/（mg/L）	≤1000
*水饱和浸提液测定。	

5.4.3 重金属控制

绿化用有机基质重金属控制指标应根据应用所在地与人群接触密切程度和绿地对土壤环境质量要求确定，并应符合下列规定：

a）应用于开放绿地、庭院绿化、园艺栽培等与人群接触较多的绿化种植，重金属含量应符合表4中I级的规定；

b）应用于封闭绿地、高速公路或造林等与人群接触较少的绿化种植，重金属含量应符合表4中II级的规定；

c）应用于废弃矿地、污染土壤修复地等潜在重金属严重污染区域或其景观植被恢复工程，重金属含量应符合表4中III级的规定；

d）应用地土壤pH<6.5时，相应的绿化用有机基质重金属含量应按高一级的限值要求。

表4　绿化用有机基质重金属含量限值

序号	控制项目	限值		
		I级	II级	III级
1	总镉（以干基计）/（mg/kg）≤	1.5	3.0	5.0
2	总汞（以干基计）/（mg/kg）≤	1.0	3.0	5.0
3	总铅（以干基计）/（mg/kg）≤	120	300	400
4	总铬（以干基计）/（mg/kg）≤	70	200	300
5	总砷（以干基计）/（mg/kg）≤	10	20	35
6	总镍（以干基计）/（mg/kg）≤	60	200	250
7	总铜（以干基计）/（mg/kg）≤	150	300	500
8	总锌（以干基计）/（mg/kg）≤	300	1000	1800
9	总银（以干基计）/（mg/kg）≤	10	20	30
10	总钒（以干基计）/（mg/kg）≤	100	150	300
11	总钴（以干基计）/（mg/kg）≤	50	100	300
12	总钼（以干基计）/（mg/kg）≤	20	20	40

6 应用要求

6.1 有机基质的pH范围

酸性改良基质一般用于喜酸性土壤的植物种植或碱性土壤改良；中性改良基质一般用于喜中性土壤的植物种植或中性土壤改良或对pH没有特殊要求的植物和土壤；碱性改良基质一般用于喜碱性土壤的植物种植或酸性土壤改良；不同用途有机基质的pH应符合表5的规定。

表5 有机基质的pH要求

项 目		改良基质种类		
		酸性改良基质	中性改良基质	碱性改良基质
pH	水饱和浸提	4.5<pH≤6.5	6.5<pH≤7.8	7.8<pH≤9.5
	10:1水土比法	4.5<pH≤6.5	6.5<pH≤7.5	7.5<pH≤9.3

6.2 用作土壤改良的有机基质用量

6.2.1 根据种植植物种类，可以参考以下体积比混匀使用有机基质：

a）用于草花、草坪种植：可按有机基质10%~100%的体积比混匀；

b）用于灌木种植：可按有机基质10%~80%的体积比混匀；

c）用于乔木种植：可按有机基质10%~35%的体积比混匀。

6.2.2 根据原土性质，可以参考以下体积比混匀使用有机基质：

a）用于地表土改良，可按有机基质10%~50%的体积比混匀；

b）土壤质地黏重或贫瘠，可适当增加有机基质用量。

6.2.3 有机基质用量可参考表6中有机基质的不同盐分含量设置其施用比例。其中，用于盐碱地土壤改良的有机基质，其盐分含量的水饱和浸提法宜控制在8 mS/cm以内，10:1水土比法宜控制在2.0 mS/cm以内。

表6 不同盐分含量的有机基质用量比例

EC值（mS/cm）（水饱和浸提法）	对盐分敏感植物	耐盐植物
≤ 1.25	无限制	无限制
1.25 < EC值 ≤ 2.5	< 60%	无限制
2.5 < EC值 ≤ 5	< 40%	< 80%
5 < EC值 ≤ 8	< 20%	< 50%
8 < EC值 ≤ 10	禁止使用	< 30%
10 < EC值 ≤ 12	禁止使用	< 15%
EC值 > 12	禁止使用	禁止使用

6.3 用作有机肥料的有机基质养分要求

应符合NY 525和NY/T 496的有关规定。

7 检测方法

检测分析方法按表7执行。

表7 检测分析方法

序号	项 目	检测方法	方法来源
1	粒径	筛分法	见附录A
2	杂物	质量法	见附录B
3	pH	电位法（10:1水土比）	LY/T 1239
		电位法（水饱和浸提）	见附录C
4	EC值	电导率法（10:1水土比）	LY/T 1251
		电导率法（水饱和浸提）	见附录D

（续）

序号	项 目	检测方法	方法来源
5	含水量	真空烘干法	GB/T 8576
6	有机质	重铬酸钾容量法（100°C水浴）	NY 525
7	总氮（以N计）	蒸馏法	NY 525
8	总磷（以P_2O_5计）	钒钼酸铵比色法	NY 525
9	总钾（以K_2O计）	火焰光度计法	NY 525
10	水解性氮（以N计）	碱解-扩散法	LY/T 1228
11	有效磷（以P计）	双酸/碳酸氢钠浸提-钒钼酸铵比色法	见附录E
		AB-DTPA浸提-等离子体发射光谱法	见附录F
12	速效钾（以K计）	水饱和浸提-火焰光度计法	LY/T 1234
		AB-DTPA浸提-等离子发射体光谱法	见附录F
13	密度（干、湿）	环刀法	见附录G
14	非毛管孔隙度	环刀法	见附录G
16	发芽指数	生物毒性法	GB/T 23486
17	蛔虫卵死亡率	沉淀法	GB 7959附录E
18	粪大肠菌群菌值	发酵法	GB 7959附录D
19	沙门氏菌	培养基计数法	GB 7959附录C
20	可溶性氯	水饱和浸提-硝酸银滴定法	见附录H
21	可溶性钠	水饱和浸提-等离子体发射光谱法	见附录I
		水饱和浸提-火焰光度计法	LY /T 1246
22	总镉	石墨炉原子吸收分光光度法	GB/T 17141
		三酸消解-等离子体发射光谱法	见附录J
23	总汞	冷原子吸收分光光度法	GB/T 17136
		氢化法	见附录K
24	总铅	石墨炉原子吸收分光光度法	GB/T 17141
		三酸消解-等离子体发射光谱法	见附录J
25	总铬	火焰原子吸收分光光度法	HJ 491
		三酸消解-等离子体发射光谱法	见附录J
26	总砷	原子荧光法	GB/T 22105.2
		三酸消解-等离子体发射光谱法	见附录J
27	总镍	火焰原子吸收分光光度法	GB/T 17139
		三酸消解-等离子体发射光谱法	见附录J
28	总铜	火焰原子吸收分光光度法	GB/T 17138
		三酸消解-等离子体发射光谱法	见附录J
29	总锌	火焰原子吸收分光光度法	GB/T 17138
		三酸消解-等离子体发射光谱法	见附录J
30	总银	三酸消解-等离子体发射光谱法	见附录J
31	总钒	三酸消解-等离子体发射光谱法	见附录J
32	总钴	三酸消解-等离子体发射光谱法	见附录J
33	总钼	三酸消解-等离子体发射光谱法	见附录J

8 检验规则

8.1 产品质量指标的合格判断应符合GB/T 8170中修约值比较法的规定。

8.2 绿化用有机基质技术指标应每批次进行检验。

8.3 安全指标中的卫生防疫和重金属指标为型式检验项目，有下列情况时应检验：

a）正式生产时，原料、配方和工艺等发生变化；

b）正式生产时，不定期或保存半年以上，应进行一次周期性检验；

c）有特殊情况提出型式检验的要求时。

8.4 产品合格判定规则

8.4.1 检验结果中pH、EC值、有机质、发芽指数、潜在毒害元素和重金属中有一项指标不符合第5章对应产品质量要求时，则整批有机基质作不合格处理。

8.4.2 若其他指标的检验结果出现不合格项，应进行加倍采样复检；若复检结果合格，则判定为合格；若复检结果仍出现不合格项，则判定该批次产品不合格。

9 标识

绿化用有机基质产品的标识除按GB 18382的有关规定执行外，包装袋上应注明产品名称、商标、净体积、规范号、保质期、企业名称、生产日期和厂址；堆肥产品还应注明养分总含量；添加特殊材料的有机基质产品还应注明所添加材料的名称、含量、使用方法和作用机理。

10 包装、运输和贮存

10.1 产品应包装牢固，袋口须密封，并应符合GB 8569的有关规定。

10.2 产品包装袋宜用易降解或可回收再利用的包装袋，应避免对环境污染。

10.3 产品运输途中避免日晒雨淋和被有毒有害物质污染。

10.4 产品应贮存于阴凉、通风、干燥的仓库内；并防止被有毒有害物质污染。

10.5 开封后应尽快使用。

附　录　A

（规范性附录）

基质粒径的测定　筛分法

A.1 仪器

A.1.1 标准筛：孔径为5 mm、15 mm的筛子，附筛子盖和底盘。

A.1.2 天平：感量0.01 g。

A.2 分析步骤

称取风干基质100~200 g，精确到0.01 g，记录试样重（$W_{总}$）；然后将基质放在规定孔径的筛子上，进行人工筛分，最后将留在筛孔上的样品进行称重（3个重复）。

A.3 分析结果计算

不同粒径含量以质量分数（%）表示，按式（A.1）或式（A.2）计算：

$$W_{d\leq 5\,mm}=100\%\times(W_{总}-W_{d\leq 5\,mm}) \quad\cdots\cdots\cdots\cdots\text{（A.1）}$$

$$W_{d\leq 15\,mm}=100\%\times(W_{总}-W_{d\leq 15\,mm})/W_{总} \quad\cdots\cdots\cdots\cdots\text{（A.2）}$$

式中：

$W_{d\leq5\,mm}$ —表示基质中粒径小于5 mm的质量分数，单位为百分比（%）；

$W_{d\leq15\,mm}$ —表示基质中粒径小于15 mm的质量分数，单位为百分比（%）；

$W_{总}$ —基质的总质量，单位为克（g）；

$W_{>5mm}$ —未通过5 mm筛孔的基质质量，单位为克（g）；

$W_{>15mm}$ —未通过15 mm筛孔的基质质量，单位为克（g）。

所得结果应表示至两位小数。

A.4 允许差

A.4.1 取平行测定结果的算术平均值作为测定结果。

A.4.2 平行测定结果的绝对差值不大于0.5 %。

附录B

（规范性附录）

杂物的测定 质量法

B.1 仪器

B.1.1 标准筛：孔径为2 mm和5 mm的筛子，附筛子盖和底盘。

B.1.2 天平：感量0.01 g。

B.2 分析步骤

称取风干基质100~200 g，精确到0.01 g，记录试样重（$W_{总}$）；分别用5 mm或2 mm的筛子筛分，然后将留在筛孔上的基质平滩，将其中杂物按石块、塑料、玻璃、金属等不同杂物种类分别称重、记录，求出每一组成的质量分数（3个重复）。

B.3 分析结果计算

杂物含量以质量分数（%）表示，按式（B.1）计算：

$$W_{z>2mm} = W_{*}/W_{总}\times100\% \quad \cdots\cdots\cdots\cdots\cdots\cdots\cdots\cdots\cdots \text{（B.1）}$$

$$W_{z>5mm} = W_{*}/W_{总}\times100\% \quad \cdots\cdots\cdots\cdots\cdots\cdots\cdots\cdots\cdots \text{（B.2）}$$

式中：

$W_{z>2mm}$ —表示基质中粒径大于2 mm杂物的质量分数，单位为百分比（%）；

$W_{z>5mm}$ —表示基质中粒径大于5 mm杂物的质量分数，单位为百分比（%）；

W_{*} —某种杂物的质量，单位为克（g）；

$W_{总}$ —基质的总质量，单位为克（g）。

所得结果应表示至两位小数。

B.4 允许差

B.4.1 取平行测定结果的算术平均值作为测定结果。

B.4.2 平行测定结果的绝对差值不大于0.5%。

附录C
（规范性附录）
pH的测定 水饱和浸提–电位法

C.1 仪器

C.1.1 酸度计：测量范围0~14；精度：0.01级。

C.1.2 电极：玻璃电极、饱和甘汞电极、温度补偿电极或pH复合电极。

C.1.3 天平：感量0.01 g。

C.2 试剂

C.2.1 pH 4.01标准缓冲液：购买仪器供应商标液、购买带CMC标识标准缓冲液或自行配制。

C.2.2 pH 7.00标准缓冲液：购买仪器供应商标液、购买带CMC标识标准缓冲液或自行配制。

C.2.3 pH10.01标准缓冲液：购买仪器供应商标液、购买带CMC标识标准缓冲液或自行配制。

C.2.4 去离子水：去离子水应符合GB/T 6682的规定。

C.3 测定步骤

C.3.1 待测糊状物的制备

称取一定量通过2 mm筛孔的基质于250 mL高型烧杯中，加入适量的去离子水，用刮勺搅动混成水分饱和糊状物，至没有游离水出现并在光下有光亮现象，室温静置1 h以上或过夜待测pH。在放置过程中糊状物有显著变硬或失去光泽现象，应添加水重新混合；若在放置过程中样品表面有游离水出现，或糊状物太潮湿则应添加基质重新混合。

C.3.2 仪器的校正

用pH的标准缓冲液分别校正仪器，使标准缓冲液的值与仪器标度上的值相一致。待标定结束仪器稳定后，用校准好的仪器对标准缓冲液进行回测，使测得值与标准值控制在误差范围内，如超过规定允许差，则需检查仪器、仪器电极或标准溶液是否有问题。当仪器校准无误且仪器稳定后，方可进行样品测定。

C.3.3 测定

pH计校正后，将电极插入待测糊状物中，测pH值。样品测完后，即用水冲洗电极，并用干滤纸将水吸干。

C.4 结果计算

pH可直接读数，不需换算。

C.5 允许差

pH值两次称样平行测定结果允许差为±0.1 pH。

附录D
（规范性附录）
EC值的测定 水饱和浸提–电导率法

D.1 仪器

D.1.1 电导仪：测量范围0~2000 mS/cm；精度：1.0级。

D.1.2 布氏漏斗。

D.1.3 天平：感量0.01 g。

D.1.4 真空抽滤泵或电动吸引器。

D.2 试剂

D.2.1 标准KCl溶液：购买仪器供应商标准溶液、购买带CMC标识标准溶液或自行配制标准KCl溶液。

D.2.2 去离子水：去离子水应符合GB/T 6682的规定。

D.3 测定步骤

D.3.1 待测液的制备

称取一定量通过2 mm筛孔的有机基质于250 mL高型烧杯中，加入适量的去离子水，用刮勺搅动混成水分饱和的糊状物，至没有游离水出现并在光下有光亮现象，室温静置4 h以上或过夜。在放置过程中糊状物有显著变硬或失去光泽现象，应添加水重新混合；若在放置过程中样品表面有游离水出现或糊状物太潮湿则应添加基质重新混合。之后用真空抽滤泵或电动吸引器抽取滤液待测EC值。

D.3.2 仪器的校正

用电导率的标准溶液分别校正仪器，使标准溶液的值与仪器标度上的值相一致。待标定结束仪器稳定后，用校准好的仪器对标准溶液进行回测，使测得值与标准值控制在误差范围内，如超过规定允许差，则需检查仪器、仪器电极或标准溶液是否有问题。当仪器校准无误且仪器稳定后，方可进行样品测定。

D.3.3 测定

电导仪校正后，将电极插入待测液中，测EC值。每份样品测完后，即用水冲洗电极，并用干滤纸将水吸干。

D.4 结果计算

一般EC可直接读数，不需换算。

D.5 允许差

EC值两次称样平行结果允许相对偏差为±15%。

附录E

（规范性附录）

有效磷的测定 双酸/碳酸氢钠浸提-钒钼酸铵比色法

E.1 双酸浸提法（适用于酸性、中性有机基质测定）

E.1.1 仪器

E.1.1.1 天平：感量0.01 g。

E.1.1.2 双光束紫外-可见分光光度计。

E.1.1.3 温控振荡器。

E.1.2 试剂

E.1.2.1 双酸浸提剂[c（HCl=0.05 mol/L和c（1/2H_2SO_4）=0.025 mol/L]：吸取4.0 mL浓盐酸及0.7mL浓硫酸于有水的1L容量瓶中，用水稀释至刻度。

E.1.2.2 浓硝酸：ρ约1.42 g/mL，69%，分析纯。

E.1.2.3 浓硫酸：ρ约1.84 g/mL，98%，分析纯。

E.1.2.4 浓盐酸：ρ约1.19 g/mL，38%，分析纯。

E.1.2.5 氢氧化钠溶液：质量分数为10%的溶液。

E.1.2.6 稀硫酸：体积分数为5%的溶液。

E.1.2.7 无磷活性炭。

E.1.2.8 钒钼酸铵试剂：

A液：称取25.0 g钼酸铵溶于400 mL水中。

B液：称取1.25 g偏钒酸铵溶于300 mL沸水中，冷却后加250 mL浓硝酸，冷却。

在搅拌下将A液缓缓注入B液中，用水稀释至1L，混匀，贮于棕色瓶中。

E.1.2.9 磷标准溶液(50 mg/L)：称取0.2195 g经105℃烘干2 h的磷酸二氢钾（基准试剂），用水溶解后，转入1 L容量瓶中，加入5 mL浓硫酸，冷却后用水定容至刻度。或购买有证标准溶液。

E.1.3 分析步骤

E.1.3.1 待测液的制备：称取5.0 g（精确到0.01 g）过2 mm筛的有机基质样品于250 mL锥形瓶中，加入50 mL双酸浸提剂，震荡5 min过滤后待用。

E.1.3.2 测定：吸取待测液2~10 mL于50 mL比色管中，加1滴2,4-二硝基酚指示剂，用稀硫酸和氢氧化钠溶液调节pH至刚呈现黄色。用钒钼酸铵比色法测磷（同NY 525—2012中5.4.4.3），如待测液颜色过深，则需加无磷活性炭进行脱色处理。同时做空白实验。

E .1.3.3 工作曲线：同NY 525—2012中5.4.4.4。

E.1.4 结果计算

有效磷含量以毫克每千克（mg/kg）表示，按式（E.1）计算：

$$W_p = \frac{(C - C_0) \times V \times t_s}{m \times k} \quad \cdots\cdots(E.1)$$

式中：

W_p —磷的含量，单位为毫克每千克（mg/kg）；

C —由工作曲线查得磷的质量浓度，单位为毫克每升（mg/L）；

C_0 —空白溶液中待测元素的质量浓度，单位为毫克每升（mg/L）；

V —显色体积，单位为毫升（mL）；

t_s —分取倍数；

m —样品的质量，单位为克（g）；

k —将样品换算成烘干样品的系数。

E.1.5 允许差

两次称样平行测定结果允许相对偏差为±15%。

E.2 碳酸氢钠浸提法（适用于碱性有机基质测定）

E.2.1 仪器

同E.1.1。

E.2.2 试剂

E.1.2.1 碳酸氢钠浸提剂（0.5 mol/L碳酸氢钠溶液，pH=8.5）：称取42.0 g碳酸氢钠（分析纯）于烧杯中，加水至近1 L，用氢氧化钠溶液调至pH=8.5，定容至1 L。

E.1.2.2 其他试剂同E.1.2.2~E.1.2.3、E.1.2.5~ E.1.2.9。

E.2.3 分析步骤

E.2.3.1 待测液的制备：称取5.0 g（精确到0.01 g）过2 mm筛的有机基质样品于250 mL锥形瓶中，加入50 mL碳酸氢钠浸提剂，25±1℃下震荡30 min过滤后待用。

E.2.3.2 测定：吸取待测液2~10 mL于50 mL比色管中，加1滴2,4-二硝基酚指示剂，用稀硫酸和氢氧化钠溶液调节pH至刚呈现黄色，中和时有强烈气泡产生，应一滴一滴地边加边摇，不应使二氧化碳溢出。无气泡产生后方可用钒钼酸铵比色法测磷（同NY 525—2012中5.4.4.3），如待测液颜色过深，则需加无磷活性炭进行脱色处理。同时做空白实验。

E .2.3.3 工作曲线：同NY 525—2012中5.4.4.4（同E.2.3.2显色，防止二氧化碳溢出）。

E.2.4 结果计算

同E.1.4。

E.2.5 允许差

同E.1.5。

附录F

（规范性附录）

有效磷、速效钾的测定 AB-DTPA浸提-电感耦合等离子体发射光谱法

F.1 仪器

F.1.1 天平：感量0.01 g。

F.1.2 温控振荡器。

F.1.3 电感耦合等离子体发射光谱仪。

F.1.4 气体—高纯氩气（99.99%）。

F.2 试剂

F.2.1 AB-DTPA浸提液（pH7.6 的1.0 mol/L碳酸氢铵—0.005 mol/L二乙三胺五乙酸（DTPA提取液）：在约800 mL蒸馏水中加1∶1氨水2 mL，然后加入1.97 g DTPA，待大部分DTPA溶解后，加入79.06 g碳酸氢铵，轻轻搅拌至溶解，在pH计上用氨水或硝酸（1∶1）调节pH至7.6后，定容到1L容量瓶，摇匀后待用。碳酸氢铵、二乙三胺五乙酸、氨水和硝酸均为优级纯。

F.2.2 蒸馏水：实验室二级水，应符合GB/T 6682的规定。

F.3 测定步骤

F.3.1 待测液的制备

F.3.1.1 基质AB-DTPA浸提液

F.3.1.1.1 称取5 g（精确到0.01 g）过2 mm筛的风干基质于三角瓶中，加入50 mL浸提液在25 ℃下振荡15 min（180 r/min），然后用中速滤纸过滤并收集滤液（弃去最初的几毫升）。

F.3.1.1.2 在三角瓶中加0.25 mL浓HNO_3再小心加入2.5 mL滤液或待测元素的标准溶液，振荡15 min（不加塞）以驱除CO_2。

F.3.2 多元素混合标准曲线的制备

F.3.2.1 多元素混合标准贮存液（100 mg/L）的配置：取适当体积的标准元素制备液于容量瓶中，用酸化的AB-DTPA稀释至100 mL。将混合标准液转入预先准备好的氟化乙丙稀瓶（聚乙烯或者聚丙烯瓶）中储存，为避免储存过程中的浓度变化，宜现配现用。

F.3.2.2 标准曲线的配制：移取适量的混合标准贮存液至100 mL容量瓶中，用酸化的AB-DTPA稀释定容至100 mL，待测。

F.3.3 样品测定

吸取待测样适量，用电感耦合等离子体发射光谱仪（ICP-OES）进行测定；当样品含量超过标准曲线时，将待测样稀释后再测定。

F.4 结果计算

元素含量以毫克每千克（mg/kg）表示，按式（F.1）计算：

$$W_{*} = \frac{C \times V \times t_s}{m \times k} \quad \cdots\cdots\cdots\cdots (F.1)$$

式中：

W_{*} —有效磷或速效钾的含量，单位为毫克每千克（mg/kg）；

C —待测液中元素的质量浓度，单位为毫克每升（mg/L）；

V —浸提液体积，单位为毫升（mL）；

t_s —分取倍数；

m —样品质量，单位为克（g）；

k —将风干土换算到烘干土的水分换算系数。

F.5 允许差

两次称样平行测定结果允许相对偏差为±15%。

附录G

（规范性附录）

干密度、湿密度和非毛管孔隙度的测定 环刀法

G.1 仪器、设备

G.1.1 环刀：容积（Vs）100 cm^3。

G.1.2 电热鼓风干燥箱：控制温度50~110℃。

G.1.3 天平：感量0.01 g。

G.1.4 铝盒：编有号码的有盖称量器皿。

G.1.5 干燥器：内有变色硅胶干燥剂。

G.2 测定方法

G.2.1 用天平称空环刀质量（包括垫有滤纸的带孔盖）（W_1）。

G.2.2 将样品沿45°角自由落入100 cm^{3}环刀中，并轻轻平敲或水平摇换环刀，使基质在环刀内能自然沉降并充满环刀，用刀削平。

G.2.3 将垫有滤纸带网眼底盖并充满样品的环刀放入平底盆（或盘）中，注入并保持盆中水层的高度至环刀上沿为止，使其吸水达12~14 h。如果发现在吸水过程中基质超过环刀上沿，应用刀削平。盖上、下底盖，水平取出后立即称重（W_2）。

G.2.4 然后将上述称重后环刀去掉底盖，再放在铺有干沙的平底盘中2 h，盖上底盖后立即称重（W_3）。

G.2.5 将环刀内基质全部倒入铝盒中，放入105~110℃烘箱内，烘至恒重（W_4）（直至前后两次相对误差不大于5%）。

G. 2.6 以上实验应至少做重复3次。

G.3 计算方法

G.3.1 干密度

干密度以单位体积质量（Mg/m^3）表示，按式（G.1）计算：

$$\rho_{b干} = (W_4 - W_1)/V_s \quad \cdots\cdots\cdots\cdots (G.1)$$

式中：

$\rho_{b干}$ —干密度，单位为兆克每立方米（Mg/m^3）；

W_1 —环刀质量，单位为兆克（Mg）；

W_4 —烘干后环刀和基质的总质量，单位为兆克（Mg）；

V_s —环刀容积，单位为立方米（m^3）。

所得结果应表示至两位小数。

G.3.2 湿密度

湿密度以单位体积质量（Mg/m^3）表示，按式（G.2）计算：

$$\rho_{b湿}=(W_3-W_1)/V_s \quad \cdots\cdots（G.2）$$

式中：

$\rho_{b湿}$—湿密度，单位为兆克每立方米（Mg/m^3）；

W_1 —环刀质量，单位为兆克（Mg）；

W_3 —滤水后环刀和基质的总质量，单位为兆克（Mg）；

V_s —环刀容积，单位为立方米（m^3）。

所得结果应表示至两位小数。

G.3.3 非毛管孔隙度

非毛管孔隙度以单位体积内非毛管孔隙的百分率（%）表示，按式（G.3）计算：

$$P_{非毛管}=100\%\times(W_2-W_3)/(V_s\times\rho_{水}) \quad \cdots\cdots（G.3）$$

式中：

$P_{非毛管}$—非毛管孔隙度，单位为百分比（%）；

W_2—吸水后环刀和基质的总质量，单位为兆克（Mg）；

W_3—滤水后环刀和基质的总质量，单位为兆克（Mg）；

$\rho_{水}$—实验条件下水的密度，单位为兆克每立方米（Mg/m^3）；

所得结果应表示至两位小数。

G.4 允许差

G.4.1 取测定结果的算术平均值作为测定结果。

G.4.2 干湿密度不同的测量结果绝对差值不大于0.05 Mg/m^3，非毛管孔隙度不同测定结果的绝对差值不大于0.5%。

附录H
（规范性附录）
可溶性氯的测定　水饱和浸提-硝酸银滴定法

H.1 仪器、设备

H.1.1 5 mL酸式滴定管。

H.1.2 天平：感量0.01 g。

H.1.3 布氏漏斗。

H.1.4 真空抽滤泵或电动吸引器。

H.2 试剂

H.2.1 去离子水。

H.2.2 0.04 mol/L硝酸银标准溶液：6.80 g硝酸银（分析纯）溶于水，转入1 L容量瓶中，稀释到刻度；用氯化钠标定其浓度，保存于棕色瓶中备用。

H.2.2 50 g/L铬酸钾指示剂：5 g铬酸钾（分析纯）溶于水，逐滴加入1 mol/L硝酸银溶液至刚有砖红色沉淀生成为止，放置过夜后过滤，稀释至100 mL。

H.2.3 0.02 mol/L碳酸氢钠溶液：1.7 g碳酸氢钠（分析纯）溶于水，稀释至1 L。

H.2.4 10 g/L酚酞指示剂：1 g酚酞溶于100 mL乙醇中。

H.3 测定步骤

H.3.1 待测液的制备：可溶性氯的水饱和浸提待测液制备方法同附录D.3.1的规定。

H.3.2 测定

移取1~20 mL饱和浸提液（V_2）（根据基质氯含量多少来确定），加去离子水至总体积约为30 mL，加酚酞指示剂1滴，用碳酸氢钠溶液调至刚变粉红色，加铬酸钾指示剂5滴，用硝酸银标准溶液滴定至砖红色沉淀不消失，记录硝酸银溶液的滴定体积（V_1），同时做空白对照（V_0）。

H.4 结果计算

可溶性氯含量以毫克每升（mg/L）表示，按式（H.1）计算：

$$W_{Cl}=\frac{C\times(V_1-V_0)\times35.5}{V_2}\times1000 \quad\cdots\cdots\cdots\cdots\cdots\cdots\text{（H.1）}$$

式中：

W_{Cl}—可溶性氯的质量浓度，单位为毫克每升（mg/L）；

C—硝酸银标准溶液浓度，单位为摩尔每升（mol/L）

V_0—空白滴定体积，单位为毫升（mL）；

V_1—待测液滴定消耗硝酸银体积，单位为毫升（mL）；

V_2—移取浸提液体积，单位为毫升（mL）；

35.5—氯的摩尔质量，单位为克每摩尔（g/mol）。

H.5 允许差

两次称样平行测定结果允许相对偏差为±10%。

附录I

（规范性附录）

可溶性钠的测定　水饱和浸提-电感耦合等离子体发射光谱法

I.1 仪器及条件

I.1.1 电感耦合等离子体发射光谱仪。

I.1.2 气体—高纯氩气（99.99%）。

I.1.3 测定条件

按照表I.1和表I.2的参数设定仪器条件，但是，由于仪器型号的不同，操作条件也会有变化，应设定最佳仪器条件。

I.2 试剂

I.2.1 去离子水：18.2 MΩ去离子水或相当纯度的去离子水。

表I.1 各元素的ICP分析推荐条件

项目	参数
高频发生器功率（W）	1350
等离子体气体流量(L/min)	12
辅助气体流量(L/min)	0.3
雾化器流量(L/min)	0.6
蠕动泵流量(mL/min)	1.5

表I.2 钠测定的ICP分析推荐波长

元素	波长nm
钠	589.592

I.2.2 元素制备液：钠100 mg/L。

I.2.3 混合标准溶液：取适当体积的标准元素制备液于容量瓶中，去离子水稀释至100 mL。将混合标准液转入预先准备好的氟化乙丙稀瓶中储存，或储存在未用过的聚乙烯或者聚丙烯瓶中，避免储存过程中的浓度变化，应在临用时配制新鲜的混合标准溶液。

I.3 分析步骤

I.3.1 待测液的制备：水饱和浸提待测液制备方法同附录D.3.1的规定。

I.3.2 校准曲线

分别移取适量的混合标准溶液或逐级稀释液至100 mL容量瓶中，用去离子水定容至刻度，待测。同时做校准空白。

I.4 结果计算

可溶性钠含量以毫克每升（mg/L）表示，按式（H.1）计算：

$$W_{Na} = C \times t_s \quad \cdots\cdots \text{（I.1）}$$

式中：

W_{Na}—可溶性钠的质量浓度，单位为毫克每升（mg/L）；

C—待测液中元素的质量浓度，单位为毫克每升（mg/L）；

t_s—分取倍数；

I.5 允许差

两次称样平行测定结果允许相对偏差为±15%。

附录J

（规范性附录）

总镉、总铅、总铬、总砷、总镍、总铜、总锌、总银、总钒、总钴和总钼的测定 三酸消解-电感耦合等离子体发射光谱法

J.1 仪器及条件

J.1.1 天平：感量0.0001 g。

J.1.2 电感耦合等离子体发射光谱仪。

J.1.3 气体—高纯氩气（99.99%）。

J.1.4 测定条件

按照表J.1参数设定仪器条件，但是，由于仪器型号的不同，操作条件也会有变化，应设定最佳仪器条件。

表J.1 各元素的ICP分析推荐条件

项目	参数
高频发生器功率（W）	1350
等离子体气体流量（L/min）	12
辅助气体流量（L/min）	0.3
雾化器流量（L/min）	0.6
蠕动泵流量（mL/min）	1.5

表J.2 各元素的ICP分析推荐波长

元素	波长nm	元素	波长nm
镉	228.802	锌	206.200
铅	220.353	银	328.068
铬	267.716	钒	292.464
砷	193.696	钴	228.616
镍	231.604	钼	202.031
铜	327.393		

J.1.5 方法最低检出限：总镉0.500 mg/kg、总铅2.00 mg/kg、总铬0.500 mg/kg、总砷0.500 mg/kg、总镍2.00 mg/kg、总铜2.00 mg/kg、总锌2.00 mg/kg、总银2.00 mg/kg、总钒0.500 mg/kg、总钴0.500 mg/kg、总钼0.500 mg/kg。

J.2 试剂

J.2.1 去离子水：18.2 MΩ去离子水或相当纯度的去离子水。

J.2.2 浓硝酸：ρ约1.42 g/mL，69%，优级纯。

J.2.3 稀硝酸：10 mL浓硝酸用去离子水稀释至1000 mL。

J.2.4 浓盐酸：ρ约1.19 g/mL，38%，优级纯。

J.2.5 过氧化氢：30%，优级纯。

J.2.6 元素制备液：镉100 mg/L、铅100 mg/L、铬100 mg/L、砷100 mg/L、镍100 mg/L、铜100 mg/L、锌100 mg/L、银100 mg/L、钒100 mg/L、钴100 mg/L、钼100 mg/L。

J.2.7 混合标准溶液：取适当体积的标准元素制备液于容量瓶中，用1%硝酸稀释至100 mL。将混合标准液转入预先准备好的氟化乙丙稀瓶中储存，或储存在未用过的聚乙烯或者聚丙烯瓶中，应在临用时配制新鲜的混合标准溶液。

一些典型混合校准溶液的组成见表J.3。

J.3 分析步骤

J.3.1 试液制备

准确称取0.5 ~ 1 g（精确至0.0001 g）样品于100 mL聚四氟乙烯坩埚中，加少量水混匀至糊状，加入10 mL浓盐酸和5 mL浓硝酸混匀，放在电热板上加热（最好放在通风橱中过夜，次日再消化）。开始时95℃缓慢加热，当试样泡沫上浮时立即取下稍冷后再继续消化，反复操作直至泡沫细小为止。加盖后提高温度至150℃保持2 h，开盖蒸发至3 mL左右（视消解情况可补加硝酸继续消化至无大量棕色烟雾）。

去下稍冷后逐滴加入1 mL 30% H_2O_2，放在电热板上过氧化反应，加热到冒泡停止后取下稍冷，继续加入0.5 mL 30% H_2O_2，重复这一操作直至冒泡极小或样品表观不再发生变化，继续加热蒸发至糊状（注意不能蒸干），取下稍冷后用1%硝酸冲洗内壁和坩埚盖，并转入50 mL容量瓶中，冷却后定容。消解液中的颗粒物会堵塞喷雾器，须过滤或离心或使之沉淀，取澄清液待测。同时做样品空白。

表J.3　混合标准溶液

溶液	浓度（mg/L）	元素
1	1000	Cd Pb Cr As Ni Zn Cu V Co
2	1000	Mo
3	1000	Ag

J.3.2 校准曲线

分别移取适量的混合标准溶液或逐级稀释液至100 mL容量瓶中，用1%硝酸定容至刻度，待测。同时做校准空白。

J.4 结果计算

元素含量以毫克每千克（mg/kg）表示，按式（J.1）计算：

$$W_{*}=C\times V\times t_s/m\times k \quad \text{（J.1）}$$

式中：

W_{*}—某元素的含量，单位为毫克每千克（mg/kg）；

C—待测液中某元素的质量浓度，单位为毫克每升（mg/L）；

V—某元素消解液体积，单位为毫升（mL）；

m—样品质量，单位为克（g）；

t_s—某元素分取倍数；

k—将风干土换算到烘干土的水分换算系数。

J.5 允许差

两次称样平行测定结果允许相对偏差为±15%。

附录K

（规范性附录）

总汞的测定　氢化物发生-原子吸收分光光度计法或电感耦合等离子体发射光谱法

K.1 仪器

K.1.1 天平：感量0.0001 g。

K.1.2 原子吸收分光光度计或电感耦合等离子体发射光谱仪。

K.1.3 氢化的发生装置。

K.1.4 气体—高纯氩气（99.99%）。

K.2 试剂

K.2.1 去离子水：18.2 MΩ去离子水或相当纯度的去离子水。

K.2.2 浓硝酸：ρ约1.42 g/mL，69%，优级纯。

K.2.3 浓盐酸：ρ约1.19 g/mL，38%，优级纯。

K.2.4 盐酸溶液：10%，优级纯。

K.2.5 汞标准溶液：购买有证标准溶液。

K.2.6 硼氢化钾（或硼氢化钠）碱性溶液（注：此溶液现配现用）：1%左右。称取5 g硼氢化钾（或硼氢化钠）和5 g氢氧化钾于500 mL烧杯中，用水溶解并配制成500 mL溶液。

K.3 分析步骤

K.3.1 试液制备

准确称取过0.149 mm筛试样0.5~2 g（精确至0.0001 g）于100 m L聚四氟乙烯坩埚，置于通风厨中，加入王水10 mL，加盖在电热板（加热器）上徐徐加热（若反应激烈产生泡沫时，自电热板上移开放冷片刻），等激烈反应结束后，继续加热约30 min（温度控制在100~105 ℃，可水浴加热）。用10%的HCl溶液定容至50 mL。同时做平行和空白试验。

K.3.2 校准曲线

移取适量的汞标准溶液或逐级稀释液至100 mL容量瓶中，用10%的HCl 定容至刻度，待测。同时做校准空白。以各元素的浓度对各元素发射强度关系作校准曲线。

K.3.3 校准曲线样品空白：采用空白溶液，同样品前处理。

K.4 结果计算

总汞含量以毫克每千克（mg/kg）表示，按式（K.1）计算：

$$W_{Hg}=\frac{(C-C_0)\times V\times t_s}{m\times k}\times 10^{-3} \quad \text{（K.1）}$$

式中：

W_{Hg} —汞（Hg）元素的含量，单位为毫克每千克（mg/kg）；

C —待测液中汞（Hg）元素的质量浓度，单位为微克每升（μg/L）；

C_0 —空白溶液中汞（Hg）元素的质量浓度，单位为微克每升（μg/L）；

V —待测液定容体积，单位为毫升（mL）；

t_s —某元素分取倍数；

m —样品的质量，单位为克（g）；

k —将样品换算成烘干样品的系数。

K.5 允许差

两次称样平行测定结果允许相对偏差为±15%。

附录六

《绿化有机覆盖物应用技术规范》

上海市地方标准报批稿

本标准起草单位

上海市园林科学规划研究院

上海临港漕河泾生态环境建设有限公司

上海市绿化管理指导站

上海辰山植物园

上海摩奇园林有限公司

上海植物园绿化养护有限公司

本标准主要起草人

方海兰　周建强　王宝华　梁　晶　伍海兵　严　巍　郝冠军

彭红玲　李　飞　胡佳麒　刘明星　王　星　朱根龙

1 范围

本标准规定了绿化有机覆盖物的术语和定义、原料来源和处置形式、产品质量要求、覆盖方法以及产品质量检测检验。

本标准适用于绿化有机覆盖物的生产、销售、应用和管理。

2 规范性引用文件

下列文件对本文件的应用是必不可少的。凡是标注日期的引用文件，仅标注日期的版本适用于本文件，凡是不标注日期的引用文件，其最新版本（包括所有的修改单）适用于本文件。

GB/T 6682　分析实验室用水规格和试验方法

GB/T 8576　复混肥料中游离水含量的测定 真空烘箱法

GB/T 31755　绿化植物废弃物处置和应用技术规程

LY/T 1239　森林土壤pH值的测定

LY/T 1251　森林土壤水溶性盐分分析

LY/T 1970—2011　绿化用有机基质

NY 525　有机肥料

DB31/T 661　绿化用表土保护和再利用技术规范

3 术语和定义

下列术语和定义适用于本标准。

有机覆盖物 organic mulch

直接或经处理加工后铺设于土壤表层的片状、条状、碎块或颗粒状的耐腐烂的植物性材料，具有保温、保水、增肥、防草、滞尘、防止土壤板结、防止水土流失和美化景观等功能。

4 原料来源和处置形式

4.1 原料来源

包括树枝、碎树皮、木片、锯屑、树叶、松针、草屑、碎草、麦秆、稻草、苔藓、椰壳纤维及坚果壳等耐腐烂的植物性材料。

4.2 处置形式

4.2.1 根据原料体积大小确定是否进行粉碎处置：

a）树叶、松针、草屑、苔藓等个体较小的有机覆盖物原料：可以不经粉碎就直接覆盖或者堆置后覆盖。

b）树枝、树皮等个体较大的有机覆盖物原料：应先粉碎成片状、条状、块状或颗粒状，粉碎粒径宜在2~5 cm之间，以不影响安全生产和应用即可。

4.2.2 根据应用地的实况确定是否进行堆置处置：

a）用于路径、游乐场等没有种植的非植物生境：只要覆盖物无肉眼可见的病虫害则无须堆置即可直接覆盖；

b）用于郊区林地、防护林、道路隔离绿化带等与人群接触较少的绿化用地：宜将枯枝落叶或修剪、间伐的植物废弃物直接粉碎后就地或原树覆盖；直接粉碎的材料在覆盖前宜先进行混氮肥处理。

c）用于植物生境裸露地块或者与人群接触比较密切的绿化用地：宜先将原料堆置，待腐熟或性质稳定后再进行覆盖。

d）用于景观要求较高的绿化用地：宜将有机覆盖物堆置腐熟后进行染色处理，所用染色剂应符合安全生产要求，且染色稳定，不应污染覆盖物周边的环境。

5 产品质量要求

5.1 技术指标

5.1.1 直接覆盖

直接覆盖时，有机覆盖物产品应符合表1的规定。

表1 直接覆盖的有机覆盖物产品的技术指标

控制项目			指标
1	可视杂物*/（%）（粒径>2 cm）		≤5
2	嗅觉		无明显异味
3	霉变		无明显霉变
4	粒径/（cm）		1~10（不影响公共安全可适当放宽）
5	pH	水饱和浸提	4.0～8.0（有特殊要求的除外）
		10：1液固比	4.0～8.5（有特殊要求的除外）
6	EC/（mS/cm）	水饱和浸提	≤10
		10：1液固比	≤2.5
7	病虫害		目视无病虫害
*：若用于路径和游乐设施铺设不得含有玻璃、铁钉、建筑垃圾等易引起人身伤害或影响观赏效果的可视杂物。			

5.1.2 堆置后覆盖

堆置后覆盖时，有机覆盖物产品应符合表2的规定。

表2 堆置后有机覆盖物产品的技术指标

项目			指标
1	可视杂物/（%）（粒径>5 mm）		≤3
2	粒径/（cm）		1~8（特殊要求可适当放宽）
3	pH	水饱和浸提	4.0～8.0（有特殊要求除外）
		10：1液固比	4.0～8.5（有特殊要求除外）
4	EC /(mS/cm）	水饱和浸提	≤10
		10：1液固比	≤2.5
5	有机质(以干基计)/（%）		≥50
6	含水量/（%）		≤40
7	发芽指数/（%）		≥65

5.2 重金属控制指标

有机覆盖物应用于开放绿地、庭院绿化、园艺栽培等与人群接触较多的绿化，其重金属含量应符合LY/T 1970—2011中4.4.2的I级重金属限值；应用于其他与人群接触较少的绿化，其重金属含量应符合LY/T 1970—2011中4.4.2的II级重金属限值。

6 覆盖方法

6.1 一般原则

6.1.1 有机覆盖物应用应符合消防安全的要求；大面积覆盖区域内应有隔断并配置防火设备，管理人员应定期检查；碰到连续干燥天气，视情况适时对有机覆盖物喷水，增加有机覆盖物的湿度。

6.1.2 定期检查有机覆盖物在地表腐烂情况，及时补充有机覆盖物。

6.1.3 不得将使用过除草剂的修剪物用作有机覆盖物。

6.1.4 应根据覆盖的地点和实况，确定有机覆盖物适宜的粒径大小：

a）斜坡、易风蚀或径流地带宜用粒径＞2 cm的有机覆盖物，且有固定措施；

b）用于增肥保水，宜用粒径<2 cm且堆置过的有机覆盖物；

c）用于植株防冻，宜用较为松散的松针等有机覆盖物；

d）应根据土壤酸碱性选择适宜的有机覆盖材料；

e）在覆盖层次结构控制上，有条件的下层（2~ 5 cm）宜用粒径小于2 cm有机覆盖物，上层（5 ~ 10 cm）宜用粒径大于2 cm有机覆盖物。

6.2 覆盖厚度

6.2.1 覆盖厚度宜在2 ~ 10 cm，以5 ~ 10 cm为佳。

6.2.2 树穴、花坛覆盖：有机覆盖物应略低于树穴、花坛的外边沿。

6.2.3 首次覆盖时，覆盖厚度宜厚，多次覆盖时，应根据覆盖材料的腐烂速度，适当调整覆盖厚度。

6.2.4 气候干旱宜适当增加覆盖厚度，气候湿润宜适当降低覆盖厚度。

6.2.5 易风蚀、径流等地带宜增加覆盖厚度；地势低洼、土壤黏重地带宜适当降低覆盖厚度。

6.2.6 覆盖物粒径越大则覆盖厚度相应增加，小粒径覆盖厚度相应降低。

6.2.7 新移植小苗的覆盖厚度宜薄，后期可随生长状况渐增覆盖厚度。

6.2.8 严禁覆盖物埋住矮小植物，或在树干周围堆积过厚。

6.3 覆盖时间

通常全年可进行覆盖，可根据以下情况选择覆盖时间：

a）保持土壤湿润，应在雨后或浇透水之后进行覆盖；

b）防止杂草滋生，应先清除原有杂草后再进行覆盖；

c）新种植植物，应充分浇灌后再覆盖；

d）已种植较长时间的植物，应每年春末覆盖；

e）冬季保护植物根系，应每年晚秋覆盖；

f）早春如需加快土壤回暖，应将覆盖物暂时清除至土温恢复后再覆盖。

6.4 覆盖范围

6.4.1 新栽树木在其树穴直径1 ~ 3倍范围的环状区域内覆盖为宜，成型树木以树木垂直投影区域覆盖为宜；为防止树干基部受到土壤动物危害，大乔灌木覆盖时有机覆盖物应距离树干5 ~ 7.5 cm，透水通气差时距离为15 ~ 30 cm。

6.4.2 中、小灌木或多年生花卉：可根据需要部分覆盖或全覆盖，在覆盖过程宜采取翻动或去除等措施避免湿度过大或缺氧。

6.4.3 有机覆盖物不应直接接触建筑物基础，与建筑物基础距离宜为15 ~ 30 cm；与木质结构建筑距离应控制在2 m以上。

6.4.4 裸地、步道、小径等非植物种植区或植物稀少地区可根据需要部分覆盖或全覆盖。

6.4.5 除非有固定措施，在排水口、下水道、河道旁和下风口处不应进行有机覆盖。

6.4.6 无明显虫害的落叶不分大小可直接覆盖，但覆盖面积不宜过大，宜有适当的抗风蚀措施。

7 产品质量检测检验

有机覆盖产品应用前，应对产品进行采样分析，只有检测合格产品才进行覆盖。

7.1 抽样方法

7.1.1 每30~60 m^{3}产品应采集1个混合样品：由代表不同来源或区域的5~10个采样点试样组成，每个试样不应少于0.5 kg，所有试样混合均匀后，再用四分法去除多余的样品，最终样品应保留在1 kg左右。

7.1.2 若产品较均匀或连续抽检5次合格以后，抽样频率可放宽至100~300 m^{3}采一个混合样。

7.2 检测方法

7.2.1 根据产品质量指标符合性评定需要选择检测项目。

7.2.2 常规的检测方法按表3执行。

表3 检测分析方法

序号	检测项目	测定方法	采用标准
1	可视杂物	筛分法	LY/T 1970
2	粒径	筛分法	LY/T 1970
3	pH值	电位法（10：1液固比）	LY/T 1239
		电位法（水饱和浸提）	DB31/T 661中附录D
4	EC值	电导率法（10：1液固比）	LY/T 1251
		电导率法（水饱和浸提）	DB31/T 661中附录E
5	病虫害	目视法	—
6	有机质	重铬酸钾容量法（100°C水浴）	NY 525
7	含水量	真空烘箱法	GB/T 8576
8	发芽指数	生物毒性法	LY/ T 1970
9	重金属	火焰原子吸收分光光度法/ 电感耦合等离子体发射光谱法	LY/T 1970

7.3 质量评定

7.3.1 直接覆盖产品若可视杂物、粒径、EC值或病虫害检验结果有一项不合格，则判定该批次产品不合格；其他指标的检测结果至少80%符合标准要求，且超幅在标准值的±20%以内。

7.3.2 堆置后覆盖产品若可视杂物、粒径、EC值、有机质、发芽指数和重金属的检验结果有一项不合格，则判定该批次产品不合格；其他指标的检测结果至少80%符合标准要求，且超幅在标准值的±20%以内。

附录七

《硬质路面绿化用结构土生产和应用技术规范》

上海市地方标准报批稿

本标准起草单位

上海市园林科学规划研究院
上海申迪园林投资建设有限公司
上海临港漕河泾生态环境建设有限公司
上海市绿化指导站

本标准主要起草人

方海兰　伍海兵　周　坤　周建强　王宝华　严　巍　郝冠军
李　飞　胡佳麒　刘明星　黄亦明

1 范围

规定了绿化用结构土的术语和定义、质量要求和应用技术规程。

本标准适用于绿化用结构土的生产以及在人行道、公共广场、商业街、露天停车场等硬质路面上的应用。

2 规范性引用文件

下列文件对本文件的应用是必不可少的。凡是注日期的引用文件，仅注日期的版本适用于本文件，凡是不注日期的引用文件，其最新版本（包括所有的修改单）适用于本文件。

GB/T 6682　　分析实验室用水规格和试验方法

GB/T 8170　　数值修约规则与极限数值的表示和判定

CJ/T 340　　绿化种植土壤

CJJ 82　　园林绿化工程施工及验收规范

LY/T 1970　　绿化用有机基质

DB 31/T 661　　绿化用表土保护和再利用技术规范

3 术语和定义

下列术语和定义适用于本标准。

3.1 绿化用结构土 structural soil for greening

由土和石块按照一定比例混合用于硬质路面绿化的一种特殊土壤，既能承载一定压力，又能提供植物生长所需的水、肥、气等。

3.2 硬质路面绿化 rigid pavement greening

在人行道、公共广场、商业街、露天停车场等硬质不透水路面连接地带进行的绿化。

4 结构土技术要求

4.1 原材料

4.1.1 石砾

（1）外观：形状为不规则、有棱角的石砾。

（2）粒径大小：石砾粒径90%在4.0 cm~7.5 cm之间。

4.1.2 土壤一般要求

（1）感官：具备常规土壤外观，无异味，无明显碎石块、垃圾等杂物。

（2）基本理化性质：所需土壤pH一般为5.5~8.3，土壤质地为黏粒含量大于20%的壤土或黏壤土，土壤重金属含量指标满足《绿化种植土壤》（CJ/T 340—2016）行业标准。

4..1.3 黏合剂：聚苯烯酸钾

4..1.4 其他调理剂：石膏、有机肥等

4.2 结构土的基本指标

4.2.1 主控指标

表1 结构土技术指标

序号	控制指标	技术要求
1	石砾孔隙空间百分比	40%~55%
2	pH	5.5~8.0
3	EC	<3.0 dS/m
4	粒径组成	黏粒含量>20%
5	含水量	7%~25%
6	有机质含量	1%~5%

4.2.2 一般指标

碱解氮、有效磷、速效钾、碳/氮比、阳离子交换量、重金属、多氯化联苯等。结构土的碱解氮、有效磷、速效钾、碳氮比、阳离子交换量应满足《绿化种植土壤》（CJ/T 340—2016）行业标准，重金属等污染物应满足《土壤环境质量标准》（GB 15618—2008）。

5 结构土生产技术规范

5.1 结构土异地生产

5.1.1 就近施工地点建立结构土生产基地，预先按照配比准备好各种原材料。

5.1.2 结构土原料比例：碎石砾：土壤= 4：1~5：1质量比；联结剂的加入量为碎石砾质量的0.02%~0.05%；土壤调理剂的加入量为土壤体积的0~10%。

5.1.3 结构土一般不堆放过夜，边生产边铺设。

5.1.4 先铺设20~30 cm厚度左右的石料，然后在石料层上均匀散布成比例量的土壤黏合剂和土壤或者调理剂，然后用搅拌机进行搅拌，搅拌过程中根据需要调节土壤的酸碱性或者肥力，在搅拌过程中适当加水使石块和土壤充分结合，一般含水量控制在20%以内。

5.1.5 为防止在运输过程中土壤和石块分离，可适当地喷洒一些水。

5.1.6 这种混合方式比较适合小石块。

5.2 结构土原位生产

5.2.1 适用于大石块，分为填充前用水混合和填充前干混合。

5.2.2 填充前用水混合：先在施工地点将石块装成25 cm层深，将所需比例土壤铺于石块表层，喷洒水分，将分布在石块上层的土壤随水冲入石块间的缝隙中。

5.2.3 填充前干混合：先在施工地点将石块装成25 cm层深，将所需土壤铺于石块表层，利用机械振动和扫动将土壤和石块混合均匀。要求石块和土壤混合时必须是干的。

6 结构土现场施工的技术规范

6.1 结构土应用区域和范围

应根据不同植物种类和应用场地以及费用来确定。结构土一般用于种植穴和硬质路面的接缝处，结构土设计的空间要达到植物根系生长所能达到的范围。

6.1.1 就一般种植乔木或大灌木而言，在其种植穴外围应至少铺设直径不小于1.5 m、深度不低于1.2 m的结构土；对于高大乔木，其种植穴外围应至少铺设直径不小于2 m、深度不低于1.5 m的结构土。

6.1.2 除种植穴外，整条道路、广场或者停车场都可以铺设结构土，这样更有利于植物生长和排水。

6.2 结构土铺设前地形开挖

根据结构土应用区域或者范围，进行地形开挖，开挖的范围、深度和结构土使用范围和深度基本一致，并利用铁板或者木板等耐挤压的材料将种植穴有效隔离。地形开挖时应和市政排水管有效衔接。

6.3 结构土分层铺设

结构土施工前应先根据结构土铺设范围，在项目施工前期就进行地形开挖，为确保铺设平整并达到良好的压实效果，结构土一般是一层一层地逐层铺设，每层填充和压实不超过30 cm，并使用碾压机或者振荡机碾压使结构土填充紧实，然后再在上面继续铺设直至低于地面8~10 cm左右。

6.4 结构土缓冲层铺设

在铺设好的结构土上面铺设5~8 cm厚度的粒径小于1 cm 的石砾， 作为缓冲层。

6.5 硬质路面铺设

在缓冲层上铺设硬质路面。为充分发挥结构土的排水作用，最后一层硬质路面最好铺设透水砖；并在结构土的低洼处预设排水口与城市排水管道衔接，确保入渗的雨水能及时排出。

7 取样及检测方法

7.1 取样方法

7.2 检测方法

表土或以表土生产的绿化种植土检测分析方法应按表2执行。

表2 检测分析方法

序号	项目	测定方法	方法来源
1	石砾孔隙空间百分比	环刀法	LY/T 1215
2	石砾粒径组成	筛分法	附录A
3	pH	电位法（2.5：1水土比）	LY/T 1239
4	EC	质量法/电导率法（水土比5：1）	LY/T 1251
5	含水量	环刀法	LY/T 1215
6	有机质含量	重铬酸钾氧化-外加热法	LY/T 1237

8 检验规则

8.1 本标准中质量指标合格与否判断，采用GB/T 8170。

8.2 结构土各项技术指标必须符合表1中相应的技术要求，否则视为不合格。

附录A

（规范性附录）

石砾含量测定 筛分法

A.1 仪器

a）实验筛：孔径为2 mm、20 mm 、30 mm的筛子，附筛子盖和底盘。

b）天平：感量0.01 g。

A.2 分析步骤

称取结构土1000 g，精确到0.01 g，记录试样重（$W_{总}$）；然后将结构土中石砾和土壤分离，将石砾放在不同规格孔径的筛子上，进行人工筛分，最后将留在筛孔上的样品进行称重（做3个重复）。

A.3 分析结果计算

不同粒径含量以质量百分数（%）表示，按式（A.1或A.2）计算：

$$W_{d>**mm} = (W_{>**mm} / W_{总}) \times 100\% \quad \cdots\cdots\cdots\cdots (A.1)$$

式中：

$W_{d>**mm}$—土壤中粒径大于** mm的质量百分数，单位为质量百分比（%）；

所得结果保留2位小数。

A.4 允许差

A.4.1 取3个重复平行测定结果的算术平均值作为测定结果。

A.4.2 平行测定结果的绝对差值不大于0.5%。

参考文献

曹学章，刘庄，唐晓燕. 美国露天采矿环境保护标准及其对我国的借鉴意义[J]. 生态与农村环境学报，2006，22(4)：94-96.

邓劲松，李君，张玲，等. 城市化过程中耕地土壤资源质量损失评价与分析[J].农业工程学报，2009, 25（6）：261-265.

丁正，梁晶，方海兰等.上海城市绿地土壤中石油烃化合物的分布特征[J].土壤.2014,46（5）：901-907.

方海兰，徐忠，张浪，等.园林绿化土壤质量标准及其应用[M].中国林业出版社，2016.

方海兰，徐忠, 张浪，等.绿化种植土壤[S].中华人民共和国城镇建设行业标准(CJ/T 340—2016)，北京：中国标准出版社.

方海兰，吕子文, 张乔松，等. 《绿化植物废弃物处置和应用技术规程》（GB/T 31755—2015）. 林业国家标准(GB/T 31755—2015)，北京：中国标准出版社.

方海兰，梁晶，沈烈英，等.绿化用表土保护和再利用技术规范[S].上海市地方标准（DB31/T 661—2012）)，北京：中国标准出版社.

方海兰，梁晶，金大成，等.绿化用表土保护技术规范[S].林业行业标准(LY/T 2445—2015)，北京：中国标准出版社.

方海兰，陈国霞，吕子文，等.绿化用有机基质[S].中华人民共和国林业行业标准(LY/T 1970—2011)，北京：中国标准出版社.

方海兰, 贾虎, 尹伯仁，等.绿化种植土壤[S].中华人民共和国城镇建设行业标准(CJ/T 340—2011)，北京：中国标准出版社.

方海兰，管群飞，朱振清. 以绿化土壤标准体系为支撑，有效提高城市绿化质量[J].中国园林，2014, 30(1)：122-124.

方海兰，陈玲，黄懿珍，等. 上海新建绿地的土壤质量现状和对策[J]. 林业科学，2007,43(增刊1):89-94.

方海兰，陈新.以标准化规范化为契机，提高园林绿化的质量水平[J].中国园林，2002(2)：65-67.

方海兰.园林土壤质量管理的探讨——以上海为例[J].中国园林，2000(6)：85-87.

管群飞，方海兰，沈烈英，等.园林绿化工程种植土壤质量验收规范[S].上海市地方标准（DB31/T 769—2013），北京：中国标准出版社.

国家林业局. 森林土壤分析方法（中华人民国和国林业行业标准）[S]. 北京：中国标准出版社，2000.

梁晶，方海兰.适宜中国城镇化发展的土壤质量管理对策.中国人口.资源与环境. 2016，26(5)：144-148.

梁晶. 一种适合绿地土壤及改良材料pH测定的方法研究. 土壤, 2014,46(1): 145-150.

李蕾.美国煤矿区农用地表土剥离制度.国土资源情报，2011,6:20-23.

鲁如坤主编. 土壤农业化学分析方法[M]. 北京：中国农业科技出版社，2000.

孙铭镝，方海兰，郝冠军等.AB-DTPA，$CaCl_2$-DTPA两种方法分析土壤8种元素的有效态含量.土壤与作物，2014,3（2）：50−55.
孙鸣镝，郝冠军，方海兰. AB−DTPA法对上海典型土壤元素有效态含量测定的 适用性分析. 上海农业学报，2015, 1（5）： 47−50.
谭永忠，韩春丽、吴次芳，等.国外剥离表土种植利用模式及对中国的启示[J].农业工程学报，2013,29（23）:194−201.
吴文友，刘培超. 手持GPS测量林地面积的应用[J]. 东北林业大学学报，2011,39(1):69−71.
武志明，赵飞，王凤花，等. 基于GPS的田块面积计算方法及程序设计[J]. 农机推广与安全，2006,(6):13−15.
伍海兵、方海兰、李爱平.几种常用绿地改良材料对土壤水分特征的影响[J].土壤，2016,48（6）：1230−1236.
伍海兵，方海兰，李爱平.常用绿地土壤改良材料对土壤水分入渗的影响[J].水土保持学报，2016，3（3）：317−323/330.
伍海兵，方海兰，吕子文，等.一种将绿化结构土用做雨水蓄积器的方法.中国，CN201410311938.5[P].2014−10−29.
夏友福. 手持GPS测量面积的精度分析[J]. 西南林学院学报，2006,26(3):59−61.
尤淑撑，刘顺喜. GPS在土地变更调查中的应用研究[J]. 测绘通报，2002，（5）：1−3.
姚先成.国际工程管理项目案例—香港迪士尼乐园工程综合技术[M].北京：中国建筑工业出版社，2007：199−223.
张莉. GPS技术在工程测量中的应用探讨[J]. 科协论坛，2011，（9）（下）：64−65.
张冠军，张志刚. 应用GPS RTK进行场地土方工程测量及其计算[J]. 测绘通报，2004,(11):66−67.
周建强、伍海兵、方海兰，等. AB−DTPA浸提法研究上海中心城区绿地土壤有效态养分特征[J].土壤，2016,48（5）：910−917.
Australian Standard .AS 4454−2003 Composts, soil conditioners and mulches [S]. Standard Australian, 2003.
Bartens J, Wiseman P E, Smiley E T. Stability of landscape trees in engineered and conventional urban soil mixes[J]. Urban forestry & urban greening, 2010, 9(4): 333−338.
Bassuk N, Grabosky J, Trowbridge P. Using CU−structural soil in the urban environment[J]. Urban Horticultural Inst, Cornell U, 2005.
Bassuk N, Grabosky J, Trowbridge P, et al. Structural soil: An innovative medium under pavement that improves street tree vigor[C]//American Society of Landscape Architects Annual Meeting Proceedings, 1998: 182−185.
British Standards., Specification for topsoil and requirements for use(BS 3882:2007)[S]. British Standard institution, 2007.
Copyright American Society for Testing and Materials international. Standard specification for Topsoil Used for Landscaping Purposes(D5268−07), [S]. 100 Barr Harbor Drive, West Conshohocken, Pennsylvania 19428, USA.
Craul P J. Urban soil in landscape design[M]. New York: John Wiley and Sons, 1992.
Dominic H., Josef B., Enzo F., et al. Comparison of compost standards within the EU，North America and Australasia[M]. The Waste and Resources Action Program, 2002.
Grabosky J, Bassuk N L. A new urban tree soil to safely increase rooting volumes under sidewalks[J]. Journal of Arboriculture, 1995, 21: 187−201.
Konijnendijk C C, Nilsson K, Randrup T B等著. 城市森林与树木[M]. 李智勇，何友均译. 北京：科学出版社，2009.
Jan B.et al. EPA530−R−94−003. Composting Yard Trimmings and Municipal Solid Waste [R]. Environmental Protection Agency, 1994.
Jing Liang, Hailan Fang, Guanjun Hao. Effect of Plant Roots on Soil Nutrient Distributions in Shanghai Urban Landscapes. American Journal of Plant Sciences, 201 6, 7, 296 −305.
Office of Surface Mining Reclamation and Enforcement, Department of the Interior. Part 823−Special permanent program performance standards−operations on prime farm land[EB/OL]. http://www.ecfr.gov/cgi−bin/ text−idx? c=ecfr & SID=12c4e3809c30b419b2eaae6b10277d79&rgn
=div5&view=text &node=30:3.0.1.11.52&idno=30.
Office of Surface Mining Reclamation and Enforcement，Department of the Interior. Part 824−special permanent program performance standards—mountain top removal [EB/OL].http://www.ecfr.gov/cgi−bin/text−idx?c=ecfr&SI D=12c4e3809c30b419b2eaae6b10277d79&tpl=/ecfrbrow
se/Title30/30cfr824_main_02.tpl.
Sharon Russell and Lee Best. Setting the standards for compost. Biocycle International, 2006,6:53−57

Trowbridge P J, Bassuk N L. Trees in the urban Landscape: Site Assessment, Design, and Installation[M]. New York: John Wiley & Sons, 2004.

The Composting Council And CWC. 1997, Development of Landscape Architect Specifications for Compost Utilization[R].

United States Environmental Protection Agency Office of Solid Waste. EPA 530-s-06-001. Municipal Solid Waste In the United States: Facts and Figures for 2005 , United States [R/OL]. Environmental Protection Agency, 2006 [2007-2-10]. http://www.epa.gov/msw/pubs/ex-sum05.pdf.

William F. Brinton. Compost quality standards and guidelines. Woods and Research Laboratory, New York State Association of Recyclers.

致 谢

完成本书，前后历经6年之久的上海国际旅游度假区核心区绿化种植土项目就可以划上圆满的句号。从项目始初的忐忑到现在看到园区园林植物能茁壮生长，一块压在心头的石头总算可以落地了。针对美国和中国在土壤理念、技术标准到施工规范的巨大差异，要确保有限投入能达到项目绿化需求的理想化土壤技术标准，又不得不面对上海当地各种现实条件的制约，哪些指标该放弃？哪些该坚持？可能很小的几个数据，甚至小数点后面一个数字变动，就意味着几千万元造价的差异，平衡点的选择是整个项目技术谈判的关键要点，也是最为纠结的地方。项目组积极努力，力求完美，但在具体实施过程中还是留下很多遗憾。如原先设计土壤有机改良材料使用有机废弃物生产的有机基质，但上海及周边地区很难找到符合项目质量要求的有机基质，为保证质量，不得不使用质量更为可靠的草炭；还有国内市场很难寻找到大批量粒径为0.5~0.8 mm的黄砂，因此在实际应用时不得不降低黄砂粒径标准……，等等。但本项目之所以能顺利实施，离不开项目团队求同存异的合作精神和日夜奋战的辛勤付出，离不开方方面面领导和同志的支持和帮助，在此特别感谢：

首先要感谢上海市绿化和市容管理局崔丽萍副局长（时任）推荐上海市园林科学规划研究院土壤工作者作为技术专家，代表行业参加上海国际旅游度假区核心区绿化种植土项目研究，形成本项目核心的专家研究团队。

感谢上海申迪建设有限公司金大成和上海申迪项目管理有限公司庞学雷对技术谈判协作的组织把控，也感谢上海国际旅游度假区指挥部领导是明芳、王国庆以及其他同志给予本项目直接指导。

感谢PE公司技术总监杨仁康对土壤测试技术上的指导和帮助。在刚接触项目时，中方土壤技术团队也缺少相关检测方法和检测指标的经验积累，是杨老师放弃春节休息机会，加班加点提供可信的试验数据，使中方技术团队在和外方首次技术谈判时就赢得对方肯定。

感谢上海华特迪士尼幻想工程施工总监Jerre Kirk、景观和建筑总监Parinella, Johe和特聘专家Garn Wallace博士对工作无私分享和指导，作为美国本土的技术精英，他们那种求真务实、积极探索、百折不挠的工作态度和专业精神是我们学习的榜样；也感谢该项目美方工作人员Li, Joyce；Gu, Green；Zhang, Kevin的敬业和辛勤付出。

感谢原上海市园林科学研究所沈烈英（原所长）和方海兰两位博士所带领的种植土团队各位成员，一步一个脚印地现场实地踏勘、一个个实验室检测方法的不断摸索和斟酌比较、一堆堆数据不断总结提炼分析、一份份技术总结不断地修改完善和总结提升，和项目技术团队一个个数据拉锯战的争取和磨合，项目每一步实施都离不开团队一堆堆数据、一份份报告的支撑。

感谢上海申迪园林投资建设有限公司张勇伟总经理所带领的种植土生产单位，在整个项目过程中的通力配合和勇于创新实践，感谢周坤副总经理和李怡雯为本专著提供大量图片。

感谢上海建工集团等建设单位开展的表土收集工程；感谢上海融测电子科技有限公司提供的现场定位技术。感谢有机肥原料的合格供应商——上海沃禾有机肥有限公司给本项目试验研究提供的各种便利。

参与本项目实施的单位和人员还有很多很多，恕篇幅有限，不能一一罗列。我们不能奢望上海国际旅游度假区的绿化建设能给上海乃至我国绿化建设带来多大影响，但作为有幸参与其中的一员，与其感谢所经历的人和事，不如将所见所闻、所作所为，所有经历的过程分享给国内同行，希望该工作对国内同行有所启示、有所借鉴。

在上海国际旅游度假区绿化种植土项目实施和专著的出版过程中，得到以下项目资助，在此表示特别感谢。

序号	项目名称	编号	资助单位
1	上海迪士尼一期场地环境评估与治理及绿化种植土项目——绿化种植土改良技术开发	12310045002847	上海申迪建设有限公司
2	迪士尼工程绿色建设关键技术研究与集成示范——生态绿化技术研究	11dz1201704	上海市科委
3	用淤泥研制结构土及雨水蓄积器的关键技术和应用标准	14DZ0503200	上海市科委
4	2011 年上海市节能环保标准示范项目《上海迪士尼项目农田表土保护标准化示范》	沪质技监标 [2011]300 号文	市技术监督局
5	2011 第一批上海市地方标准制修订计划《农林地表土保护技术规范》	沪质技监标 [2011]579 号文	市技术监督局
6	2012 年度林业行业标准制修订计划《绿化地表土保护技术规范》	国家林业局科标字 [2012]21 号 2012–LY–110	国家林业局
7	国家标准委 2013 年第二批国家标准制修订计划《绿化用有机基质》	国家标准委 [2013]90 号（20131276–T–432）	国标委
8	2014 年下半年上海市地方标准制修订计划《城乡绿化有机覆盖物应用技术规范》	沪质技监标〔2014〕584 号	市技术监督局
9	2016 年上半年上海市地方标准制修订项目《硬质路面绿化用结构土生产和应用技术规范》	沪质技监标〔2016〕239 号	市技术监督局
10	住房城乡建设部 2016 年工程建设标准规范制订、修订计划《绿化种植土壤》	建标函 [2015]274 号	住建部